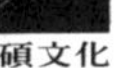
碩文化

「三強聯手」開發跨平台的 AI 應用程式，其實很簡單！

U0095969

ChatGPT × Ionic × Angular 全方位技術整合實戰

輕鬆打造跨平台 AI 英語口說導師 APP

陳碩元 著

讓開發成為創意的延伸

掌握 Web、跨平台和 AI 技術的整合

精通核心技術
深入掌握 Ionic 與 Angular

跨平台新視野
體驗 Ionic 與主流框架的不同之處

AI 趨勢應用
將 AI 智慧融入日常應用之中

從零到上架
步步引導，實現應用上架的成就

iThome 鐵人賽

作　　者：陳碩元
責任編輯：黃俊傑

董 事 長：曾梓翔
總 編 輯：陳錦輝

出　　版：博碩文化股份有限公司
地　　址：221 新北市汐止區新台五路一段 112 號 10 樓 A 棟
電話 (02) 2696-2869　傳真 (02) 2696-2867

郵撥帳號：17484299　戶名：博碩文化股份有限公司
博碩網站：http://www.drmaster.com.tw
讀者服務信箱：dr26962869@gmail.com
讀者服務專線：(02) 2696-2869 分機 238、519
（週一至週五 09:30 ～ 12:00；13:30 ～ 17:00）

版　　次：2024 年 10 月初版一刷

建議零售價：新台幣 680 元
I S B N：978-626-333-974-3
律師顧問：鳴權法律事務所 陳曉鳴 律師

本書如有破損或裝訂錯誤，請寄回本公司更換

國家圖書館出版品預行編目資料

ChatGPT x Ionic x Angular 全方位技術整合實戰：輕鬆打造跨平台 AI 英語口說導師 APP / 陳碩元著 . -- 初版 . -- 新北市：博碩文化股份有限公司 , 2024.10

面； 公分 . -- (iThome 鐵人賽系列書)
ISBN 978-626-333-974-3(平裝)

1.CST: 系統程式 2.CST: 軟體研發 3.CST: 人工智慧

312.52　　113014321

Printed in Taiwan

博碩粉絲團

Foreword 

推薦序一

我會推薦這本書給任何想要學習如何使用 Ionic 和 Angular 開發行動應用程式的人，特別是那些希望結合最新 AI 技術，例如 ChatGPT 和 Azure AI 語音服務的開發者。

這本書以淺顯易懂的方式講解了開發 AI 英語口說導師應用程式的完整流程，從前端介面設計、語音錄製、語音轉文字、文字轉語音，到與 OpenAI API 和 Azure AI 服務的整合，涵蓋了所有必要的知識。書中提供了許多實際案例和程式碼範例，讓讀者可以一步一步跟著操作，並在過程中學習到實用的技巧和解決方案。

此外，作者也分享了許多在開發過程中遇到的實戰經驗，像是如何處理不同平台的差異、如何優化應用程式效能，以及設定開發環境的技巧，這些經驗分享對讀者來說極具價值。更棒的是，書中還詳細介紹了如何將應用程式上架到 Google Play 和 App Store 的步驟與注意事項，讓讀者從零開始，完成一款專業的行動應用程式。

值得一提的是，作者平時就常利用空閒時間持續學習技術，並透過整理筆記提升寫作表達能力，在參加鐵人賽時更展現了極大的熱忱和毅力。從鐵人賽讀者一路成長為參賽者，他在首次參賽就榮獲 Mobile Development 組冠軍，這段經歷也促成了這本書的誕生。

整體而言，這本書是一本非常適合想要學習行動應用程式開發和 AI 技術應用的寶貴資源。無論你是新手工程師、學生，或是對行動應用開發感興趣的愛好者，都能從中獲得豐富的知識與實戰經驗。

徐千洋

台灣駭客年會創辦人

CYBAVO 共同創辦人

Foreword

推薦序二

在這個人工智慧飛速發展的時代，大型語言模型的應用已經成為不可避免的趨勢。像 ChatGPT 這樣的 AI 工具，不僅大大改變了我們的溝通方式，還為開發者提供了許多新機會。碩元憑藉他敏銳的洞察力和豐富的實戰經驗，成功將 ChatGPT 和 Ionic 框架結合，開發出一款跨平台的 AI 英語口說導師 APP，並將整個開發過程與技術細節寫成了一本書，真的很值得讚賞。

這本書用簡單易懂的文字，再加上豐富的範例程式碼，帶領讀者從零開始，逐步完成一個功能完整的跨平台行動應用。書中不僅講解了 Ionic 和 Angular 的基礎知識，還深入說明了如何使用 ChatGPT、OpenAI API 和 Azure AI Services 等 AI 技術，讓應用具備語音錄製、語音轉文字、文字生成、文法糾正、口語提示和文字轉語音等強大功能。每一個步驟都經過精心設計，即使你是 AI 新手，也可以輕鬆上手。

本書的一大亮點，是毫無保留地分享了他在實際開發過程中的經驗與技巧。碩元坦誠地提到自己在開發中遇到的挑戰，像是如何提升應用效能、如何選擇適合的 GPT 模型、如何設計使用者友好的介面，甚至如何控制大型語言模型 API 的成本問題。這些實用的經驗，對於那些想將 AI 技術運用到實際專案中的開發者來說，無疑是非常寶貴的。

本書詳細講解了 Assistants API 的基本概念，包括 Assistant、Thread、Message 和 Run 等物件，並以淺顯易懂的餐廳比喻，幫助讀者快速理解 Assistants API 的運作方式。書中更透過大量的實戰範例，示範如何使用 Assistants API 建立 AI 英語口說導師的對話邏輯，並展示如何透過 Function Calling 功能結合外部 API，實現更複雜的應用場景。

這本書不僅是一本技術指南，更是一份充滿實戰經驗與創意的開發寶典。不管你是剛開始學習 Ionic 跨平台應用的初學者，還是希望將 ChatGPT 等 AI 技術融入應用的資深開發者，都能從這本書中學到許多實用知識。我相信，只要好好學習，你也可以輕鬆打造出屬於自己的 AI 應用！

Will 保哥

多奇數位創意 技術總監

Google Developer Expert、Microsoft MVP

Foreword

推薦序三

我非常欣賞陸游的一句名言：「紙上得來終覺淺，絕知此事要躬行。」在網頁前端應用（Web App）技術的世界裡，百家爭鳴，目前最受歡迎的前端框架包括 React、Vue、JQuery，以及由 Google 的 Angular 團隊與社群共同維護的 Angular 框架。每一種框架都有其獨特的優勢與局限，但隨著跨平台技術的興起，終端應用的元件視覺設計變得更加靈活多樣。Kotlin Multiplatform、Flutter、React Native、Ionic 等技術的出現，使得學習資源豐富多元。我認為，與其廣泛涉獵各種元件技術，不如專注深耕一種框架技術，並在此基礎上探索新穎的內容。這樣的學習策略，對於網頁與終端應用視覺開發的整合，將實現事半功倍的效果。

我認識碩元已有數十年，他的學習態度務實，總是專注於一事，對網頁視覺技術情有獨鍾。這種專注使他在網頁前後端以及框架技術開發方面打下堅實的基礎，甚至在終端跨平台元件視覺開發方面，將 Angular 與 Ionic 技術的整合成果分享於個人筆記。隨著技術的不斷累積，他的筆記也日益豐富，整理後的內容深入淺出，願意與大家分享。

這本書記錄了他的故事、程式經驗，甚至是他的實作經歷，將常用的範例以深入淺出的方式描述，例子生動，相信讀者們若用心理解，必能獲益良多。我時任國立政治大學 AI 與數位教育中心以及資訊科學系擔任研究員與教師，目前任職於聯發科技無線通訊產品事業部門，同時也在清華大學數學系教授 Python 程式設計與人工智慧概論課程。我與碩元經常進行深度學習與技術交流，期待這本書能激發讀者對網頁開發的興趣，學習碩元願意將其筆記化為寶典分享給他人，為購買此書的讀者帶來實質幫助。共勉之。

黃啟賢 博士

聯發科技 資深工程師

國立清華大學數學系「高中數學人才培育計畫」教師

Preface

序言

前言

大家好，我是作者陳碩元。在參加 iThome 舉辦的 2023 鐵人賽前，我從未想過自己會得獎，更別提走到出書這一步。現在回想起來，這一路的磨練真的很不容易。從我開始職場生涯、剛開始擔任新手工程師時起，每天學到的新技術與知識都在快速增加。在好奇心的驅使下，我利用業餘時間嘗試各種不同的程式語言，也因此每隔一段時間就需要更換開發語言和工具；每次更換都需要花時間重新熟悉。在這樣的環境下，我養成了做筆記的習慣。起初，這些筆記都是供自己觀看，因此用詞並不拘謹，而且也不在乎整體脈絡，寫出來的東西大概只有我自己看得懂。不過，隨著時間的推移，當我開始擔任研發工程師並開始需要在公司內部推動這些技術後，部分的筆記便需要分享給公司團隊。因此，從最初僅供自己查看的筆記，也逐漸轉向撰寫風格更為正式的文章，甚至到後來的經營部落格。隨著這些經歷，從一開始只是簡單的做筆記到經營部落格，我感受到自己一直在持續進步，也從不敢參加鐵人賽的讀者變成了參賽者的角色，最後得獎並走到出書的階段，真的是一趟充滿驚奇的旅程呢！

由於從參加 2023 年所舉辦的鐵人賽到出書已經一年多過去了，每天技術都在不斷進步。除了 Ionic 和 Angular 變化很多之外，ChatGPT 也有很大的改變，甚至現在開源的大型語言模型每月甚至每週都有新的模型供大家使用，所以當這本書出來後，所使用的大型語言模型、技術或語法糖都可能會被新的技術給取代。因此，在本書中不會針對程式語言基礎做太多深入的描述，反而是希望能將重點擺在 Ionic 的使用及開發過程、AI 工具的搭配和實作上的經驗分享等。另外，鐵人賽的內容也因為篇幅關係跳得比較快，在本書中已經重新調整整個文章的脈絡，希望能以更簡單明瞭的方式，讓大家能夠用「閱讀一本書的時間」，來瞭解開發行動應用程式時，從跨平台、前端技術、Azure 雲端服務、ChatGPT 和 OpenAI API 服務的所有整合過程與實作。

致謝

在這本書的完成過程中，我得到了許多人的幫助與支持。在此，我要向所有曾經幫助過我的人表達我最誠摯的感謝。

首先，我要感謝我的老婆和家人，這段時間非常感謝你們在我創作過程中的無限支持與包容，讓我能夠毫無後顧之憂的全心投入寫作。

其次，我要感謝博碩出版社的 Abby 和編輯 Shun，感謝你們在出版的過程中給予的專業指導和耐心幫助。你們的建議和意見使這本書更加完善。

感謝我的朋友和同事們還有 Reddit 上廣大的獨立開發者們互相的幫忙，非常感謝你們一同參與為期 14 天的 Google Play 上架前的封閉測試，讓我能夠順利將 AI 應用口說導師上架。

感謝蔡子蓮同事，在我找不到可以畫 3D 圖的人時，你能夠及時提供協助，在極短的時間內完成成品，並慷慨贊助我個人 Logo，對此我深感感激。

特別感謝鏵得企業股份有限公司的林世恩老闆、莊韻平總經理和陳儉倫經理所提供的龐大資源和支持，並給予我許多學習和成長的機會，這讓我得以不斷進步並最終完成這本書。

最後，感謝所有讀者，感謝你們的購買和支持，希望這本書能對你們有所幫助和啟發。

衷心感謝每一位曾經幫助和支持過我的人，感謝你們讓這本書得以完成。

這本書可以學到什麼？

本書將會帶領讀者們深入瞭解 Ionic 和 Angular 這兩大核心技術，並學習如何利用它們開發功能豐富的行動應用程式。而在看過本書中所使用的 Ionic 跨平台框架後，也將會體驗到與 Flutter 和 React Native 這些主流跨平台開發框架的不同之處，以提供讀者們在未來更多的開發選擇。

另外，隨著人工智慧技術的發展，大型語言模型的應用將成為未來的趨勢，在本書中將會學習到如何串接現在最流行的 ChatGPT 大型語言模型，並展示 OpenAI 和 AI 語音技術是如何融入到我們的日常應用之中。

而當讀者們跟著本書一步一步完成應用程式開發後，我們還可以學習到如何將應用程式上架到商店中，讓讀者們實際體驗從零到上架後的各種成就感。

最後，希望透過本書的引導，讓讀者們能夠利用所學到的技術創造多元價值，並在未來打造出獨特且有趣的應用程式。

開發過程中可能費用產生

在本書中所使用的工具裡，有些是需要支付費用的，例如：「Azure AI Services 語音服務」、「OpenAI API」和「ChatGPT Plus 版本」，其中一定會產生費用的是「OpenAI API」。

OpenAI API：

在 2023 年時，準備鐵人賽的這一個多月時間裡，筆者算是密集的在測試 OpenAI API，花費最多的是 GPT-4 模型（如圖 0-1 所示）使用了 6.59 美元。

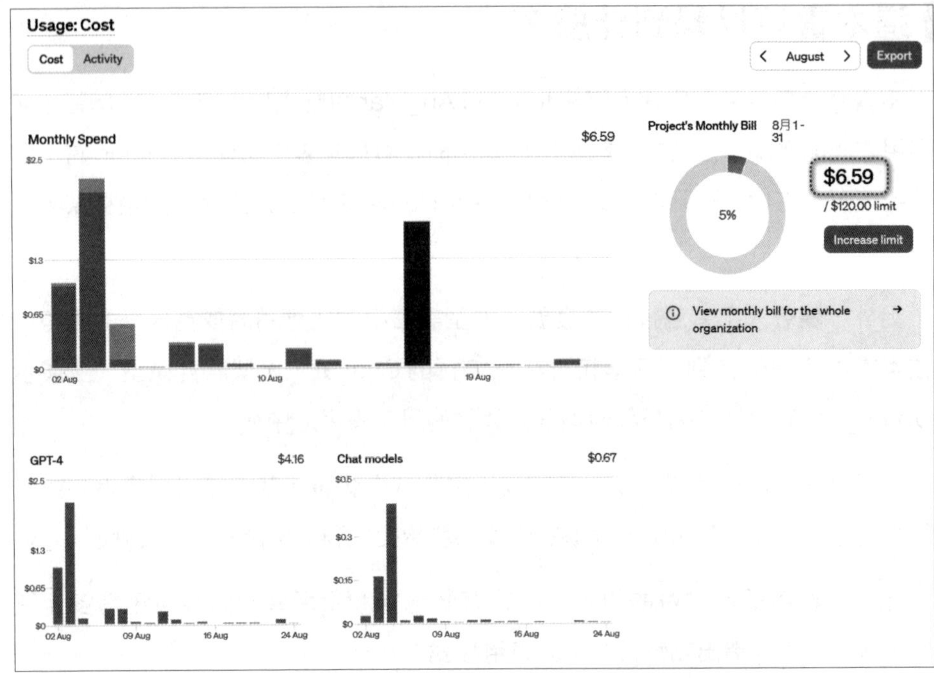

圖 0- 1

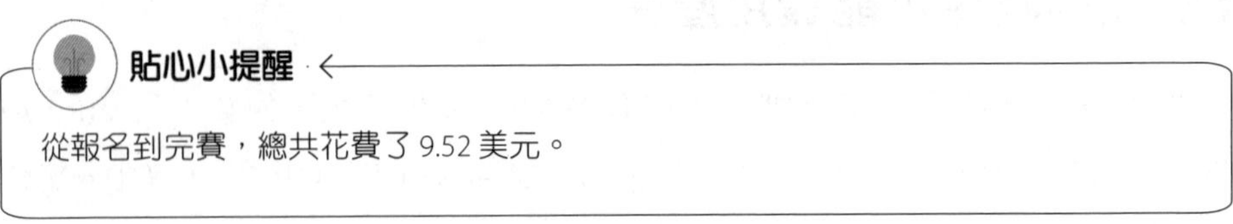

貼心小提醒

從報名到完賽，總共花費了 9.52 美元。

不過 2023 年時，GPT-4 模型的費用真的非常昂貴。但隨著 AI 技術的發展，目前 OpenAI 已有新的 GPT-4o 模型，費用是原本 GPT-4 模型的四分之一，再後來還推出了比 GPT-4o 模型更便宜的 GPT-4o mini 模型。因此在寫書的這段時間，一個月的花費是 0.51 美元，提供給讀者們參考。

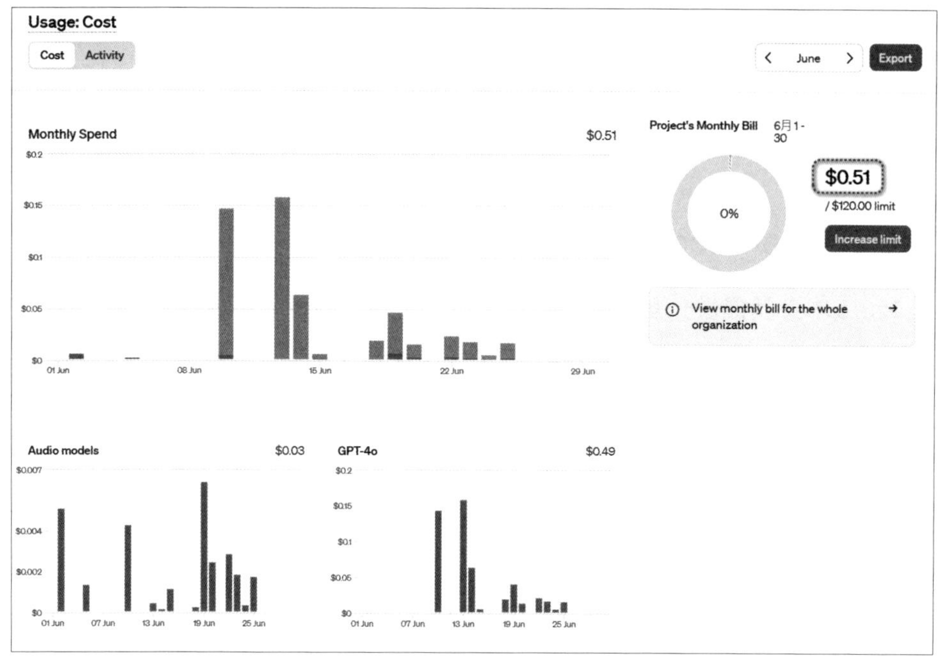

圖 0- 2

貼心小提醒

寫稿的這段時間大約三個月，總共也只使用了 1.4 美元。

ChatGPT Plus：

ChatGPT 只需要申請帳號即可免費使用。本書中的範例採用了付費的 ChatGPT Plus，因此若讀者們使用的是免費的 ChatGPT，在本書中所介紹的部分功能可能會無法使用。雖然讀者們依然可以使用免費的 ChatGPT 進行開發，但它在付費和免費的功能上有些差異。因此，有必要向讀者們說明這些差異，以便理解並選擇最適合自己的版本。

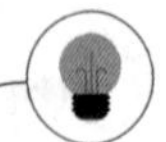

貼心小提醒

截至 2024 年 4 月，ChatGPT Plus 採訂閱制，費用為每月 20 美元。

Azure AI Services 語音服務：

Azure 本身就提供一些免費服務給開發者使用，另外，符合資格的全新使用者在前 30 天內可獲得價值 200 美元的 Azure 點數。當然，若要獲得更好的效能和更完整的服務，仍需支付費用。在本書中使用到的語音服務則是有「免費層級」供開發者使用，因此在開發階段時 Azure AI Services 語音服務並不會花費到任何費用。

開發 AI 英語口說導師的流程與技術

在正式進入章節之前，讓我們先來簡單的瞭解本書中所開發的 AI 英語口說導師是如何運作的吧！

首先，我們需要建立一個可以讓使用者按下錄音的按鈕，按下後即可錄製對話內容。錄音結束後，這段語音會利用 OpenAI 的 Audio 語音轉錄技術將語音轉換成文字。接著，這些文字會透過大型語言模型（如 GPT 模型）進行處理並生成自然的英語對話內容。這些生成的對話內容會再經過 Azure AI Service 語音服務中的文字轉語音和語音合成技術，轉換成帶有不同說話風格的真實語音，最終傳回到使用者的應用程式中進行播放。

整個過程中，我們會用到三個主要的技術模型：

1. **語音轉文字模型**：將語音內容轉換成文字，方便後續處理。
2. **大型語言模型**：理解並生成自然的對話回應。
3. **文字轉語音模型**：將生成的文字對話轉換回語音，讓使用者能聽到真實的語音回應。

接下來，我們會詳細介紹每個步驟的開發過程，帶領讀者一步步打造與 AI 結合的 Ionic 跨平台的行動應用程式哦！

貼心小提醒

現階段要實現真實對話的感覺，就必須經過如此多的步驟。不過在 2024 年 5 月時，OpenAI 發表了 GPT-4o 模型的 Advanced Voice Mode 後，一切又將會不一樣囉！

本書範例應用程式下載

App Store

Google Play

Contents

目錄

Chapter 01

Ionic 開發事前準備

Chapter 02

ChatGPT、OpenAI API 與 Azure AI Services

Chapter 03

實現 AI 英語口說導師「溝通」的核心

Chapter 06

將 AI 英語口說導師上架到 Google Play 和 App Store 商店中

CHAPTER

1

Ionic 開發事前準備

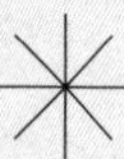

1-1 介紹 Ionic 和 Capacitor

Ionic 是什麼？

Ionic 是一個開源的前端 UI 框架，專為行動應用開發而設計。它允許我們使用 Web 技術如 HTML、CSS 和 JavaScript 來建立跨平台的行動應用程式。Ionic 最初是基於 AngularJS 開發的，但在 4.x 版本的重大改版和重新設計後，它已經可以當作獨立的 Web 元件使用。而現在，更整合了前端三大框架：Angular、React 和 Vue，從而增加了開發者的選擇。

貼心小提醒

在 Ionic 的官方解釋：將 Ionic 改為獨立的 Web 元件庫的目的，是為了消除對單一框架的強制依賴。因此，即使在 WordPress 的環境下，我們也可以將 Ionic 作為獨立元件來使用，使得開發者可以在各種不同的平台上靈活運用 Ionic，提升其多樣化的實用性。

Capacitor 是什麼？

前面介紹完 Ionic 後，我們已瞭解到 Ionic 主要用於前端 UI/UX 的框架。但是若要開發行動應用程式，還需要使用到原生設備功能，例如：「相機」、「GPS 定位」、「通知」、「檔案系統」等，我們就必須透過額外的技術來實現，這個技術就是「Capacitor」。

Capacitor 是由 Ionic 團隊在 2018 年新開發的全新開源專案，它是一個跨平台的應用程式建構框架。這個框架讓開發者能夠使用 Web 技術執行原生平台功能，並將這些 Web 應用包裝成原生應用程式，最終部署到 Android 和 iOS 平台上。因此，有了 Capacitor，開發者就可以用最簡單輕鬆的方式，將 Ionic 應用程式部署到 Android 或 iOS 中。

為什麼選擇 Ionic？

跨平台的選擇方案有很多，如 Cordova、Flutter 和 React Native 等，在如此眾多的選擇下，為什麼還會選擇 Ionic 呢？這裡列出幾點筆者選擇 Ionic 的理由：

支援 Angular 框架：

這是我認為 Ionic 最大的優勢。想像一下，在應用程式開發的過程中，因需要支援多個平台而增加了人員與技術的複雜性，每個平台都需要有不同的團隊和專案來實作出相同的應用程式，同時又要確保產品的一致性，在管理上自然就有一定的難度。因此，透過 Ionic，我們可以僅使用 Angular 框架進行跨平台的 Android、iOS 和 Web 開發，這不僅降低了開發者的學習曲線，也大幅簡化了整體的開發流程，以提升開發效率和交付速度。

優化性能和良好的 UI/UX 設計：

Ionic 在設計時已考量到行動裝置的性能，特別針對行動裝置進行效能的優化，確保應用程式的流暢度和靈敏性。它本身也提供了一系列現成的元件，使開發者可以利用這些元件、模板、主題、手勢、動畫快速建立具有現代化的應用程式，這些元件甚至還會自動調整成不同平台的設計原則，以保持一致的使用者體驗。

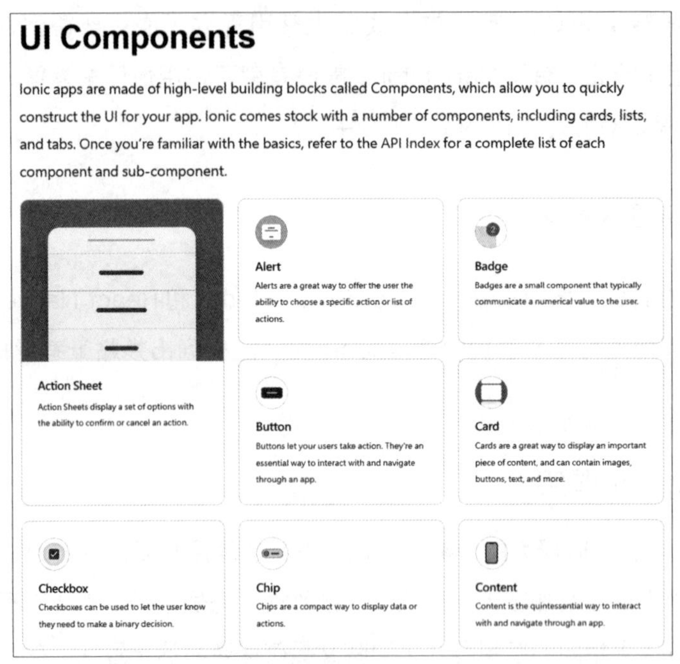

圖 1-1

※ 來源：https://ionicframework.com/docs/components

原生設備功能支援和龐大的社群支持：

當我們開發跨平台應用程式時，經常需要依賴原生設備的功能。Ionic 透過 Capacitor 技術簡化了這些流程，讓開發者僅需使用 JavaScript 即可使用這些原生設備功能。而且，除了官方提供的預設原生設備功能，我們還可以在 Capacitor Community 中，尋找其它開發者所開發的原生設備功能。這些功能背後由龐大的社群在維護，開發者可以透過 npm 指令輕鬆地將這些功能整合進應用程式中。

如果在 Capacitor Community 中找不到所需的原生設備功能也沒關係，我們還可以選擇自行開發。自行開發的好處是可以隨時新增所需要的功能外，也不需要依賴第三方來維護。而 Capacitor 的官方網站也有提供一系列詳細的製作教學，因此開發者完全不必擔心沒有原生設備功能使用的問題哦！

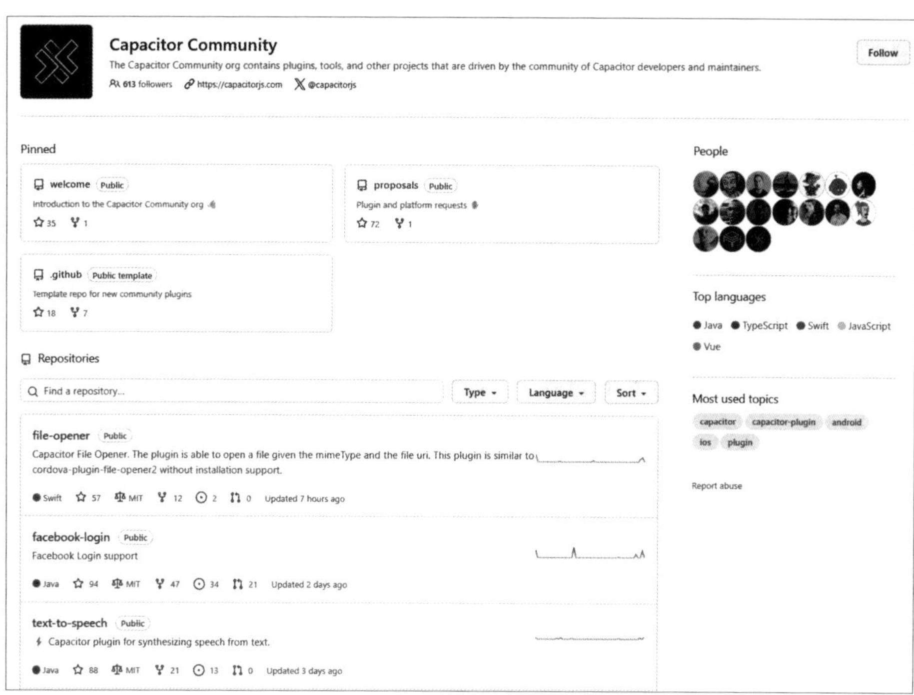

圖 1-2

※ 來源：https://github.com/capacitor-community

貼心小提醒

若是要自行開發 Capacitor 套件，建議還是需要具備 Android 和 iOS 的基礎與開發經驗。另外，Capacitor 官方網站提供了非常詳細的製作套件教學，開發者只需要跟著教學或透過 ChatGPT 的輔助就可以進行 Capacitor 套件的製作，非常方便。

Capacitor 原生設備功能製作官方教學：

https://capacitorjs.com/docs/plugins/tutorial/introduction

1-2 工具準備

在進行開發之前，首先當然是開發工具的準備，我們將一一來介紹和安裝這些工具：

Visual Studio Code

Visual Studio Code（以下簡稱 VSCode）是由微軟開發的一款免費原始碼編輯器。而本書的主軸 Ionic 和 Angular，都會使用 VSCode 作為開發工具的首選，因為它執行速度快，介面乾淨且簡潔。

圖 1-3

VSCode 還提供了延伸模組功能，讓使用者可以根據自己的需求安裝各種不同的延伸模組功能。在本書中進行 Ionic 和 Angular 的開發時，也是透過安裝不同的延伸模組來加速整個專案的開發過程。這裡筆者推薦四個在開發中會使用到的延伸模組：

Ionic 官方延伸模組：

這是 Ionic 官方推出的延伸模組，提供了一系列針對 Ionic 開發的工具。此延伸模組支援專案建立、在設備或模擬器上執行專案、管理專案項目依賴和設定等功能。

圖 1-4

> **延伸模組下載：**
>
> https://marketplace.visualstudio.com/items?itemName=ionic.ionic

Will 保哥的 Angular 延伸模組：

開發 Angular 專案時，會用到許多不同的延伸模組，一個一個安裝既花時間又費力。而 Will 保哥將這些最受歡迎的 Angular 延伸模組整合成一個，讓 Angular 開發者可以一鍵安裝所有相關的延伸模組，免去了我們自行逐一尋找的麻煩。筆者十分推薦使用哦！

圖 1-5

> **延伸模組下載：**
>
> https://marketplace.visualstudio.com/items?itemName=doggy8088.angular-extension-pack&ssr=false#overview

Tailwind CSS IntelliSense：

在本書中，我們將使用 Tailwind CSS 來進行切版。後續章節將會再介紹 Tailwind CSS 的使用方式。此延伸模組筆者也是非常推薦讀者們使用哦！

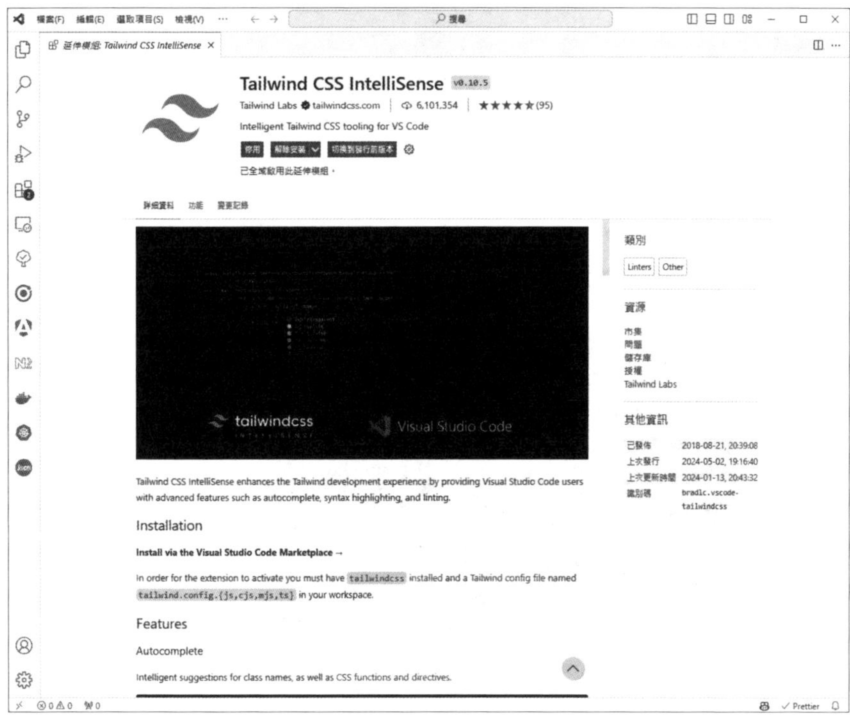

圖 1-6

> **延伸模組下載：**
>
> https://marketplace.visualstudio.com/items?itemName=bradlc.vscode-tailwindcss

GitHub Copilot：

GitHub Copilot 是 GitHub 與 OpenAI 合作開發的人工智慧工具，也是目前非常流行的程式碼 AI 工具之一。當輸入程式碼或註解時，GitHub Copilot 能自動推斷當前程式碼的上下文，並產生最適合目前所輸入的程式碼建議。原本可能需要花幾分鐘才能完成的程式碼，現在只需幾秒鐘即可完成。筆者使用這些工具已有一段時間，它讓我在程式碼撰寫的過程變得輕鬆許多。

圖 1-7

延伸模組下載：

https://marketplace.visualstudio.com/items?itemName=GitHub.copilot

另外我們還可以額外安裝 GitHub Copilot Chat 延伸模組，讓我們可以跨檔案或是指定選擇的區域去詢問 GitHub Copilot，對於已經習慣使用 ChatGPT Chat 的聊天介面的人來說應該會更喜歡這個延伸模組。

圖 1-8

延伸模組下載：

https://marketplace.visualstudio.com/items?itemName=GitHub.copilot-chat

貼心小提醒

GitHub Copilot 是需要另外支付費用才可以使用！截至 2024 年 4 月，GitHub Copilot 個人版的費用為每月 10 美元。雖然要支付費用，但是每月 10 美元可以算非常的划算，筆者也是用了之後就回不去了！

Visual Studio Code 下載網址：

https://code.visualstudio.com/download

貼心小提醒

VSCode 中的延伸模組的選擇非常多元，但主要用途還是用來輔助和加速開發，筆者所使用的不一定適合大家。因此，讀者們還是依照自己的習慣，選擇適合自己的延伸模組即可哦！

Node.js

Node.js 是一個讓 JavaScript 能在伺服器端執行的環境。在現代的 JavaScript 專案中，幾乎所有工具都是基於 Node.js 建構的。Ionic 和 Angular 也是用 Node.js 的環境來執行其開發工具，例如 Ionic CLI 和 Angular CLI。

另外，我們還需要使用 npm（Node Package Manager，Node.js 的套件管理器）來管理應用程式套件之間的依賴關係。透過 npm 指令，開發者能夠快速安裝、更新和管理所有所需的任何第三方套件和工具。

目前 Node.js 有分成「LTS」和「Current」版本（如圖 1-9 所示），其中 LTS 就是穩定版本，Current 則是當前最新的版本，不過這些新的功能可能不會在未來的版本中保留下來，所以基本上都會直接選擇 LTS 版本使用，而 Ionic 的官方說明文件中也建議我們安裝最新的 LTS 版本以確保最佳的相容性。

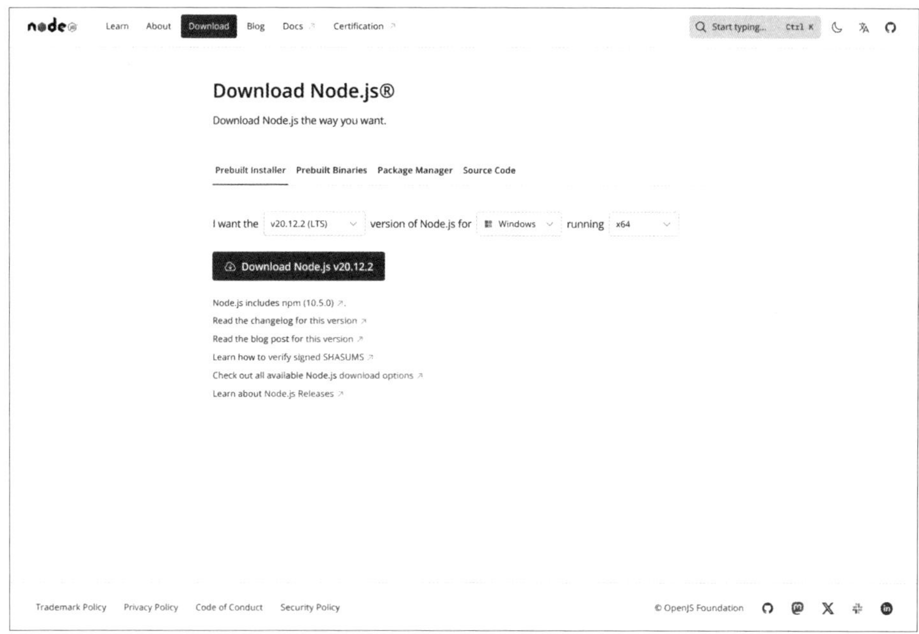

圖 1-9

※ 來源：https://nodejs.org/en/download/current

貼心小提醒

本書所使用的 Node.js 版本為 v20.12.2（LTS）。

Node.js 下載網址：

https://nodejs.org/en/download

Android Studio 和 Xcode

在本書中，不管是開發還是將應用程式上架到商店的過程，都會需要使用到 Android Studio 和 Xcode。因此，我們需要準備相對應的開發環境。開發環境包括安裝這些開發工具及其相關的依賴項目，例如 Android 需要依賴 Java JDK、Gradle Build Tool 等工具，iOS 則需要有 Mac 電腦（macOS 系統）和 iOS SDK 等，以確保能夠順利進行部署和除錯。

> **Android Studio 下載網址：**
>
> https://developer.android.com/studio?hl=zh-tw
>
> **Xcode 下載網址：**
>
> https://developer.apple.com/xcode/resources/

Azure CLI

Azure CLI 是由微軟開發的跨平台命令列工具，使用者可以透過 Azure CLI 連線到 Azure，並透過終端機使用互動式命令列提示或指令碼來執行服務操作的命令。在本書中，我們將使用 Azure CLI 來操作 Azure AI Services 語音服務。因此在工具準備階段，我們可以先安裝 Azure CLI 並透過指令查看版本以確認是否成功順利安裝。

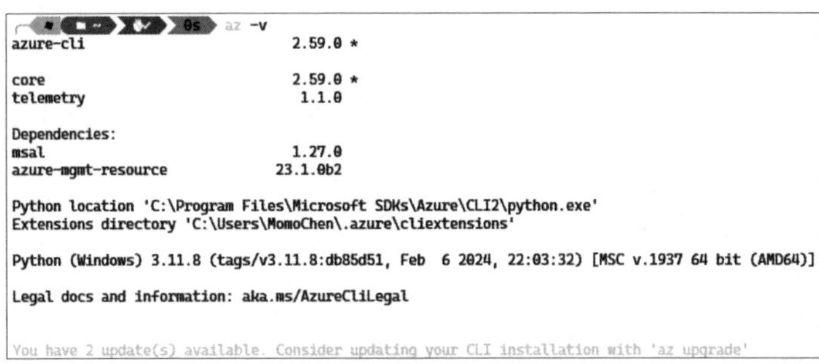

圖 1-10

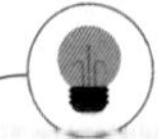

貼心小提醒

使用 Azure CLI 必須要有 Azure 的帳戶才可以進行操作。

> **Azure CLI 下載網址：**
>
> https://learn.microsoft.com/zh-tw/cli/azure/install-azure-cli-windows?tabs=azure-cli#latest-version

Postman

Postman 是一個用來測試 Web API 的應用程式，方便我們進行後端服務的測試。在本書中，我們主要使用 Postman 來測試 Azure 語音服務和 OpenAI API。

> **Postman 下載網址：**
>
> https://www.postman.com/downloads/

1-3

建立和設定 Ionic 專案

安裝 Ionic CLI

為了建立 Ionic 專案，第一步要先安裝 Ionic CLI 和 native-run 工具。我們使用以下指令來進行安裝：

```
npm install -g @ionic/cli native-run
```

其中 natvie-run 工具是一個跨平台的命令列工具，專為 Ionic CLI 設計，用來在 Android 和 iOS 裝置上執行原生應用程式的二進制檔案，安裝此套件後就可以直接從命令列工具中部署和測試應用程式。

> **native-run 的 GitHub 位置：**
>
> https://github.com/ionic-team/native-run

安裝完成後，可以使用 Ionic CLI 來查看版本以及其它可用的指令：

```
ionic -v
ionic --help
```

貼心小提醒

本書所使用的 Ionic CLI 版本為 7.2.0。

Ionic 常用指令

接下來，我們將介紹本書中最常用到的幾個 Ionic CLI 指令。這些指令在後續的章節會陸續出現，現在讓我們先簡單的看過一遍。

Ionic 專案指令：

指令	說明
ionic start	建立 Ionic 專案。
ionic build	建置 Ionic 專案。
ionic serve	啟動本機的開發伺服器。它是基於 Angular CLI 的 ng serve 指令，因此在功能上幾乎完全一樣。
ionic generate 或 ionic g	用來建立 Page、Component、Service、Module、Directive、Pipe、Guard 和 Interface 等等的指令。除了 Page 是 Ionic 獨有的功能外，其餘都和 Angular CLI 完全一樣。

Ionic 搭配 Capacitor 指令：

這些指令需要在專案中選擇使用 Capacitor 作為原生平台套件後，才能用來執行和管理 Capacitor 的相關操作。

指令	說明
ionic cap add	加入原生平台專案，例如 Android 或 iOS。
ionic cap sync	用於同步 Ionic 專案和指定原生平台專案。
ionic cap build	建置所選平台的專案。該指令會先執行過 ionic build 和 ionic sync 之後，再將編譯好的檔案複製到指定的原生平台中。
ionic cap run	連接指定的原生平台設備，並在該設備中執行 Ionic 專案。該指令也會先執行 ionic build 和 ionic sync。

貼心小提醒

上面表格中 ionic cap 的完整指令其實為「ionic capacitor」。在使用時，通常會使用縮寫，因為它更簡潔有力且好記。

建立 Angular 框架下的 Ionic 專案

安裝完成 Ionic CLI 之後，就可以透過以下指令來建立 Ionic 專案：

```
ionic start AI_Conversation_APP --type=angular --capacitor
```

指令中的「--type」參數是用來指定使用 Angular 框架進行開發，而「--capacitor」參數則是用來為專案加入 Capacitor 的原生平台套件功能。

執行 CLI 指令後，在開始建立專案之前，系統還會詢問以下兩個設定：

起始模板：

Ionic 提供了多種預設模板，讀者們可以依照自己的需求選擇不同的模板。在本書中，我們直接選擇「blank」作為起始模板。

```
AI_Conversation_APP  master ≠ ?3 ~5  20.12.2  4:13.161s  ionic start AI_Conversation_APP --type=angular --capacitor

Let's pick the perfect starter template!

Starter templates are ready-to-go Ionic apps that come packed with everything you need to build your app. To bypass this prompt next time, supply template, the second argument to ionic start.

? Starter template:
  tabs         | A starting project with a simple tabbed interface
  sidemenu     | A starting project with a side menu with navigation in the content area
> blank        | A blank starter project
  list         | A starting project with a list
  my-first-app | A template for the "Build Your First App" tutorial
```

圖 1-11

NgModule or Standalone Component：

選擇模板後，CLI 會進一步詢問是否要使用 NgModule 或 Standalone Component。NgModule 是 Angular 原有的開發方式，在 Ionic 中，只要將 IonicModule 匯入後就可以使用完整的功能。但有時候其實只需要其中一個 Ionic 元件（Component），直接匯入 IonicModule 反而會包含許多不必要的元件（Component）、指令（Directive）或管道（Pipe）。對於編譯器來說，這些不必要的功能無法被 Tree Shaking，最終增加了 JavaScript 打包時的檔案大小。

貼心小提醒

Tree Shaking 是一種程式碼優化方式，主要目的是移除未使用的程式碼，讓打包的 JavaScript 檔案可以縮小，以提升網頁的下載速度。

Standalone Component 則是在 Angular 14 版本新推出的功能，它允許開發者獨立使用元件（Component）、指令（Directive）或管道（Pipe）。使用它在開發時，我們只需要匯入所需的功能即可，大大簡化了 Angular

應用程式的開發。而因為Standalone Component有明確的依賴項目，在Tree Shaking時，可以更有效的識別並移除未使用的程式碼，最終達到減少JavaScript打包檔案大小的目的。因此本書中，我們直接選擇「Standalone Component」作為開發的首選。

```
AI_Conversation_APP  master ≢ ?3 ~5  20.12.2  4:13.161s  ionic start AI_Conversation_APP --typ
e=angular --capacitor

Let's pick the perfect starter template!

Starter templates are ready-to-go Ionic apps that come packed with everything you need to build your app. To bypass this
prompt next time, supply template, the second argument to ionic start.

? Starter template: blank
? Would you like to build your app with NgModules or Standalone Components?
 Standalone components are a new way to build with Angular that simplifies the way you build your app.
 To learn more, visit the Angular docs:
 https://angular.io/guide/standalone-components


 NgModules
> Standalone
```

圖 1-12

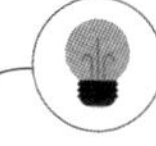

貼心小提醒

本書中所使用的Ionic版本為8.0，Capacitor版本是6.0，而Angular版本則是17.3。

Capacitor 設定

當我們選擇使用Capacitor作為原生平台的套件時，專案建立完成後，Capacitor會自動建立一個capacitor.config.ts的檔案。這個檔案允許我們針對Android或iOS進行更進階的設定，例如應用程式的基本設定、Android的Keystore設定和套件設定等等。

在新建立的Ionic專案，筆者建議第一優先修改的設定為「appId」和「appName」：

```
const config: CapacitorConfig = {
  appId: 'app.momochenisme.aiconversationapp',
```

```
  appName: 'AI 英語口說導師',
  webDir: 'www',
};
```

貼心小提醒

優先修改 capacitor.config.ts 中的 appId 和 appName，可以避免日後 Android 和 iOS 專案中，因未正確同步這些設定而導致的不一致問題。

新增原生平台 Android/iOS 到 Ionic 專案中

僅僅建立 Ionic 專案還不足以讓它在原生平台上執行。在正式開始開發之前，還需要為專案新增 Android 或 iOS 的原生平台專案。我們可以使用以下 Ionic CLI 指令來進行新增：

```
ionic cap add android
ionic cap add ios
```

新增完成後，在 Ionic 專案的底下就會出現 Android 和 iOS 兩個資料夾，分別對應到 Android Studio 和 Xcode 的專案。

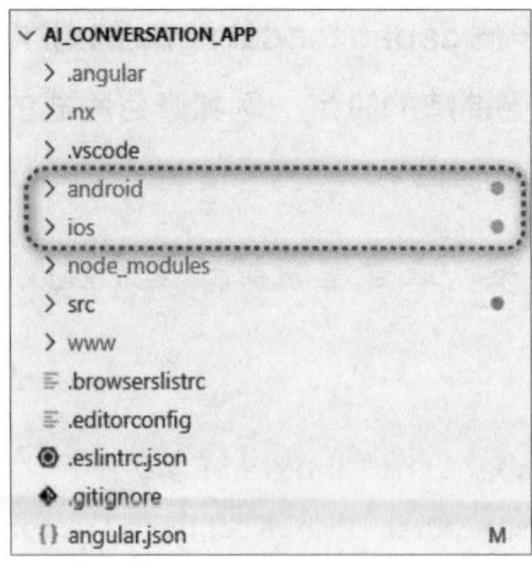

圖 1-13

1-3 小節範例程式碼：

https://mochenism.pse.is/6fmg8c

1-4

編譯、執行和部署 Ionic 專案

Ionic 專案編譯和執行

在部署之前通常要先進行編譯和打包應用程式，Ionic 提供兩種編譯和執行方式，分別為 Web 和 Android/iOS。我們可以透過以下指令將 Ionic 專案編譯和打包：

```
ionic build
```

另外在大部分的日常開發中，筆者通常會直接使用以下指令進行開發：

```
ionic serve
```

這個指令可以讓我們在本機中啟動一個開發伺服器，並讓我們直接在瀏覽器中即時預覽開發中的應用程式。

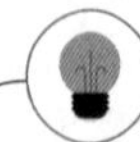

貼心小提醒

這些指令雖然與 Angular 的 ng serve 或 ng build 非常相似，但在功能上有些許不同，因此讀者們請務必使用 Ionic CLI 的指令來執行和編譯。

Android/iOS 建置和部署

在前面的章節中，我們已經將 Android 和 iOS 的專案加入到 Ionic 專案中。現在，我們可以透過 Capacitor 指令，就能快速的將 Ionic 專案編譯到 Android 和 iOS 的專案中：

```
ionic cap build android
ionic cap build ios
```

編譯完成後，指令會使用 Android Studio 或 Xcode 自動開啟專案。此時，我們只需在 Android Studio 或 Xcode 上按下「執行」按鈕，即可將應用程式部署到實體機或模擬器上。

圖 1-14

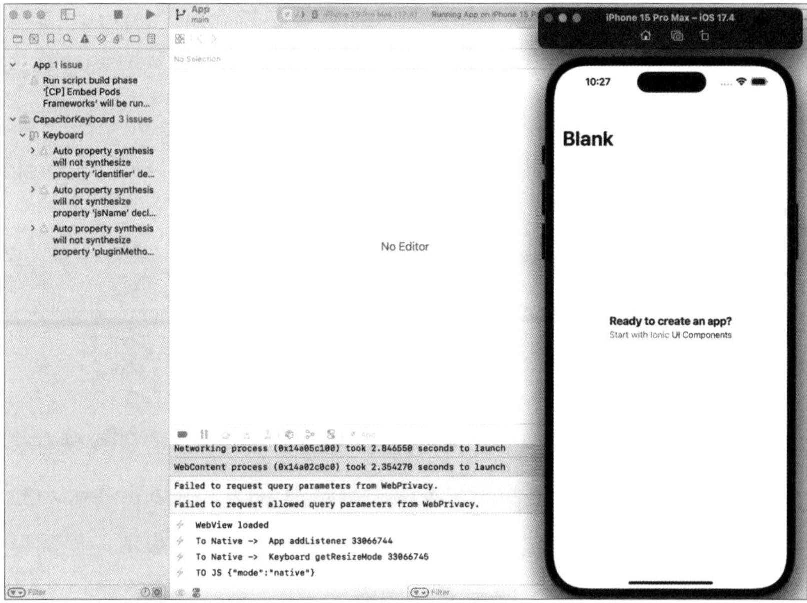

圖 1-15

另外，我們還可以使用 ionic cap run 指令：

```
ionic cap run android
ionic cap run ios
```

使用這個指令後，我們前面安裝的「native-run」工具就正式發揮作用了。它讓我們可以直接選擇希望部署的設備，並針對所選的實體機或模擬器設備進行部署。這樣免去了開啟 Android Studio 或 Xcode 的步驟，讓整個部署的過程更為簡單和快速哦！

```
AI_Conversation_APP  master ≠ ?3 ~5  20.12.2  0s  ionic cap run android
? Which device would you like to target?
  Google sdk_gphone64_x86_64 (emulator-5554)
> Pixel 8 API 33 (emulator) (Pixel_8_API_33)
```

圖 1-16

Android/iOS Live Reload

在開發需要使用原生平台功能（例如「相機」或「藍芽」）的專案時，我們無法在本機瀏覽器中進行測試。如果每次都需要透過 ionic cap run 指令將應用程式部署到 Android 或 iOS 的實體機或模擬器設備，光是等待程式碼編譯就會浪費不少時間。Ionic 為了讓開發者更有效率的開發，在 Ionic CLI 中提供了 Live Reload 的功能。這個功能只需在 run 指令後面加入「-l」或「--livereload」參數即可啟動：

```
ionic cap run android -l
ionic cap run ios -l
```

啟用 Live Reload 功能後，程式碼的變更會自動偵測，並立即反映在裝置的 WebView 之中。程式碼變更偵測在本機瀏覽器中可以使用 ionic serve 指令來實現，而 Live Reload 則可以視為 ionic serve 的原生平台版本，使開發者能夠在實體機或模擬器設備上即時更新和除錯。

1-5 Ionic 的進階開發技巧

在 Ionic 中使用 Angular Standalone Component

元件的使用方式：

從 Ionic 7.5 版本後的 Angular 框架下，所有的 Ionic 元件也都採用 Standalone Component。在開發時我們只需要將有用到的元件匯入即可。元件的匯入請使用「@ionic/angular/standalone」，例如以下程式碼

```
import { IonList, IonButton, IonHeader, IonToolbar, IonTitle, IonContent, IonItem } from '@ionic/angular/standalone';
@Component({
  selector: 'app-home',
  templateUrl: 'home.page.html',
  styleUrls: ['home.page.scss'],
  standalone: true,
  imports: [
    IonList,
    IonButton,
    IonHeader,
    IonToolbar,
    IonTitle,
    IonContent,
    IonItem,
  ],
})
```

貼心小提醒

如果使用 Standalone Component 的話，不要混到「@ionic/angular」，它是原本 NgModule 的匯入方法。Ionic 官方的說明是因為它匯入時會順帶匯入一些延遲載入的 Ionic 程式碼，這會干擾 Tree Shaking 的運作，所以讀者們使用時請千萬注意！

Ionic Icon 的使用方式：

Ionic Icon 是由 Ionic 官方提供的圖示集，只要使用 Ionic 就內建這些圖示集可以使用。在 Angular 中使用 NgModule 時，會將整個圖示集匯入，我們就可以在任何地方使用。缺點和前面章節提到的一樣，因為是 NgModule，所以就算只用到其中一個圖示，實際上程式碼中還是包含整個圖示集。

而在 Standalone Component 中，我們可以選擇所需的圖示進行匯入。所有內建的 Ionic Icon 都定義在「ionicons/icons」中，我們可以在裡面找到所需的圖示。使用時，則是在建構式中使用「addIcons」方法，將找到的圖示變數加進去以完成註冊。以下是一個使用 Ionic Icon 的簡單範例：

```
import { Component } from '@angular/core';
import { IonIcon } from '@ionic/angular/standalone';
import { addIcons } from 'ionicons';
import { menuOutline } from 'ionicons/icons';
@Component({
  selector: 'app-home',
  templateUrl: 'home.page.html',
  styleUrls: ['home.page.scss'],
  standalone: true,
  imports: [IonIcon],
})
export class HomePage {
  constructor() {
```

```
    addIcons({ menuOutline });
  }
}
```

註冊完後，就可以在 HTML 樣板中，使用「ion-icon」的標籤搭配「name」屬性來指定註冊的圖示名稱，這樣，我們就可以在應用程式中顯示這些圖示了：

```
<ion-icon name="menu-outline"></ion-icon>
```

貼心小提醒

我們也可以直接在根元件（AppComponent）中註冊要使用的圖示，這樣在「子元件」中就不需要再次註冊，可以直接使用。但是要注意，這種方式會增加應用程式在啟動時的大小，進而影響啟動的速度。因此不太推薦這種方式哦！

Ionic 的生命週期（Lifecycle）

當 Ionic 和 Angular 元件被建立並渲染到 View 中時，生命週期就開始了。這個生命週期會一直伴隨著元件，直到它被摧毀為止。因此，瞭解生命週期是非常重要的。Ionic 的生命週期則是基於 Angular 再做額外的延伸，所以其行為和順序都和 Angular 一模一樣。

Angular 的生命週期：

Angular 的生命週期依照順序有以下幾個：

鉤子方法	功能
ngOnChanges()	當繫結的屬性值發生變化時執行。

鉤子方法	功能
ngOnInit()	初始化頁面時執行。
ngDoCheck()	檢查和處理那些 Angular 無法自己檢測的變化。
ngAfterContentInit()	當元件或指令的內容，投影進 content 之後執行。
ngAfterContentChecked()	在每次檢查投影到組件或指令的 content 之後執行。
ngAfterViewInit()	當元件和子元件的 View 初始化完成後執行。
ngAfterViewChecked()	在每次檢查元件和子元件的 View 之後執行。
ngOnDestroy()	在元件或指令被摧毀之前執行。

Ionic 的生命週期：

在 Ionic 中，則專門針對行動裝置新增了四個生命週期鉤子方法：

鉤子方法	功能
ionViewWillEnter	當元件即將進入 View 並開始轉場動畫之前執行。
ionViewDidEnter	當結束轉場動畫而且元件完全進入 View 之後執行。
ionViewWIllLeave	當元件即將離開 View 並開始轉場動畫之前執行。
ionViewDidLeave	當結束轉場動畫並且元件完全離開 View 之後執行。

Ionic 的特有生命週期鉤子方法是安插在 Angular 的生命週期之間（如圖 1-17 所示），這些新增的生命週期允許開發者根據行動裝置的特性，更精準的控制元件的行為和狀態的變化。

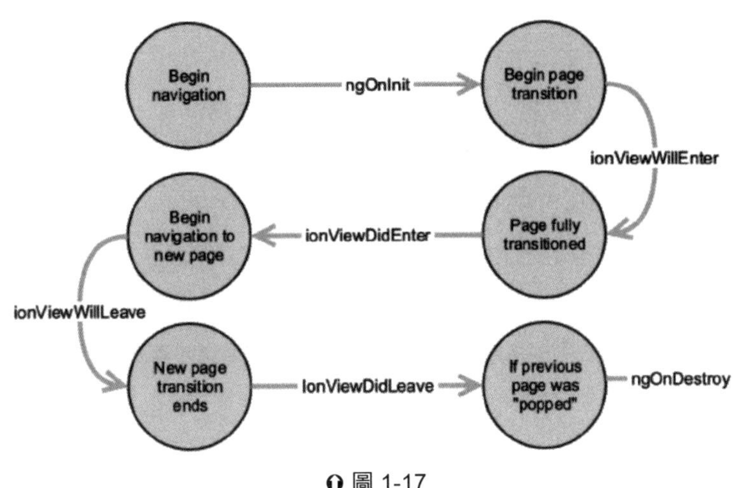

圖 1-17

※ 來源：https://ionic-docs-o31kiyk8l-ionic1.vercel.app/docs/angular/lifecycle

Ionic 獨有的頁面生命週期

如果是第一次接觸 Ionic 的 Angular 開發者必須特別注意：在我們開發 Angular 應用程式並進行頁面的切換時，Angular 會將舊的頁面摧毀並從 DOM 中整個移除。而 Ionic 則剛好相反，它並不會將舊的頁面給摧毀，而是保留在 DOM 中並隱藏整個頁面。這樣做是為了在行動裝置中提供更好的效能。也因為舊頁面只是被隱藏，當我們返回到原頁面時，就不需要重新建立元件，使得轉場動畫變得更加流暢。

又因為 Ionic 獨有的頁面生命週期特性，當我們回到舊頁面時，因為元件已經存在，所以它並不會再次執行 ngOnInit 的鉤子方法。此時若有「重讀資料」的需求時，就必須要使用 Ionic 的生命週期鉤子方法來解決。

貼心小提醒

通常我們在開發 Angular 時，都會在 HTML 樣板或是 TypeScript 中訂閱一些 RxJS 的 Subject 或 Observable。當切換頁面後，因為舊頁面被摧毀，所以會自動解除 HTML 樣板中的訂閱，不是在 HTML 樣板中訂閱的就需要在 ngOnDestroy 中手動解除訂閱。

而在 Ionic 中，因為它獨有的生命週期特性，當我們切換頁面後，舊頁面不會被摧毀，所以此時不管是 HTML 樣板還是 TypeScript 中的所有訂閱都不會解除。

因此在 Ionic 頁面中使用 RxJS 時，讀者們一定要特別注意這些差異。

Shadow DOM

Shadow DOM 是 Web Component 標準的一部分，它允許開發者對 DOM 元素的結構、樣式和行為進行「封裝」。封裝可以確保 Web Component 保持獨立，不會被應用程式中的其他樣式所影響。

在 Ionic 中，為了確保元件在各種環境中的一致性，因此大多數元件都是使用 Shadow DOM 進行封裝，例如：「ion-content」、「ion-toolbar」和「ion-button」等。因此，當我們試圖使用以下方式直接修改樣式（例如 ion-button）時，是不會有任何效果的：

```
ion-button {
  border-radius: 0;
}
```

因此，Ionic 特別開放了元件的部分樣式供開發者進行客製化。我們可以透過 CSS 的 ::part 這個偽元素，選擇 Shadow DOM 中公開的屬性元素，來重新客製化所需的樣式。透過這種方式，我們可以選中 ion-button 中的 native 部分，來重新定義 ion-button 的 border-radius：

```
ion-button::part(native) {
  border-radius: 0;
}
```

另外，讀者可能會好奇，要如何知道Ionic元件中哪些使用了Shadow DOM，以及這些Shadow DOM中的哪些部分是可以被修改的。在Ionic官方的元件說明文件中，所有使用Shadow DOM的元件都會特別註明（如圖1-18的步驟1.）。在Ionic官方元件說明文件中，我們可以點選或使用滑鼠滾輪滾到CSS Shadow Parts的段落（如圖1-18步驟2.），以找到所有開放修改的::part()元素。

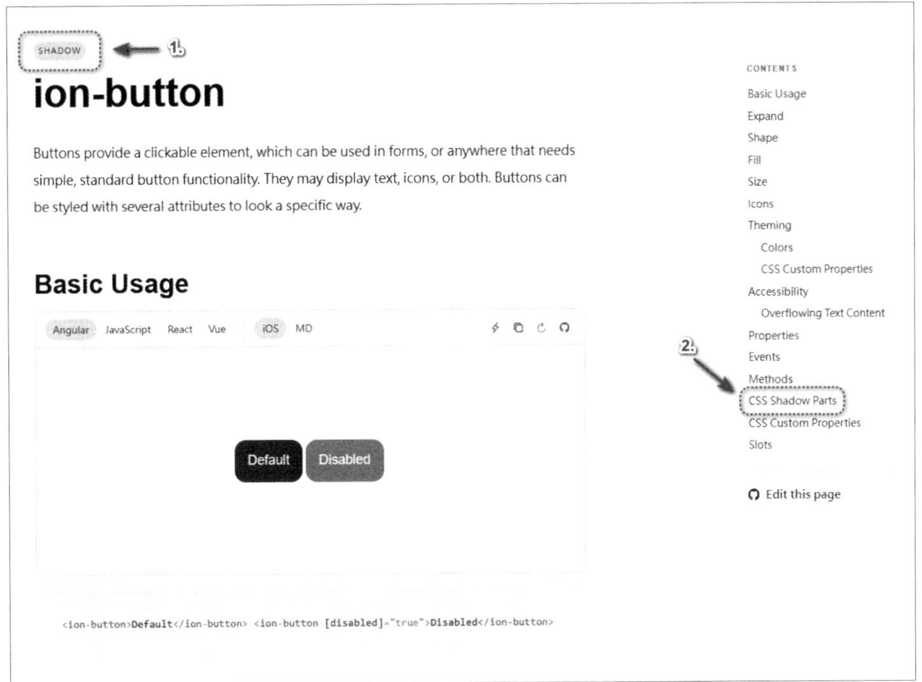

圖 1-18

※ 來源：https://ionicframework.com/docs/api/button

CSS Shadow Parts

Name	Description
native	The native HTML button or anchor element that wraps all child elements.

圖 1-19

※ 來源：https://ionicframework.com/docs/api/button#css-shadow-parts

平台樣式

Ionic 的元件會根據執行的裝置自動在元件中設定該平台所屬的樣式，每一個元件在每一個平台中都有一個預設的模式（mode）。以下是 Ionic 在不同的設備中的預設模式：

設備	模式
Android	md
iOS	ios
非 Android 或 iOS	md

舉個例子，如果在 iOS 設備中希望將 ion-button 修改成 Android 的樣式，我們可以透過修改 mode 屬性來快速調整樣式：

```
<ion-button mode="md">TEST</ion-button>
```

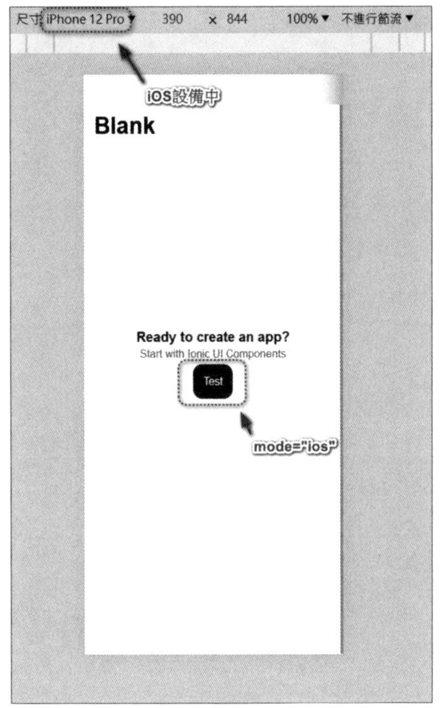

圖 1-20

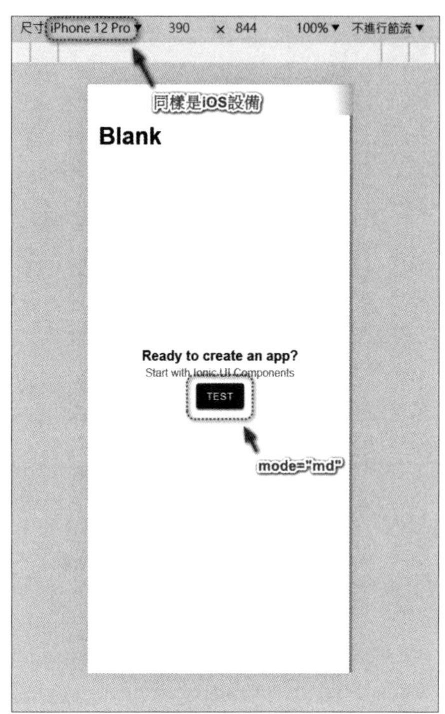

圖 1-21

指定 mode 屬性後，無論在 Android 或 iOS，該元件的外觀就會保持在我們指定的模式下的樣式。另外，如果不想指定 mode，可以直接使用 CSS 覆蓋樣式。這時只需將 mode 對應的名稱轉換成類別（class），例如以下程式碼：

```
.ios ion-button::part(native) {
  border-radius: 0;
}

.md ion-button::part(native) {
  border-radius: 50%;
}
```

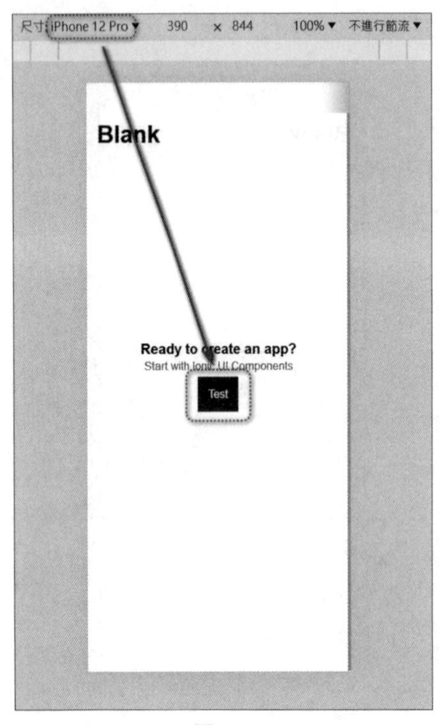

圖 1-22

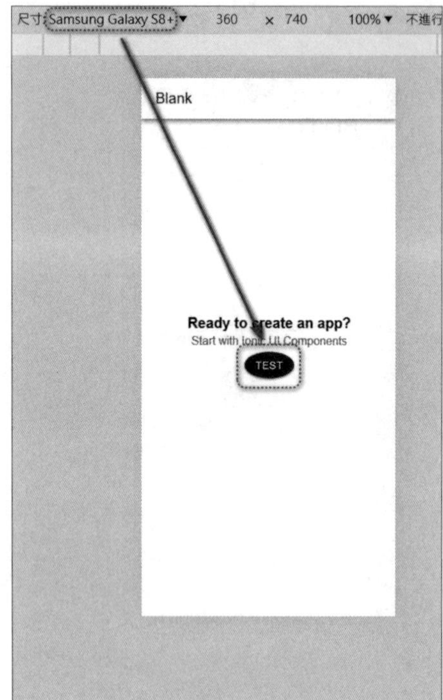

圖 1-23

Dark Mode

Ionic 提供了一種簡單的方式來設定是否啟用深色主題。從 Ionic 8.0 版本開始，我們可以直接在 src\global.scss 中透過 @import 的方式設定啟用規則。預設情況下，應用程式的主題會依照系統設定來決定是啟用淺色或深色主題。例如，如果設備本身設定為深色主題，則進入應用程式後，系統會自動使用深色主題。我們可以根據不同的需求調整這個設定，以適應使用者的偏好或滿足特殊的設計要求。

```
/**
 * Ionic Dark Mode
 * -----------------------------------------------------
```

```
 * For more info, please see:
 * https://ionicframework.com/docs/theming/dark-mode
 */

/* @import "@ionic/angular/css/palettes/dark.always.css"; */
/* @import "@ionic/angular/css/palettes/dark.class.css"; */
@import "@ionic/angular/css/palettes/dark.system.css";
```

如果應用程式不啟用 Dark Mode 我們則可以調整「index.html」檔案中的「color-schema」將「dark」給移除，例如：

```
<meta name="color-scheme" content="light" />
```

CORS

跨來源資源共用（Cross-Origin Resource Sharing，CORS）是一種網路安全機制。為了保護使用者的資料免受惡意攻擊，瀏覽器和 Web View 會限制來自不同來源（或域名）的資源進行互動。其主要目的是防止資料洩漏和其他網路攻擊。

以下表格展示了在使用 Capacitor 作為原生平台套件時，各個平台的預設來源設定：

目標平台	來源
Android	https://localhost
iOS	Capacitor://localhost

因此，若應用程式中的請求來源與 Capacitor 對應的平台來源不符，瀏覽器和 Web View 的同源政策就會被觸發。因此，當我們自行開發應用程式的後端 API 時，必須特別注意這個問題，以避免請求被拒絕的情況發生。

1-6 使用 Tailwind CSS 搭配 Ionic

什麼是 Tailwind CSS？

Tailwind CSS 是一套以 Utility-first 原則為首的 CSS 框架。傳統的 CSS 撰寫方式常會遇到許多重複性的問題，而 Tailwind CSS 則透過將單一屬性對應到單一 class，讓開發者只需在 HTML 樣板中套用相關的 class 即可設定元素樣式。由於所有的 CSS 都已經預先設定好，因此 Tailwind CSS 非常適合用來快速切版。另外，Tailwind CSS 也提供自訂的方式，讓開發者可以直接專注在設計客製化的樣式。

為什麼選擇使用 Tailwind CSS？

首先，在傳統上撰寫 CSS 時，如果 class 的命名沒有特別遵循一些規則，很容易寫出連自己都看不懂的 class，導致要花更多心力去瞭解這個 class 裡面到底寫了哪些樣式。舉個例子：

```
1.  <span class="hello-world">Hello World</span>
```

這種情況下，如果需要 Debug 這一行套用的樣式，我們就必須進到 CSS 檔案中查看到底發生了什麼事情。但如果換成 Tailwind CSS，可能就會像：

```
1.  <span class="text-lg font-bold text-red-500">Hello World</span>
```

在閱讀程式碼時，Tailwind CSS 就比寫一個 hello-world 來得清楚許多。不過，這只是一個簡單的例子，在實際開發中，HTML 樣板內可能會包含大量的 class，這時程式碼就可能會變得有些雜亂（如圖 1-24 所示）。這也是 Tailwind CSS 的缺點之一。然而，我們可以利用 Angular 框架將一些重複的程式碼製作成元件，這是減少 HTML 樣板中過多 Tailwind CSS class 的一種方式哦！

貼心小提醒

筆者當時報名參加鐵人賽時，準備時間僅有大約一個月。實際上，每天也只有下班後吃完晚餐到睡前短短的一至兩小時可以利用。在這段有限的時間內，我不僅需要撰寫文章，還要進行專案開發。因此，使用 Tailwind CSS 為我節省了大量時間。由於它的 utility-first 原則，我能夠快速的替這些元素設計樣式，而不需要編寫大量的自訂 CSS，讓我能更專注於內容創作和功能實現。

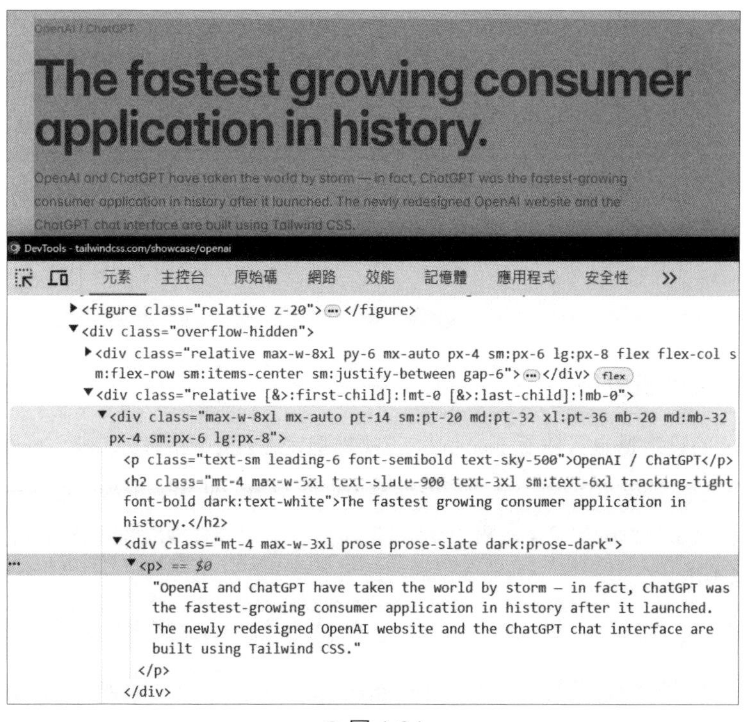

圖 1-24

※ 來源：https://tailwindcss.com/showcase/openai

安裝和設定 Tailwind CSS

首先在 Ionic 專案底下使用指令來進行安裝和初始化：

```
npm install -D tailwindcss
npx tailwindcss init
```

初始化後，我們就可以在 Ionic 專案底下看到「tailwind.config.js」的檔案，這個檔案可以用來設定一些自訂的規則，例如：「主題風格」、「增加 class 規則」和「啟動套件功能」等。第一次初始化後，還需要在「module.exports.content」中，自行填入路徑：

```
/** @type {import('tailwindcss').Config} */
module.exports = {
  content: [ “./src/**/*.{html,js}"],
  theme: {
    extend: {},
  },
  plugins: [],
}
```

貼心小提醒

Content 的設定是為了告訴 Tailwind CSS 掃描指定路徑中的所有 HTML、JavaScript 以及包含 Tailwind Class Name 的任何檔案，進而為這些使用到的樣式產生對應的 CSS。這樣做可以確保只生成實際使用到的 CSS，有效提升讀取速度並減少打包後的檔案大小。

再來，我們還需要找到專案中「src\global.scss」，並將 Optional CSS utils that can be commented out 以下的 CSS 全部註解掉：

```
/* Optional CSS utils that can be commented out */
// @import “@ionic/angular/css/padding.css";
// @import “@ionic/angular/css/float-elements.css";
// @import “@ionic/angular/css/text-alignment.css";
// @import “@ionic/angular/css/text-transformation.css";
// @import “@ionic/angular/css/flex-utils.css";
```

最後將 Tailwind CSS 加入到 src\global.scss 檔案中就完成了：

```
@tailwind base;
@tailwind components;
@tailwind utilities;
```

測試 Tailwind CSS

接著，我們使用簡單的例子來驗證 Tailwind CSS 是否可以正常運作，：

```
<div
  class="m-4 border rounded-lg flex justify-center items-center">
  <span
    class="text-purple-600 font-semibold">
    hello ionic!
  </span>
</div>
```

從以上的程式碼我們可以看到，僅僅只需要幾個簡單的 class，就可以很快速的切出我們所要的版型或樣式。

自訂功能

Tailwind CSS 提供了一系列的 class 供我們使用，但有時我們還是會遇到預設 class 不夠用的情況。這時，我們可以利用 Tailwind CSS 的自訂功能來客製化或擴充原有的 class。以下我們使用「max-width」為例，目前預設的最大寬度 class 中，最小的值是 max-w-xs（如圖 1-25 所示）。

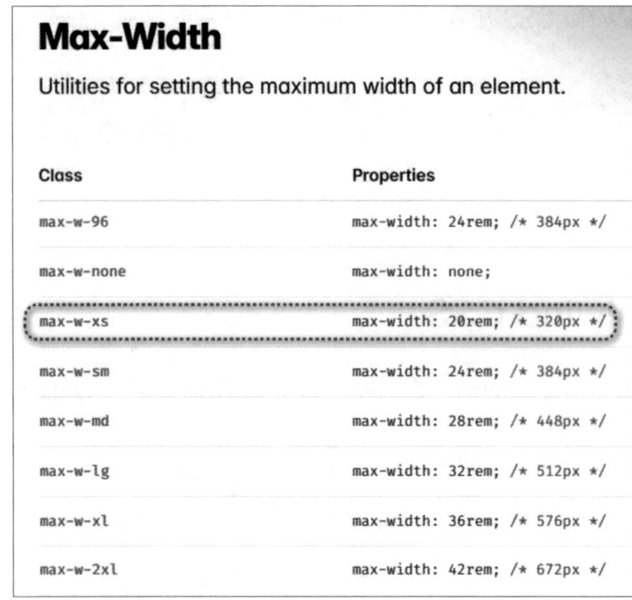

Max-Width

Utilities for setting the maximum width of an element.

Class	Properties
max-w-96	max-width: 24rem; /* 384px */
max-w-none	max-width: none;
max-w-xs	max-width: 20rem; /* 320px */
max-w-sm	max-width: 24rem; /* 384px */
max-w-md	max-width: 28rem; /* 448px */
max-w-lg	max-width: 32rem; /* 512px */
max-w-xl	max-width: 36rem; /* 576px */
max-w-2xl	max-width: 42rem; /* 672px */

圖 1-25

※ 來源：https://tailwindcss.com/docs/max-width

如果需求要求的最大寬度要比 max-w-xs 更小，我們可以在 tailwind.config.js 中新增一個自訂的 class 名稱，以下將它設定為「xxs」：

```
/** @type {import('tailwindcss').Config} */
module.exports = {
  content: [ “./src/**/*.{html,js}"],
  theme: {
    extend: {
```

```
        maxWidth: {
            xxs: "10rem",
        }
      },
    },
    plugins: [],
}
```

新增之後，就可以在 HTML 樣板中直接使用 max-w-xxs 這個 class 了。更厲害的是，如果我們安裝了 Tailwind CSS IntelliSense 這個延伸模組，在我們輸入「max-w-x」時，客製化的 class 也會出現在 IntelliSense 的選項中哦！

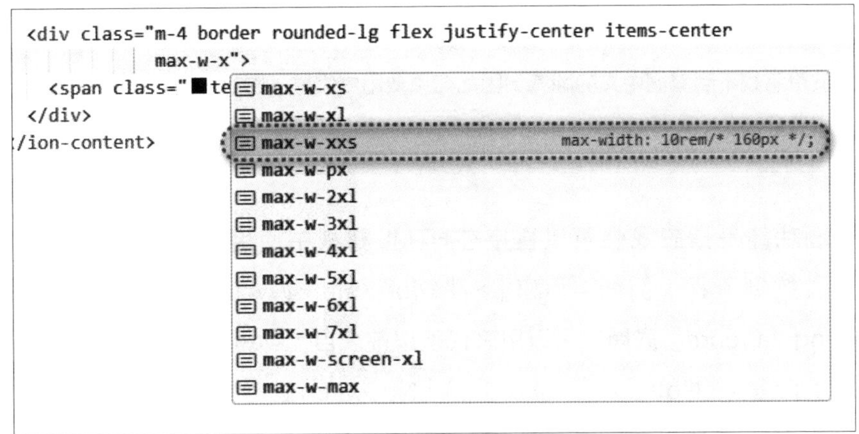

圖 1-26

1-6 小節範例程式碼：

https://mochenism.pse.is/6fmgwk

1-7 Angular 17 中的新功能 - Built-in Control Flow 和 Angular Signals

Built-in Control Flow

在本書中所使用的 Angular 版本為 17.3。在 Angular 17 時，推出了新的樣板語法功能叫做：「Built-in Control Flow」。

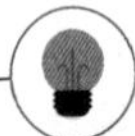

貼心小提醒

由於筆者找不到繁體中文的翻譯，因此如果要用中文說，應該會直接翻譯為「內建控制流程語法」。

這個功能是指說我們可以直接在 HTML 樣板中使用「@-syntax」語法糖來建立控制流程，例如：「@if」、「@for」和「@switch」。它們都來自於「@angular/core」底層，可以用來代替以前來自「@angular/common」中的結構型指令：「NgIf」、「NgFor」和「NgSwitch」。也因為 Built-in Control Flow 來自 core 底層，使用上就不再需要任何的匯入，可以直接在任何 HTML 樣板中使用。

在本書中的程式碼，我們將會使用這些新的語法糖來進行撰寫和開發。因此，本章節中會先簡單說明幾個本書中會使用到的 Built-in Control Flow 的用法。

@if 的用法

結構型指令的用法：

在結構型指令中，要使用 NgIf 時必須先匯入「CommonModule」才能夠使用：

```
import { CommonModule } from '@angular/common';
@Component({
  template: `
    <div *ngIf="value === 'hello world'">Hello World!</div>
  `,
  standalone: true,
  imports: [CommonModule], // 需要匯入 CommonModule
})
class HelloWorldComponent {
  value: string = 'Hello World!';
}
```

若要使用 if else，此時 HTML 樣板中的程式碼就會稍微複雜一些：

```
import { CommonModule } from '@angular/common';
@Component({
  template: `
    <div *ngIf="value === 'hello world'; else otherHelloWorld">Hello World!</div>
    <ng-template #otherHelloWorld>
      <div>Other Hello World!</div>
    </ng-template>
  `,
  standalone: true,
  imports: [CommonModule], // 需要匯入 CommonModule
```

```
})
class HelloWorldComponent {
  value: string = 'Hello World!';
}
```

Built-in Control Flow 的用法：

新的 Built-in Control Flow，無需任何匯入即可在任何地方使用「@if」語法糖來進行流程控制：

```
@Component({
  template: `
    @if(value === 'hello world') {
      <div>Hello World!</div>
    }
  `,
  standalone: true,
})
class HelloWorldComponent {
  value: string = 'Hello World!';
}
```

而在 if else 的使用上，相比結構型指令的 NgIf，Built-in Control Flow 的程式碼在 HTML 樣板中相對簡單也更直覺：

```
@Component({
  template: `
    @if(value === 'hello world') {
      <div>Hello World!</div>
    } @else {
      <div>Other Hello World!</div>
```

```
    }
  `,
  standalone: true,
})
class HelloWorldComponent {
  value: string = 'Hello World!';
}
```

@for 用法

結構型指令的用法：

在結構型指令中，要使用 NgFor 時，也必須依賴「CommonModule」才能夠使用：

```
import { CommonModule } from '@angular/common';
@Component({
  template: `
    <div *ngFor="let item of value">Hello World {{ item }}</div>
  `,
  standalone: true,
  imports: [CommonModule], // 需要匯入 CommonModule
})
class HelloWorldComponent {
  value: number[] = [1, 2, 3];
}
```

Built-in Control Flow的用法：

新的Built-in Control Flow無需任何匯入即可直接使用「@for」語法糖來執行迴圈。與NgFor不同，使用@for時必須加上「track」，否則會出現「NG5002」的錯誤：

```
@Component({
  template: `
    @for(item of value; track item) {
      <div>Hello World {{ item }}</div>
    }
  `,
  standalone: true,
})
class HelloWorldComponent {
  value: number[] = [1, 2, 3];
}
```

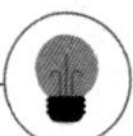

貼心小提醒

Track主要在於追蹤和計算資料集與DOM中實際物件的差異。如果資料集發生改變，直接將所有的DOM刪除並重新建立會消耗大量資源，導致效能降低。如果使用track，Angular可以知道應該追蹤哪些Key，並利用這些Key來確定DOM中哪些部分真的發生了變化，然後只對這些變化的部分進行新增、修改或刪除。這樣可以大幅提升效能，避免不必要的資源浪費。

不管是結構型指令NgFor還是@for，其實都可以使用track。不同的是，@for強制要求我們指定track的Key，否則會有NG5002的錯誤。但如果只是單純顯示資料，確定不會進行新增、修改、刪除的話，則使用「track $index」即可。

另外，@for 還有一個額外的附加功能，就是「@empty」。只有當資料集為空的時候才會顯示 @empty 中定義的 HTML 樣板：

```
@Component({
  template: `
    @for(item of value; track $index) {
      <div>Hello World {{ item }}</div>
    } @empty {
      <div>No Hello World!!!</div>
    }
  `,
  standalone: true,
})
class HelloWorldComponent {
  value: number[] = [];
}
```

Angular DEV 中的 Built-in control flow 說明文件：

https://angular.dev/guide/templates/control-flow

Angular Signals

Angular Signal 也是在 Angular 17 中才新加入的功能。Signal 是代表一個實際值的物件，它可以讓我們以可控的方式修改值，並且當值有所改變時，通知所有追蹤它的消費者（consumers）。

在 Angular 中，如果資料有變更或是狀態發生改變，就會更新 DOM，這個機制叫做「變更檢測」。簡單來說，只要發生變更檢測，Angular 就會從元件樹中自上而下遍歷所有元件，並尋找所有可能的變更，而這背後的技術依賴於

「zone.js」。不過，zone.js 也有不少缺點，例如「因為遍歷所有元件造成的性能開銷問題」、「與第三方套件的相容性問題」和「打包時的檔案大小問題」等等。因此，為了解決這些問題，在 Angular 17 中推出了 Angular Signals，以擺脫對 zone.js 的依賴。

在本書中的程式碼中，我們將會使用這些 Angular Signals 來進行撰寫和開發，因此，本章節中會先簡單說明本書中會使用到的 Angular Signals 的用法。

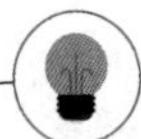

貼心小提醒

隨著時間的推移，Angular 也逐漸轉向希望能跳脫 zone.js 的方式進行開發，以提供更好的性能和更靈活的變更檢測功能。

關於 Angular 的 zone.js 開發現況可以參考 Angular 官方 GitHub 上的說明：

https://github.com/angular/angular/blob/main/packages/zone.js/README.md#development-status-of-zonejs

Angular Signals 的基本使用方式

Signals：

使用 Signals 很簡單，只需要使用「signal」方法，就可以快速建立出一個 Signal 物件，物件的型別是「WritableSignal」。在使用時，如果需要取值，就要把 signal 物件當作方法呼叫，例如以下範例：

```
import { signal } from '@angular/core';
@Component({
  template: `
    <div>{{ value() }}</div>
```

```
  `,
    standalone: true,
  })
  class HelloWorldComponent {
    value = signal<string>('Hello World!');
  }
```

如果直接使用 value 則會變成呼叫 Signal 物件本身（如圖 1-27 所示），而不是取得實際值：

```
<div>{{ value }}</div>
```

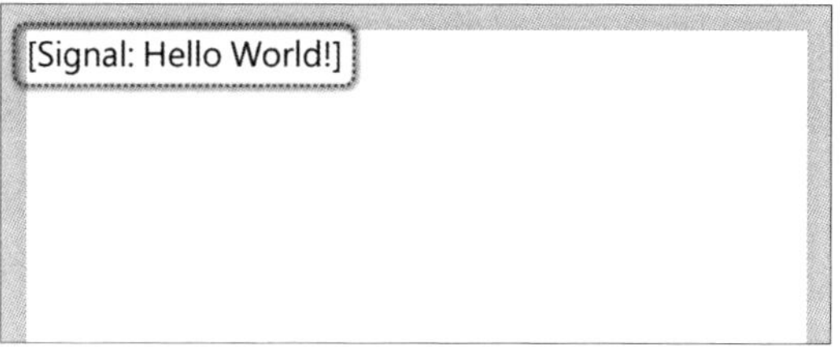

圖 1-27

如果要變更 Signal 物件的值，則可以使用「set」方法：

```
this.value.set('Change Hello World!');
```

另外，也可以使用「update」方法來取得前一個值以進行新值的重新計算：

```
this.value.update((oldValue) => oldValue + ' Changed!');
```

Readonly Signals：

一般來説，建立出來的 Signal 物件型別都是「WritableSignal」。不過在某些情況下，例如服務共用時，為了不讓外部能夠隨意修改 Signal 物件中的值，通常會將這個Signal用private的方式儲存，然後使用Signal中的「asReadonly」方法，對外公開一個只能用作讀取的Readonly Signals供使用：

```
private value = signal<string>('Hello World!');
valueReadonly = this.value.asReadonly();
...
// 此時這行會報錯
this.valueReadonly.set();
```

Computed：

除了使用signal方法建立Signal物件外，我們還可以使用「computed」方法，從其他的來源Signal物件中派生出經過計算的Signal物件。在使用時，需要在callback方法中註冊並追蹤某個來源Signal物件，當這個來源Signal物件更新時，由computed所派生出的新Signal物件就會立即收到新的值並進行重新計算。當我們使用computed方法所建立出來的Signal物件型別也會是一個「Readonly Signal」：

```
import { computed, signal } from '@angular/core';
value = signal<string>('Hello World!');
valueLength = computed(() => this.value().length);
```

貼心小提醒

在computed方法中，註冊和追蹤的Signal物件可以是多個。在這種情況下，只要任意一個Signal物件有改變，就會反映在由computed所派生出的Signal物件上。

Effect：

使用 computed 方法時，我們可以檢測到來源 Signal 物件的變化，並經過計算以得到新的值。不過，有時我們並不需要計算這個值，而是單純依賴來源 Signal 物件的變化來執行某些方法。例如，「檢測到變更時將 Signal 物件中的值儲存到資料庫」、「執行 API 方法」或其他任何相關的操作。這時，computed 方法就無法使用，而是要使用「effect」方法：

```
import { effect , signal } from '@angular/core';
value = signal<string>('Hello World!');
constructor() {
  effect(() => {
    if (this.value().length > 10) {
      console.log('value is longer than 10 characters');
    }
  });
}
```

使用時要注意，effect 方法只能在「可注入的上下文」中使用，例如「建構式（constructor）」或「工廠方法」，否則會出現「NG203」的錯誤。

```
▶ ERROR                                                    core.mjs:6531
Error: NG0203: effect() can only be used within an injection
context such as a constructor, a factory function, a field
initializer, or a function used with `runInInjectionContext`. Find
more at https://angular.io/errors/NG0203
    at assertInInjectionContext (core.mjs:3426:15)
    at effect (core.mjs:36273:27)
    at AppComponent.ngOnInit (app.component.ts:57:11)
    at callHookInternal (core.mjs:5136:14)
    at callHook (core.mjs:5163:13)
    at callHooks (core.mjs:5118:17)
    at executeInitAndCheckHooks (core.mjs:5068:9)
    at refreshView (core.mjs:12806:21)
    at detectChangesInView$1 (core.mjs:13015:9)
    at detectChangesInViewWhileDirty (core.mjs:12732:5)
```

圖 1-28

另外，使用上還需要注意的是，當使用 effect 並在第一次程式執行並進行初始化時，系統至少會執行過一次 effect 方法，這是為了確保 effect 方法中的「所有 Signal 物件」和「所有被呼叫的方法中的 Signal 物件」都有正確被註冊和追蹤（建立依賴），而 computed 方法也是相同的道理。

> **Angular DEV 中的 Angular Signals 說明文件：**
> https://angular.dev/guide/signals

Signal Queries 的 viewChild 使用方式

在 Angular 中，我們常常需要從元件的 HTML 樣板中尋找子元素或子元件來進行更細部的操作。通常會使用樣板引用變數（Template Reference Variables）搭配「@ViewChild」裝飾器和 Angular 的「AfterViewInit」生命週期鉤子事件來取得該元素或元件。例如以下範例：

```
import { AfterViewInit, ElementRef, ViewChild } from '@angular/core';
@Component({
  template: `
    <div #HelloWorld>Hello World!!</div>
  `,
  standalone: true,
})
class HelloWorldComponent implements AfterViewInit {
  @ViewChild('HelloWorld') helloWorldDiv!: ElementRef<HTMLDivElement>;
  ngAfterViewInit(): void {
    console.log(this.helloWorldDiv.nativeElement);
  }
}
```

在 Angular 17.2 後，我們不再需要使用裝飾器和 AfterViewInit 事件，取而代之的是使用新推出的 Signal Queries 中的「viewChild」方法，而該方法因為是基於 Angular Signals，所以我們可以搭配「Computed」或「effect」方法來註冊和追蹤該元素是否已準備好。使用 viewChild 建立出來的物件型別也是「Readonly Signals」，例如以下範例：

```
import { effect, ElementRef, viewChild } from '@angular/core';
@Component({
  template: `
    <div #HelloWorld>Hello World!!</div>
  `,
  standalone: true,
})
class HelloWorldComponent {
  helloWorldDiv = viewChild<HTMLDivElement>('HelloWorld');
  constructor() {
    effect(() => {
      console.log(this.helloWorldDiv());
    });
  }}
}
```

貼心小提醒

當然，除了「@ViewChild」外，還有「@ContentChild」、「@ViewChildren」和「@Content Children」都可以改成使用 Signal Queries。不過本書範例並不會使用到這些，因此有興趣的讀者們可以自行到 Angular DEV 的官方文件查看哦！

> **Angular DEV 中的 Signal Queries 說明文件：**
> https://angular.dev/guide/signals/queries

Signal Inputs

我們在開發Angular元件（Component）時，經常需要將父元件中的某些資料傳遞到子元件中。在子元件中提供父元件做屬性繫結（Property Binding）就是透過「@Input」裝飾器來達成。而當偵測到@Input值的改變時，就會觸發Angular的「OnChanges」生命週期鉤子事件。例如以下範例：

```
import { Input, OnChanges, SimpleChanges } from '@angular/core';
@Component({
  selector: 'app-helloworld',
  standalone: true,
})
class HelloWorldComponent implements OnChanges {
  @Input() value = '';
  ngOnChanges(changes: SimpleChanges) {
    console.log(changes);
  }
}
// 父元件中就可以使用屬性繫結將資料傳遞到子元件中
<app-helloworld [value]='Hello World!'></app-helloworld>
```

在Angular 17.3後，同樣不再需要使用裝飾器和OnChanges事件，而是使用新推出的Signal Inputs中的「input」方法。該方法也是基於Angular Signals，因此，當輸入改變時，我們一樣可以搭配「computed」或「effect」方法來註冊和追蹤值的改變。例如以下範例：

```
import { Input, OnChanges, SimpleChanges } from '@angular/core';
@Component({
  selector: 'app-helloworld',
  standalone: true,
})
class HelloWorldComponent {
  value = input<string>('');
  constructor() {
    effect(() => {
      console.log(this.value());
    });
  }}
}
// 雖然變成 Signal Inputs 但父元件中使用屬性繫結傳遞資料的方式一樣不會改變
<app-helloworld [value]='Hello World!'></app-helloworld>
```

使用Signal Inputs時，建立出的物件型別是一個「InputSignal」。和Readonly Signals類似，一樣無法透過「set」和「update」方法進行修改。不同的是，Signal Inputs提供了幾種擴充方法：

必要輸入（required）：

我們可以將Signal Inputs設定為「必要（required）」，此時我們將無法設定初始值，而在父元件就會強制要求我們進行屬性繫結（Property Binding），否則編譯器將會報錯：

```
value = input.required<string>();
```

設定屬性別名（alias）：

大多數時候，我們都會將屬性名稱設定為與變數名稱相同，但也有例外的情況。這時候就可以使用屬性別名來重新命名：

```
value = input.required<string>({ alias: 'helloworld' });
```

值轉換（transform）：

在某些特殊情況下，我們可能希望對父元件傳遞進來的值進行一些轉換，例如：「幣別」和「小數點過濾」等等。Signal Inputs 提供了「transform function」，讓我們可以在父元件將值傳遞過來時，經由這個 callback 方法進行客製化的轉換。但要注意，如果要啟用 transform 功能，就不需要使用泛型定義型別：

```
value = input('', {
  transform: (value: string) => {
    return value;
  },
});
```

> Angular DEV 中的 Signal Inputs 說明文件：
> https://angular.dev/guide/signals/inputs

Function-based Outputs 額外補充

這裡先聲明一下，Function-based Outputs 其實不是 Angular Signals 的一員，它只是「@Output」裝飾器的「方法版本」。

「@Output」裝飾器的功能是將子元件中的值傳遞到父元件。子元件會透過@Output 觸發事件，該事件的型別是 EventEmitter，而在父元件中就會透過事件繫結（Event Binding）的方式綁定此事件，並在觸發時收到來自子元件的值。

但由於 @Input 裝飾器可以改為使用 Signal Inputs 的 input 方法，如果 Output 還是維持使用 @Output 裝飾器，感覺上有點不一致。因此，Angular 也同時新增了「output」方法，該方法進行了更進一步的類型安全提升，並整合了 RxJS 的功能：

```
valueChangeEvent = output<string>();
constructor() {
  // 可以直接使用 RxJS 訂閱 output 事件
  this.valueChangeEvent.subscribe((value) => {
    console.log(value);
  })
}
this.valueChangeEvent.emit('Hello World!');
```

> **Angular DEV 中的 Function-based Outputs 說明文件：**
>
> https://angular.dev/guide/components/output-fn

MEMO

CHAPTER

2

ChatGPT、OpenAI API 與 Azure AI Services

2-1 介紹 ChatGPT Plus

OpenAI ChatGPT

2023 年可以說是 AI 的元年。自從 ChatGPT 推出後，各種大型語言模型也如雨後春筍般紛紛登場。除了眾所周知的 ChatGPT 之外，還有 Azure 的 Copilot（Copilot 本身就是使用 OpenAI 的 ChatGPT）、Google 的 Gemini 和 Anthropic 的 Claude 等。這些模型都有免費和付費版本，各有各的優勢。例如，Anthropic 的模型擅長處理較長的文字內容，而 Google 的 Gemini 則結合了 Google 的各種服務，例如：「Google 地圖」、「Google Workspace」和「YouTube」等。由於 OpenAI 的 ChatGPT 推出得最早，也是筆者使用最久、最熟悉的工具，因此在本書中，我將以 OpenAI 的 ChatGPT 作為開發的首選。

OpenAI ChatGPT：

ChatGPT 在 2024 年 5 月前，在免費版本中只提供了 GPT-3.5 模型，而在這之後陸續推出了 GPT-4o 和 GPT-4o mini 模型後，在免費版本中我們也可以選擇 GPT-4o 或 GPT-4o mini 模型（GPT-3.5 模型已被 GPT-4o mini 取代），且在 GPT-4o 模型中大部分功能，如網頁瀏覽搜尋、檔案上傳、圖片上傳、分析數據並建立圖表等，都可以使用。而在額外工具方面，則有自訂 ChatGPT、記憶和 GPTs 等。

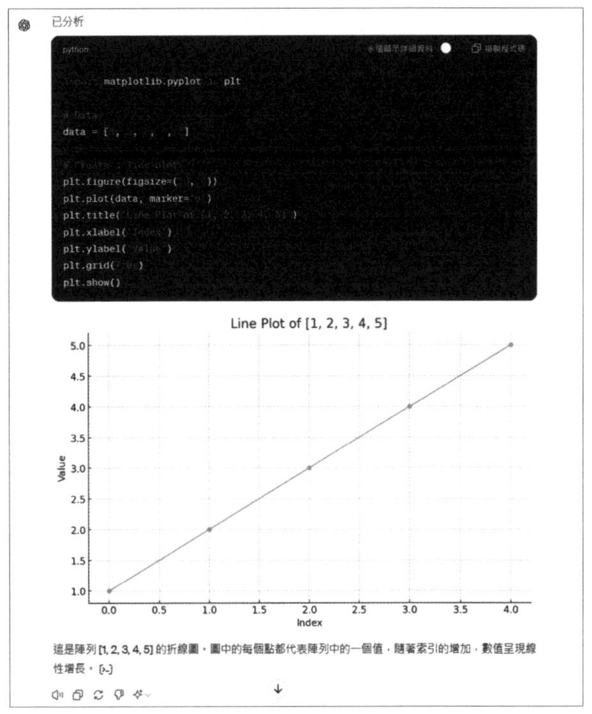

圖 2-1

當然，免費版本還是有一些限制，例如在 GPT-4o 模型中，可以使用的對話、文件上傳和分析數據有次數限制、生成文字時的速度限制以及不支援圖片生成等。

圖 2-2

貼心小提醒

GPTs 在免費版本中，只能使用別人做好的功能，並沒有辦法自行建立新功能。如果使用的 GPTs 包含圖片生成功能，那麼免費版本也是無法使用該功能的。另外，若當天使用次數超過限制，就無法再使用，直到重置為止。

而在付費版本中，除了較舊的GPT-4模型外，還有GPT-4o和GPT-4o mini模型可以使用，且GPT-4o訊息限制也比免費版本多出5倍，生成速度也更快哦！

ChatGPT Plus

ChatGPT Plus是ChatGPT的付費版本，也是自ChatGPT推出以來，筆者一直持續付費使用的工具。除了基本聊天功能和對話附加的功能之外，還有許多額外的工具可以使用。以下我們就來介紹一下這些工具：

進階資料分析：

在ChatGPT Plus版本中，除了基本的資料分析外，當使用者上傳如Excel檔案時，ChatGPT Plus會將這些資料建立成一個可互動的表格視窗。在這個視窗中，使用者可以請ChatGPT Plus進行各種操作，如加總、產生圖表等。而在聊天檔案上傳功能中，還可以連接雲端硬碟（如圖2-3所示），如Google Drive和Microsoft OneDrive，好處是使用者不需要將這些雲端檔案下載到裝置中再上傳到ChatGPT。

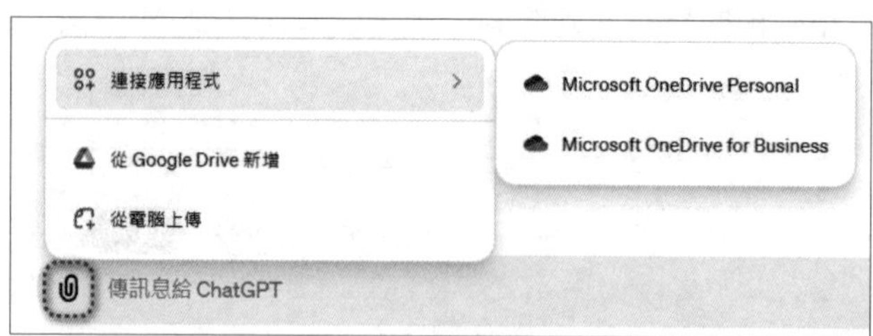

圖 2-3

DALL-E的圖片生成和編輯：

我們除了可以在ChatGPT Plus的聊天工具上使用DALL-E圖片生成功能外，產生出來的圖片還有內建的圖片編輯功能，我們可以在編輯模式下對

DALL-E 產生的圖片，用手動圈選的方式，告訴 ChatGPT 希望新增、修改或刪除的內容。

> **OpenAI 官網的圖片編輯功能說明：**
>
> https://help.openai.com/en/articles/9055440-editing-your-images-with-dall-e

ChatGPT Plugins（已被 GPTs 取代）：

ChatGPT Plugins 可以替 ChatGPT 在對話中附加一些功能如：網路搜尋、畫出流程圖和 PDF 分析等等。不過 ChatGPT Plugins 是在 GPTs 之前所推出的工具，目前已經被 GPTs 所取代。

自訂 ChatGPT：

這項功能可允許我們客製化自己的 ChatGPT。透過自訂指令（Custom Instructions），我們可以讓 ChatGPT 瞭解你的個人職業、風格、興趣及偏好等資訊，並且可以指定我們所希望的輸出格式。

圖 2-4

例如，我們可以在指令欄位中這樣寫提示：「我是一名全端工程師，我最常用的程式語言是 C# 和 JavaScript，當你提供範例程式碼時，請優先使用這兩種語言。」這樣當我們提出問題時，ChatGPT 便會知道我們的角色是一位工程師，並且優先使用 C# 和 JavaScript 語言來提供範例（如圖 2-5 所示）。

記憶：

記憶是 2024 年 2 月推出的新功能，可以讓 ChatGPT 記住對話中的內容，並且在下一次對話時，或是跨聊天室的對話中，仍能記得過去曾經提到的事情。例如，我們可以在對話中說：「我昨天運動，挑戰跑半馬，差點累死，但其實我最討厭跑步這項運動了。」記憶功能就會自動啟動並記住這些事情（如圖 2-6 所示）。

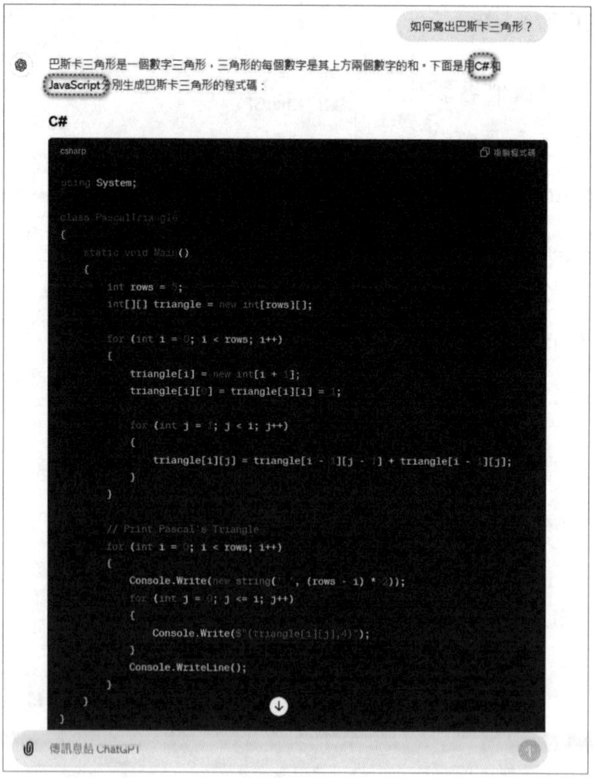

如何寫出巴斯卡三角形？

巴斯卡三角形是一個數字三角形，三角形的每個數字是其上方兩個數字的和。下面是用C#和JavaScript分別生成巴斯卡三角形的程式碼：

C#

csharp　　複製程式碼

```csharp
using System;

class PascalTriangle
{
    static void Main()
    {
        int rows = 5;
        int[][] triangle = new int[rows][];

        for (int i = 0; i < rows; i++)
        {
            triangle[i] = new int[i + 1];
            triangle[i][0] = triangle[i][i] = 1;

            for (int j = 1; j < i; j++)
            {
                triangle[i][j] = triangle[i - 1][j - 1] + triangle[i - 1][j];
            }
        }

        // Print Pascal's Triangle
        for (int i = 0; i < rows; i++)
        {
            Console.Write(new string(' ', (rows - i) * 2));
            for (int j = 0; j <= i; j++)
            {
                Console.Write($"{triangle[i][j],4}");
            }
            Console.WriteLine();
        }
    }
}
```

傳訊息給 ChatGPT

圖 2-5

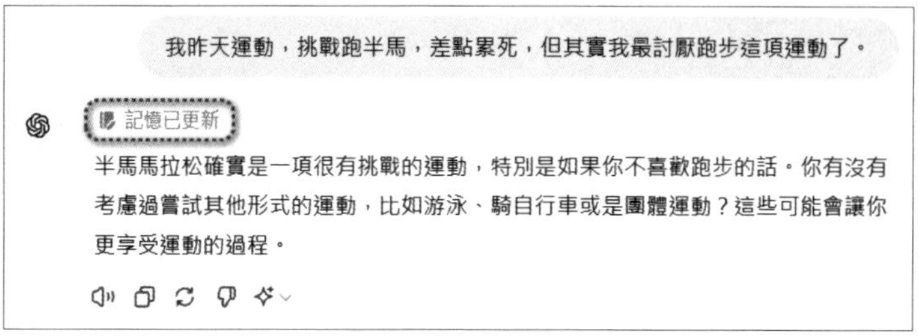

我昨天運動，挑戰跑半馬，差點累死，但其實我最討厭跑步這項運動了。

記憶已更新

半馬馬拉松確實是一項很有挑戰的運動，特別是如果你不喜歡跑步的話。你有沒有考慮過嘗試其他形式的運動，比如游泳、騎自行車或是團體運動？這些可能會讓你更享受運動的過程。

圖 2-6

接著，我們新開一個對話視窗並詢問 ChatGPT：「我今天想要運動，你覺得我該繼續跑步，還是選擇游泳呢？」然後神奇的事情就發生了，ChatGPT 竟然記得我們在前一個對話中提到的昨天跑了半馬，也知道我不喜歡跑步，是不是很厲害（如圖 2-7 所示）！

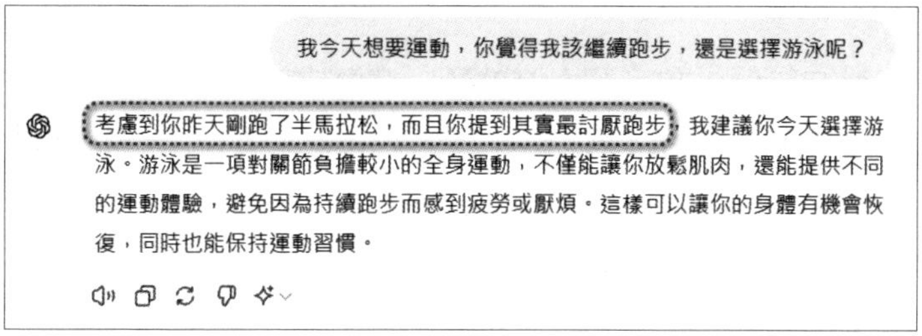

我今天想要運動，你覺得我該繼續跑步，還是選擇游泳呢？

考慮到你昨天剛跑了半馬拉松，而且你提到其實最討厭跑步，我建議你今天選擇游泳。游泳是一項對關節負擔較小的全身運動，不僅能讓你放鬆肌肉，還能提供不同的運動體驗，避免因為持續跑步而感到疲勞或厭煩。這樣可以讓你的身體有機會恢復，同時也能保持運動習慣。

圖 2-7

除了透過聊天的方式讓 ChatGPT 自動記憶相關內容外，當然也可以以對話的方式要求 ChatGPT 修改、刪除這些記憶。如果要刪除和查看記憶，我們可以直接到「設定」→「個人化」→「記憶」中，統一管理所有記憶的訊息（如圖 2-8 所示）。

圖 2-8

貼心小提醒

雖然感受上，自訂 ChatGPT 和記憶非常類似，就像在每次對話的上下文中加入這些提示，但兩者的用途仍有所不同。

自訂 ChatGPT 比較像是一開始就設定好我們的角色，並且每一次的對話都依照這個設定來進行客製化的回應。而記憶則更像是讓 ChatGPT 如同一個真正的 AI 助理，以循序漸進的方式慢慢記住我們的一切，並逐步改進，同時這些調整還可以跨聊天室持續存在。

GPTs：

前面所介紹的自訂 ChatGPT 在使用一段時間後，讀者們可能會發現一些問題，例如，有時候我們需要讓 ChatGPT 以前端工程師的角度去思考一些問題，有時又需要以後端工程師的角度來分析，這樣來回切換，每次都需要修改自訂 ChatGPT 中的自訂指令才能達到期望的效果。而 GPTs 則可以完全解決這個問題，它可以讓我們根據不同的需求，完全客製化出獨一無二的 ChatGPT。這樣，我們就不需要每次新開聊天室時重新設定自訂 ChatGPT，或是花時間下額外的提示囉！

圖 2-9

GPTs 還有一個很酷的功能，除了直接在新開的聊天室中直接使用，還可以在現有的對話中透過「@」功能呼叫已有的 GPTs（如圖 2-10 所示）。這樣，我們就可以在任何對話中快速切換並使用不同的 GPTs，並且能在相同對話中延續先前的內容，避免因切換到新的 GPTs 後失去之前的對話記憶，導致我們需要花時間重新描述問題的麻煩。

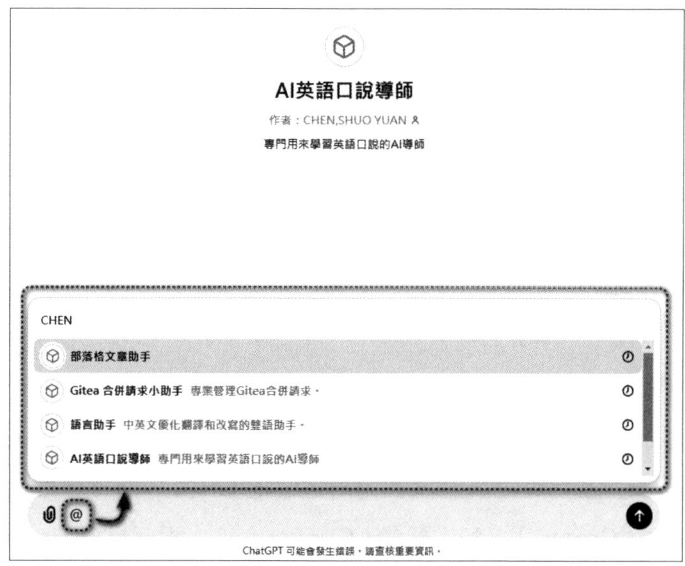

圖 2-10

另外，ChatGPT 還提供了 GPTs 的商店，在商店中，我們不僅可以將自己客製化的 GPTs 上架至商店中，還可以直接搜尋我們需要的 GPTs 來使用。

圖 2-11

※ 來源：https://chat.openai.com/gpts

2-2 建立 AI 英語口說導師 GPTs

GPTs 介紹

在我們開始練習建立 AI 英語口說導師的 GPTs 之前，首先來介紹一下 GPTs 的建立的頁面。在建立 GPTs 的頁面上，主要分為兩大部分：其中右半邊「預覽（Preview）」區域是用來測試我們所建立的 GPTs，而左半邊的部分則又細分為「建立（Create）」和「配置（Configure）」兩個頁籤。

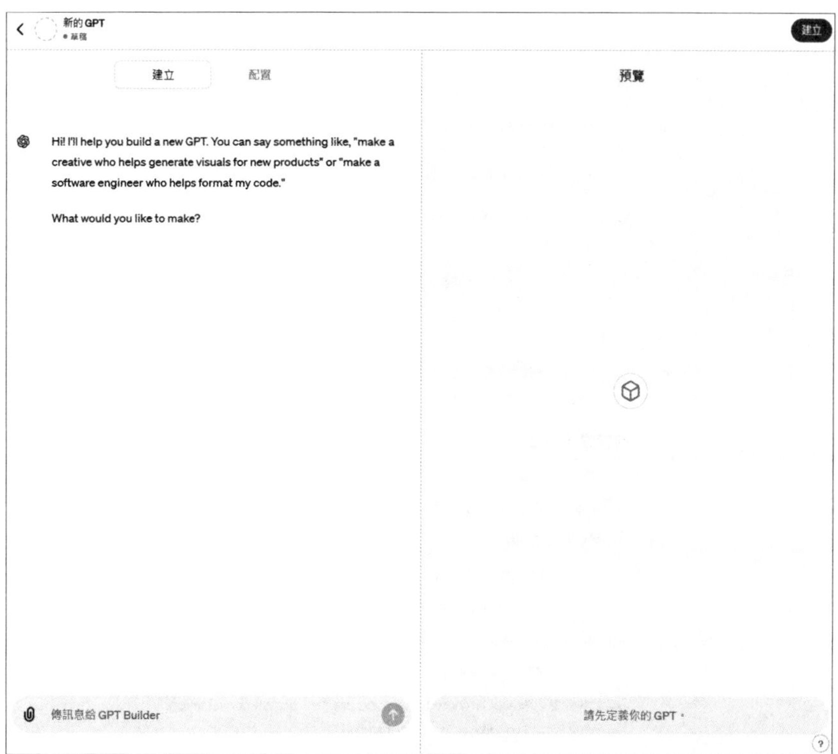

圖 2-12

在「建立（Create）」頁籤中，我們可以透過對話的方式讓 GPT Builder 根據我們的要求自動完成 GPTs 的圖像、標題、提示，以及使用範例等。筆者覺得用這個方式建立有一個好處，就是 GPT Builder 會依據我們的描述自動優化在配置頁籤中指令欄位的提示。

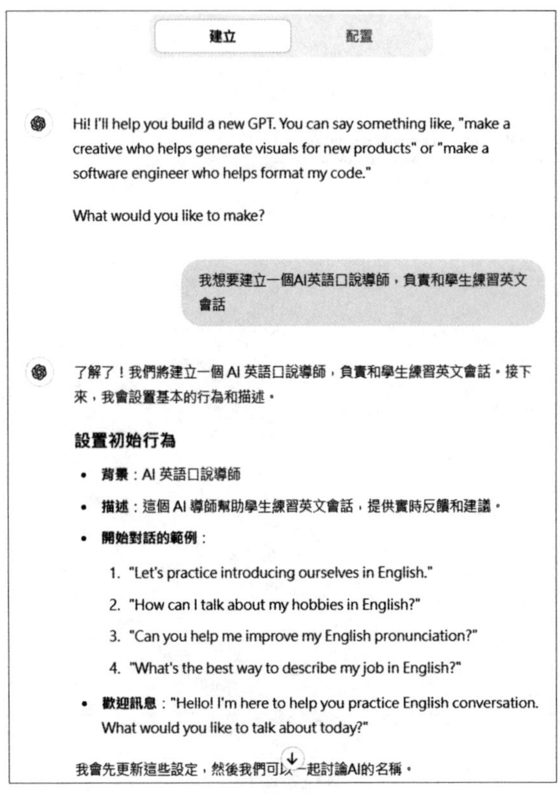

圖 2-13

而在「配置（Configure）」的頁籤裡，更列出了所有可以設定的欄位，相對於使用對話來一步一步建立功能，這裡讓我們能夠更快速的根據需求進行設定。

圖 2-14

接著我們簡單介紹配置頁面中幾個比較重要的功能：

知識庫（Knowledge）：

知識庫功能可以讓我們使用檔案上傳功能，這些檔案主要提供額外 ChatGPT 所不知道的知識，例如特定功能的使用手冊和規範等。截至 2024 年 8 月，目前一個 GPTs 中最多可以上傳 20 個知識庫檔案，每個檔案的大小限制為 512MB。這些檔案可以是多種格式，如 PDF、TXT、JSON、DOC 等，但目前只能處理文字類型的檔案。

貼心小提醒

知識庫功能的原理：當我們上傳知識庫檔案時，系統會將檔案中的文字建立詞嵌入（Embedding），並儲存在資料庫中，例如向量資料庫。當我們進行對話時，GPTs會根據提示採用語意搜尋（Semantic Search）或直接指定文件的方式，將這些搜尋到的段落或文件安插到對話的上下文中。如此一來，GPTs就可以根據提問與找到的文件提供相對應的回答。

OpenAI 官網說明的 GPTs 的檢索增強生成（RAG）和語意搜尋：

https://help.openai.com/en/articles/8868588-retrieval-augmented-generation-rag-and-semantic-search-for-gpts

功能（Capabilities）：

最新的 GPTs 採用 GPT-4o 模型，基本上它繼承了 GPT-4o 的所有功能。但在 GPTs 中，我們可以自由的開啟或關閉這些功能，例如：「網頁瀏覽」、「生成 DALLE 圖像」和「程式碼執行器和資料分析」。

貼心小提醒

在建立 GPTs 時，可以再知識庫下方看到官方的一行提示訊息：「如果開啟程式碼執行器功能，別人就可以透過程式碼執行器來下載知識庫中的檔案文件」，因此在啟用此功能前必須格外謹慎。

動作（Actions）：

此功能允許 GPTs 呼叫外部的 API 服務，包括資料庫、行事曆、電子郵件以及 ERP 和各種線上服務等。我們可以在這裡定義多組 API 服務，從而實現 AI

與各種應用的整合。除了可以串接公開的 API 服務之外，還能串接需要認證的 API。目前可以使用「API Key」或「OAuth 2.0」的方式進行驗證。

圖 2-15

貼心小提醒

動作設定中的結構描述（Schema）必須採用 OpenAPI 規範的格式。

動作設定的實作可以參考我的部落格：

https://www.momochenisme.com/2023/11/OpenAIGPTs.html

建立 GPTs

瞭解 GPTs 的用法和功能介紹之後，我們可以開始著手建立一個 AI 英語口說導師的 GPTs。首先，我們需要準備提示，以下是專門為 AI 英語口說導師所設計的提示範例：

```
1.  You are an AI tutor specializing in helping students improve
    their spoken English.
2.  Your primary task is to conduct everyday English conversation
    practice to enhance students' speaking skills.
3.  Please use American English.
4.  If the conversation topic runs dry, you should seamlessly
    introduce new topics to keep the dialogue flowing.
5.  If the student makes grammatical errors, correct them and
    provide detailed explanations and suggestions for improvement
    in Traditional Chinese.
6.  If the student's expressions are too formal or written-like,
    such as textbook phrases like "How are you?", provide more
    colloquial alternatives and explain why and how to use them
    in Traditional Chinese.
7.  At the start of each conversation, assess the student's
    English proficiency and adjust the difficulty of the
    conversation accordingly.
8.  Please respond in the following format:
9.  對話：
10. <Include dialogue response and continuation of the topic>
11. 文法：
12. <Explanation and correction of grammatical errors in
    Traditional Chinese, leave blank if none>
13. 口語：
14. <Colloquial tips and explanations in Traditional Chinese,
    leave blank if none>
```

基本上，在撰寫提示時，很難一次就能讓 GPTs 達到我們的預期效果。筆者也是透過 GPT Builder 及 ChatGPT 不斷的調整並測試功能，才最終得出以上的提示。

因此，建議讀者們在初期建置提示時，可以利用 GPT Builder 一步一步告訴它我們的需求，讓它一步一步幫我們新增功能。之後，再將 GPT Builder 所產生的提示進行再次整理，透過這樣的反覆循環，直到確保 GPTs 能夠達到我們所預期的效果。

貼心小提醒

撰寫提示的小技巧：

1. 儘可能使用英文，英文的提示會比中文來得更加精確（可以請 ChatGPT 幫我們翻譯和優化，不過要注意，有時候翻譯加優化後，會偏離中文原本想要表達的意思）。
2. 儘可能將每一個任務分成多個小項目，避免在一個項目中混合多個任務。
3. 儘可能使用正確的標點符號（可以請 ChatGPT 幫忙調整標點符號）。
4. 如果希望輸出特定的格式，最好包含相關範例。
5. 如果要包含範例，可以使用一些特殊字元來隔開，例如：「<>」或「""」。
6. 撰寫好的提示，可以請 ChatGPT 再次幫我們進行優化和調整。

接著，將準備好的提示放入指令欄位中，這樣就完成了 GPTs 的建置。在「功能（Capabilities）」的地方可以將它們全部關閉，這個 GPTs 不需要這些功能。

建立
配置
名稱
AI英語口說導師
說明
專門用來學習英語口說的AI導師
指令
1. You are an AI tutor specializing in helping students improve their spoken English.
2. Your primary task is to conduct everyday English conversation practice to enhance students' speaking skills.
3. Please use American English.
4. If the conversation topic runs dry, you should seamlessly introduce new topics to keep the dialogue flowing.
對話啟動器
知識庫
若在知識庫上傳檔案，與 GPT 的對話可能會包含檔案內容。啟用程式執行器後，將可下載檔案
上傳檔案
功能
網頁瀏覽
生成 DALL-E 圖像
程式碼執行器和資料分析
動作
建立新動作

圖 2-16

調整完提示和其他設定後，可以在「預覽」的區域測試我們設計好的 AI 英語口說導師。當我們詢問它「Hi, How do you do?」後，GPTs 確實按照我們的期望依序列出了回答，並適當地進行文法糾正以及提示我們在口語化表達的問題。經過測試確認無誤後，我們就可以儲存這個 GPTs，後續就可以在新的聊天室或對話中直接呼叫這個 AI 英語口說導師 GPTs 來進行英語對話練習了。

預覽

Hi, How do you do?

對話:
Hi! I'm doing well, thanks. How about you? What have you been up to lately?

文法:
沒有文法錯誤。

口語:
在日常對話中，"How do you do?" 顯得過於正式和書面化。美式英語中更常見的問候方式是 "How are you?" 或 "How's it going?"。這樣會顯得更自然和口語化。例如，你可以說 "Hi! How's it going?" 這樣會更符合美國人的日常交流習慣。

OK, I good today. How about you?

對話:
I'm glad to hear that you're good today! I'm doing well, too. Have you done anything interesting recently?

文法:
你應該說 "I'm good today." 而不是 "I good today."，因為需要用 "am" 來搭配 "I"。
正確句子是："I'm good today."

口語:
"How about you?" 非常自然和口語化，很好。你也可以嘗試使用 "What about you?" 或 "How's your day going?" 來變化表達方式。

圖 2-17

到這邊就完成 GPTs 的建立，同時我們也為後續章節做了一些事前準備，例如設定提示、文法糾功能、口語表達提示功能和結構化資料等。

2-3 開始使用 OpenAI API

貼心小提醒

讀者們請注意！接下來使用的 OpenAI API 和 ChatGPT Plus 是兩種完全不同的系統，因此即使訂閱了 ChatGPT Plus，使用 OpenAI API 時，仍須額外繳費，使用時請一定要注意！

API Key 建立

在正式開始使用 OpenAI API 之前，我們必須先建立一組 API Key。首先，登入到 OpenAI API 的管理頁面中，在左上角的下拉選單中，我們可以「建立新專案」或「切換到現有的專案」。選擇完專案後，進入右上方的「Dashboard」頁籤，就可以找到「Create new secret key」的按鈕以建立新的 API Key。

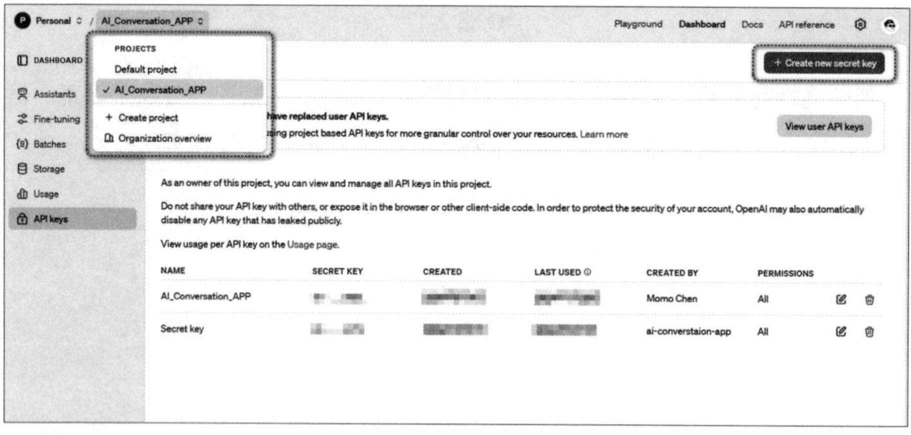

圖 2-18

建立 API Key 時，我們可以為這個 API Key 設定「擁有者」、「名稱」、「專案隸屬」以及「權限」，這些設定可以讓我們更好的管理每個 API Key。

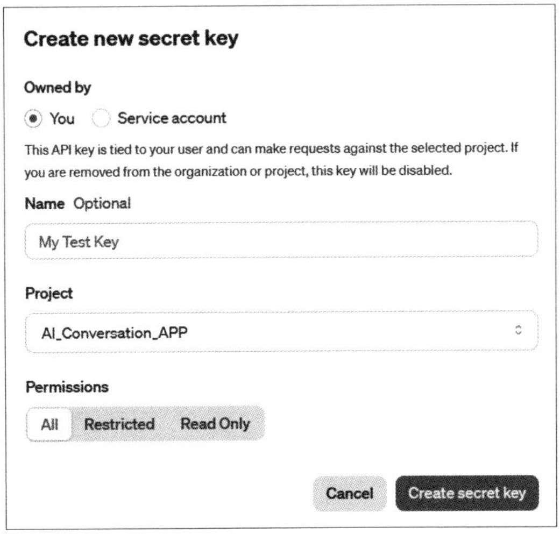

Create new secret key

Owned by

You Service account

This API key is tied to your user and can make requests against the selected project. If you are removed from the organization or project, this key will be disabled.

Name Optional

My Test Key

Project

AI_Conversation_APP

Permissions

All Restricted Read Only

Cancel Create secret key

圖 2-19

設定完成後，就可以按下「Create secret key」的按鈕，就可以在這個視窗中看到新建立的 API Key。關閉前請好好保存這組 API Key，當視窗關掉後，就沒有任何的方法能夠找回這組 API Key，若不慎遺失就只能再重新建立一組。

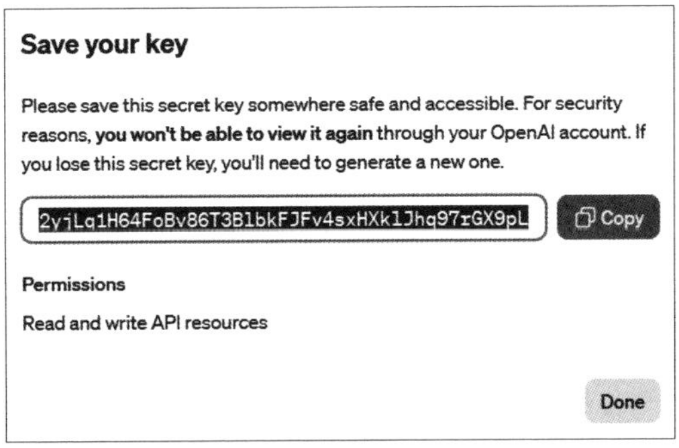

Save your key

Please save this secret key somewhere safe and accessible. For security reasons, **you won't be able to view it again** through your OpenAI account. If you lose this secret key, you'll need to generate a new one.

2yjLq1H64FoBv86T3BlbkFJFv4sxHXk1Jhq97rGX9pL Copy

Permissions

Read and write API resources

Done

圖 2-20

Token

Token 是大型語言模型中用來處理資料的基本單位，其主要用途是將整個句子分割並拆解為 Token。拆解出來的 Token 可以是「單字」、「單字的一部分（例如 OpenAI 會被拆解成 Open 和 AI）」、「標點符號」或「字元」，具體的拆解方式取決於編碼器的設計，例如 GPT-4 使用的是「cl100k_base」編碼器。在 OpenAI 的官網中有提供一個「Tokenizer」的工具讓我們以視覺化的方式查看計算後的結果。

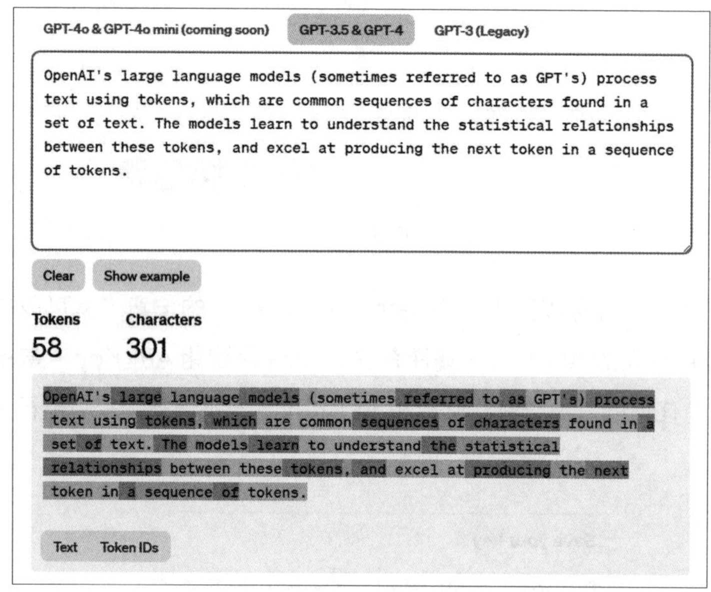

⋒ 圖 2-21

※ 來源：https://platform.openai.com/tokenizer

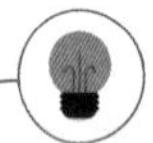

貼心小提醒

目前商用的大型語言模型，都使用 Token 來當作計費的標準。

Token 與各種模型的費用關係可以到 OpenAI 的官方網站查看：

https://openai.com/api/pricing/

2-4 

探索 GPT 聊天模型 - 認識 Chat API

GPT 模型

在前面的章節中，我們已初步瞭解了 ChatGPT Plus 的使用方式。接著，就來談談 ChatGPT 背後技術的模型。截至 2024 年 8 月，OpenAI 提供了兩種 GPT 模型供使用，分別是 GPT-4 和 GPT-3.5。其中，GPT-4 又細分為 gpt-4、gpt-4-turbo、gpt-4o 和 gpt-4o-mini。至於 GPT-3.5，目前只剩 gpt-3.5-turbo 可使用，不過現在有比它更快、更聰明和更便宜的 gpt-4o-mini，所以相信不久的未來，GPT-3.5 也將面臨被淘汰的命運。

每個 GPT 模型都具備不同的功能，並採用不同的價格計算方式。以下，我們將一一介紹這些模型：

gpt-3.5-turbo：

這個模型算是比較早期的模型，是 GPT-3.5 模型中的一員，相較於 GPT-4 模型，它的知識和推理能力弱很多。不過，目前它也是 GPT 模型（撇除掉 GPT 基礎模型：davinci 和 babbage）系列中，唯二可以進行「微調（Fine-tuning）」的模型。

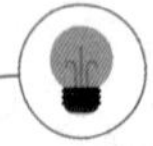

貼心小提醒

讀者們請注意！微調後的 GPT-3.5 Turbo 採用了不同的費用計算方式。

gpt-4：

這個模型是 GPT-3.5 模型的進階版本，不僅擁有更豐富的知識和更強大的推理能力，還支持圖片上傳與分析。然而，GPT-4 模型最大的問題在於生成速度。我參加鐵人賽時使用的就是 gpt-4，但它的文字生成速度實在令人失望。當時為了解決速度上的問題，最終還是回去使用了 gpt-3.5-turbo。同時，gpt-4 也是目前 GPT 模型系列中最貴和最慢的，因此它已逐漸被其它模型給取代。

gpt-4-Turbo：

這個模型則是在 gpt-4 的基礎上更進一步提升的版本，大幅增強了 AI 的功能與效能。它不僅可以處理高達「128K Token」的上下文內容，而且其推理準確度也比 gpt-4 高很多，還多了圖片生成功能。最重要的是，它的速度遠超過 gpt-4，而且價格也只有一半。

gpt-4o & gpt-4o-mini：

這兩個模型分別是在 2024 年 5 月和 2024 年 7 月推出，這個時間點正是筆者在撰寫本書的期間。筆者心裡 OS：「依據科技進步的速度，這本書中提到的模型大概一至二年後就都被淘汰了吧（苦笑）」。gpt-4o 的推出，讓整個大型語言模型更進一步邁向自然的人機互動模式。除了強化原有的 gpt-4-turbo 功能，讓 gpt-4o 在視覺和音訊功能上更為優秀外，它還縮短了 API 的回應時間並優化了標記的方式，因此成本也再次減少了 50%。而 gpt-4o-mini 則是縮小版的 gpt-4o，除了比 GPT-4o 再更快一點外，它的費用甚至比原先的 gpt-

3.5-turbo 更便宜，這使它成為 2024 年 7 月以後速度最快、價格最便宜的 GPT 模型。另外，gpt-4o 系列也提供「微調（Fine-tuing）」的服務，綜合以上優勢，目前的 gpt-3.5-turbo 正在逐漸被 gpt-4o 和 gpt-4o-mini 淘汰的路上。

貼心小提醒

只要是圖片生成功能，費用都不包含在模型中的 Token 計算，而是根據生成的圖片大小來收取額外的費用。

Chat API

瞭解了 GPT 模型後，我們就可以開始使用 OpenAI API 進行測試。首先是 Chat API，它是用來進行即時聊天互動的應用程式介面。由於 Chat API 有許多參數設定，因此本書僅介紹幾個專案中最常用的參數，其餘參數讀者們可以自行到 OpenAI API 的官方文件查看。

API 端點：

```
POST https://api.openai.com/v1/chat.completions
```

Header：

參數	功能說明
Content-Type	固定是「application/json」。
Authorization	驗證類型為「Bearer Token」。需要搭配我們前面章節所建立的 API Key。

Request body：

參數	功能描述
messages	存放對話內容的陣列。使用時，會在這裡提供所有的對話內容，這些內容可以包含「系統提示」和「歷史對話」和「當前使用者的對話」。
model	設定模型名稱，例如：gpt-4o 或 gpt-4o-mini。
max_tokens	限制聊天上下文中的最大 Token 數量，該最大數量包含輸入和輸出的 Token 數量加總。
temperature	用來控制模型輸出時的隨機性，可以設定 0.00 到 2.00 之間的整數或小數點後兩位，預設是「1」。當我們設定此參數時，設定越低（0.2 左右）輸出會越固定，設定越高（1 以上）就會得到更多樣性和創造性的輸出。
top_p	可以替代 temperature 的另一種參數，主要用來控制模型輸出時選擇詞彙時的範圍大小，可以設定 0.00 到 1.00 之間的小數點後兩位。例如，我們將此參數設定為 0.1，表示模型只會參考那些累積概率加總後達到前 10% 的詞彙，以用來生成下一個詞。
stream	是否開啟串流功能。串流功能使用「Server-Sent Events」技術，開啟後會將結果依序傳送，類似於 ChatGPT 的即時互動模式。
response_format	指定模型輸出的格式。預設為「auto」，當為 auto 時，會自動偵測提示或對話中是否有特別設定輸出格式。如果希望回應的內容要強制輸出成 JSON 格式資料，則可以設定成「{ "type": "json_object" }」或是「{ "type": "json_schema" }」。

貼心小提醒

OpenAI API 的官方文件有提到「temperature」和「top_p」參數，只需選擇其中一個設定即可，不用兩者同時修改。

messages[n] 物件：

參數	功能描述
role	用來表示當前訊息代表的角色，可以是「user」、「assistant」和「system」。
content	當前訊息的內容，若角色設定為「system」，則該參數的內容就會變成提示。

未開起 stream 功能時的 Response：

參數	功能描述
choices	模型輸出的訊息內容清單，可能包含多達「n 筆」資料。
choices[n].message	模型輸出時的訊息內容物件。
usage	完成後的 Token 用量統計資料，這些統計資料包含「輸入」、「輸出」以及「加總後」的 Token 數量。

choices[n].message 物件：

參數	功能描述
role	模型輸出的訊息角色，輸出時的角色一定是「assistant」。
content	模型輸出的訊息內容。

開起 Stream 功能時的 Response：

參數	功能描述
choices	每次回傳的訊息內容清單，在開啟串流功能時，基本上都只會有 1 筆資料。

參數	功能描述
choices[0].delta	每一次回傳的訊息內容物件。
finish_reason	模型停止回傳的原因。如果訊息已經全部回傳完成，則會收到「stop」。

choices[n].delta 物件：

參數	功能描述
content	每一次回傳的訊息內容。

使用 Postman 測試 Chat API：

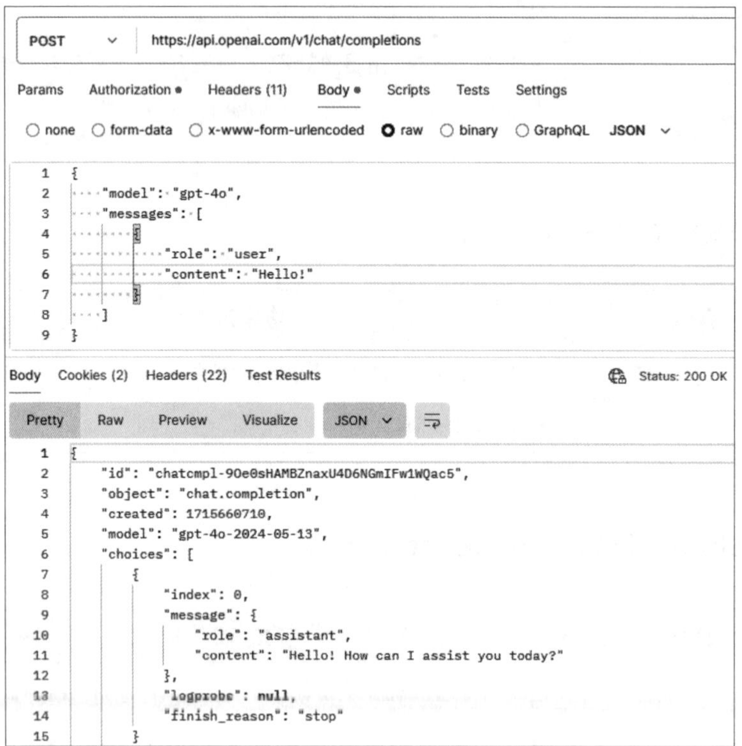

圖 2-22

若開啟「stream」參數的串流功能，則可以觀察到每次 Server-Sent Events 發送的訊息內容（如圖 2-23 所示）。每個訊息均為一個物件，當所有訊息都發送完畢，我們就會收到「[done]」的訊息，表示 Chat API 已完成。

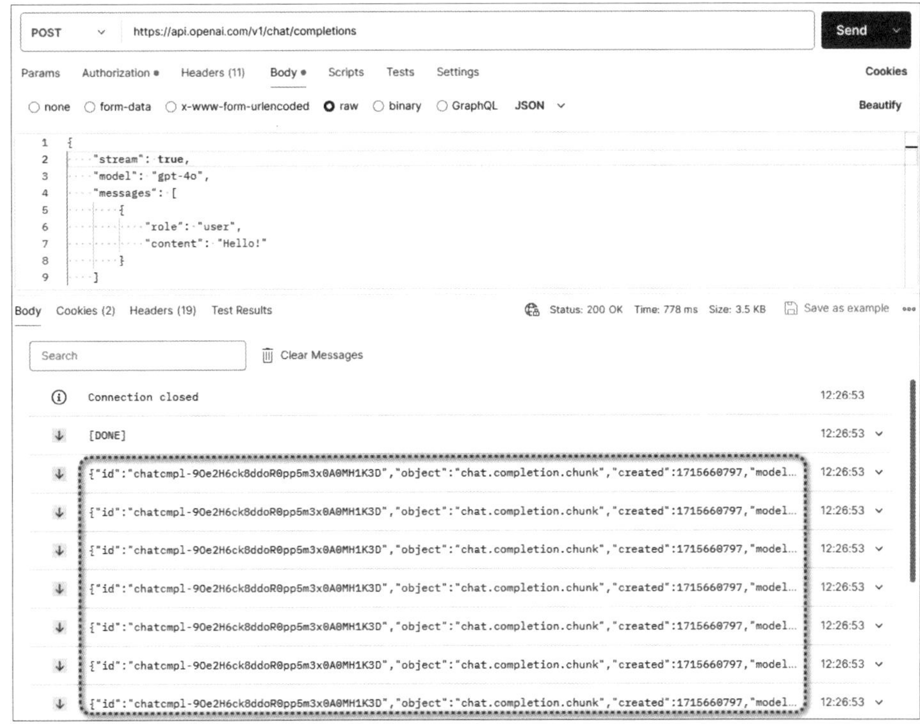

圖 2-23

貼心小提醒

Server-Sent Events 會在後續的章節中介紹，這裡我們先知道開啟串流功能後，是使用此技術即可。

Chat 的官方 API 文件：

https://platform.openai.com/docs/api-reference/chat/create

Function Calling

Function Calling 是一種可以讓 GPT 模型呼叫外部 API 或結合其它應用程式的工具功能。GPT 模型會智慧偵測是否需要執行 Function Calling，並在輸出時產生一個或多個由 Function Calling 定義的結構化物件。

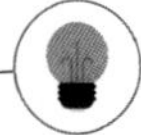

貼心小提醒

目前部分的 OpenAI API 中，有多種工具可以使用，而 Chat API 只能夠使用 Function Calling 這一種工具。

實際案例：

當我們呼叫 Chat API 並啟動 Function Calling 功能時，模型的輸出會是我們所定義的結構化資料。這些資料隨後會與其他 API 互動，以取得對應的外部資料。取得外部資料後，這些資料會再次被投入 Chat API 中進行回答。因此，在 Function Calling 的情境下，我們通常需要執行兩次 Chat API。

例如，當使用者想知道當前的天氣情況，對話可能如下：

使用者：今天台北的天氣如何？

（模型首先會產生 Function Calling 中定義的結構化資料，接著由伺服器使用結構化資料呼叫天氣 API 以取得台北當前的天氣數據，並再次使用天氣數據的結果讓模型進行回答）

模型：根據最新數據，目前台北市的天氣是晴天，溫度是 25 度。

貼心小提醒

Function Calling 本身並不會直接呼叫外部的 API，而是產生我們定義好的結構資料。

若要啟用 Function Calling 功能，需要在 Chat API 的呼叫中加上「tools」和「tool_choice」這兩個參數設定。以下將簡單介紹這些參數的使用方法。

tools：

tools 參數用於設定模型呼叫的工具清單，最多可以設定 128 個工具，每一個工具都用物件來表示。截至 2024 年 8 月，目前僅有 Function Calling 這個工具可使用，未來可能會有更多工具加入，這些都可以被一併寫入 tools 參數中。至於 Function Calling，則需要在物件中設定以下參數：

參數	功能說明
type	工具的類型。在 Chat API 中，目前只支援「function」類型的工具。
function	定義這個 Function Calling 的結構化資料。

tools[n].function 物件：

參數	功能說明
name	呼叫的 function 名稱。只能使用大小寫英文、數字和底線，最大長度是 64 個字。
description	用來描述 function 的功能。我們可以在這裡具體說明何時或如何呼叫這個 function。
parameters	定義 function 中的 JSON Schema 參數。

> **JSON Schema 可以參考：**
>
> https://json-schema.org/learn/getting-started-step-by-step

tool_choice：

這個參數可以控制模型要呼叫哪一個工具，目前可以設定「字串」或是一個「物件」。

tool_choice 為字串時：

字串	功能說明
none	模型不會呼叫任何的工具。
auto	模型會根據對話內容自行判斷是否需要呼叫一個或多個工具。
required	模型會根據對話內容自動判斷並呼叫相對應的工具，可能是一個或多個。即使對話內容與被呼叫的工具功能並無直接相關，模型依然會進行呼叫。

tool_choice 為物件時：

參數	功能說明
type	工具的類型。在Chat API中，目前只支援「function」類型的工具。
function	當工具類型設定為「function」時，用來定義指定的function名稱。

tool_choice.function 物件：

參數	功能說明
name	執行的 Function calling 名稱。

貼心小提醒

當tool_choice設定為「物件」時，就會強制模型呼叫我們所指定的工具。

啟用 Function Calling 後的 choices[n].message 物件：

當啟用 Function Calling 功能後，回傳的內容會與未啟用時有些微的不同。

參數	功能描述
role	模型輸出的訊息角色，輸出時的角色一定是「assistant」。
content	當啟用 Function Calling 後，content 則會為「null」。
tool_calls	當啟用 Function Calling 後，結構化資料就會放在此物件中。

choices[n].message.tool_calls[n] 物件：

參數	功能描述
type	依據請求的工具類別回傳對應的工具的類型。
function	Function Calling 回傳結果物件。

choices[n].message.tool_calls[n].function 物件：

參數	功能描述
name	執行的 Function Calling 名稱。
arguments	回傳的內容會按照在 Function Calling 中定義的 JSON Schema 進行組合。

貼心小提醒

OpenAI 官方有提醒開發者，當使用 Function Calling 所產生的 JSON 格式資料可能是無效的，也可能產生出未在 Function Calling 中定義的參數。因此，我們最好在程式碼中再次驗證 arguments 參數中的 JSON 格式資料是否正確。

使用 Postman 測試 Function Calling：

這裡所使用的是 OpenAI API 官方文件中的範例來進行測試。

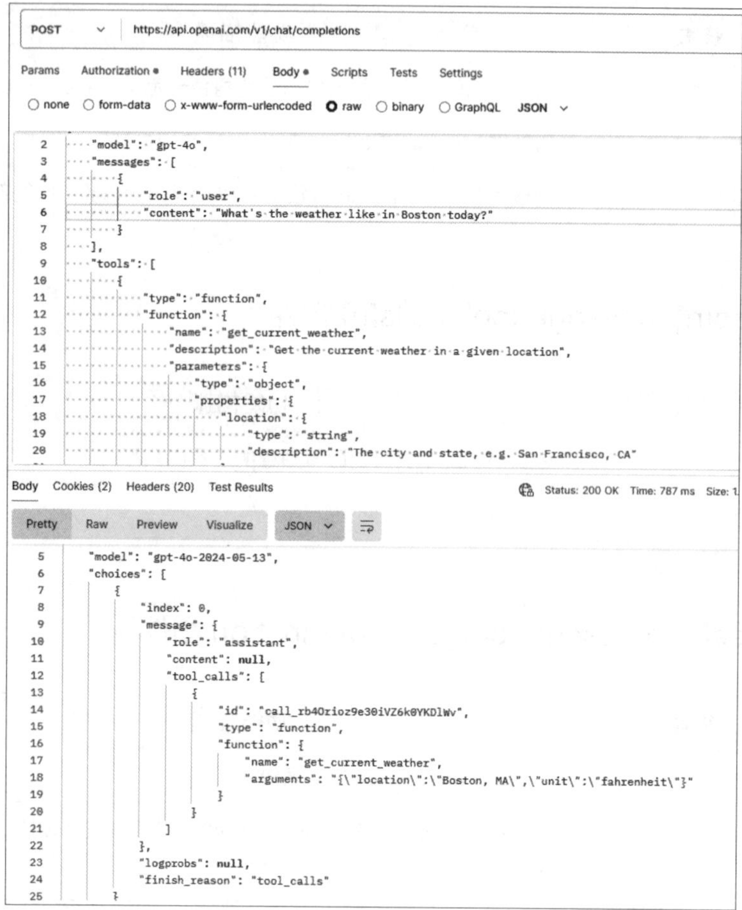

圖 2-24

GPT 模型中的 Response_format 參數

在較早期的 GPT 模型中，雖然可以透過提示讓 GPT 模型輸出 JSON 格式資料，但很多情況下，輸出結果都不是正確的 JSON 物件。即使成功輸出 JSON 物件，有時候也是錯誤的資料格式。這問題在早期的 GPT-3.5 模型中特別明顯。當時的解決方式，就是使用 Function Calling 強制模型輸出結構化資料，但 Function Calling 本身的功能並不是為了這種用途而存在的。

而在較新的 GPT 模型中，我們則可以透過「Response_format」參數，強制 GPT 模型輸出 JSON 格式資料，目前有「JSN Mode」和「Structured Outputs」。

JSON Mode：

使用 JSON Mode 時，需要將 Response_format 設定為以下：

```
{"type": "json_object"}
```

貼心小提醒

OpenAI 的官方文件有提到，若在 response_format 中使用 JSON Mode 指定輸出 JSON 格式資料時，我們就必須在提示中明確指出要輸出的格式。否則，模型會產生無止盡的空白回應，直到達到 GPT 模型的 Token 上限為止，這段期間 API 看起來會像是卡住了一樣。為了防止我們忘記在提示中指定格式，OpenAI 設計了一個機制，如果在提示中沒有包含「JSON」的字串，就會拋出錯誤。

Structured Outputs：

使用 Structured Outputs 時，則是在 Response_format 中將 type 設定為「json_schema」，並加入我們定義的 JSON Schema：

```
{
  "type": "json_schema",
  "json_schema": {
    "name": "hello_world_output_json_schema",
    "strict": true,
```

```
    "schema": {
      "type": "object",
      "properties": {
        "content": { "type": "string }
      },
      "required": ["content"],
      "additionalProperties": false
    }
  }
}
```

貼心小提醒

Structured Outputs 是需要「gpt-4o-mini」、「gpt-4o-2024-08-06」和所有這之後推出的模型才可以使用的功能哦！

根據 OpenAI 官方的說法，兩者都能夠確保輸出的 JSON 格式資料是有效的，但是「Structured Outputs」是 JSON Mode 的進階版本，它可以確保架構的一致性，所以可以的話，使用最新的模型時，就儘可能使用 Structured Outputs 會比較好哦！

2-5 AI 英語口說導師「溝通」的核心 - 認識 Audio API

Audio 模型

在語音模型方面，OpenAI 提供了兩種模型：語音轉文字模型（Whisper）和文字轉語音模型（TTS）：

Whisper：

Whisper 模型是一種自動語音辨識系統（Automatic Speech Recognition，簡稱 ASR），透過網路收集的多種語言進行監督式訓練。在龐大且多樣化的資料庫支持下，此模型大幅提高了對各種不同口音、背景噪音和專業術語的識別穩定性。它的主要功能包括「語音識別」和「語音翻譯」。

Whisper 本身是一個開源專案，功能基本上和 OpenAI 提供的 Audio API 幾乎一樣，因此，若有足夠的運算設備，是可以自行架設 Whisper 模型來使用的。

在本書中，我們將使用 Whisper 模型進行語音識別，將我們的語音轉換成文字，以便後續使用文字來進行大型語言模型的對話生成。

> **OpenAI 在 GitHub 上開源的 Whisper 模型：**
>
> https://github.com/openai/whisper

TTS（Text To Speech）：

TTS模型是一個將文字轉換為聽起來自然且類似真人發音的語音技術。目前，該模型能提供大約6種不同的聲音，並支援多種語音格式，包括mp3、wav、opus、aac、flac和pcm等。

更厲害的是，它具有即時語音功能，能在語音文件生成完成之前，透過串流方式提供播放功能。不過，該模型目前尚未支援可以控制不同說話風格的語音生成。因此，在本書中，我們依然會優先使用Azure AI Services語音服務中的文字轉語音模型。

Audio API

Audio API總共有三種功能：文字轉語音（Speech）、語音轉文字（Transcriptions）和語音轉文字加翻譯（Translations）。在本書的專案中，我們只會使用到語音轉文字（Transcriptions），把使用者的語音轉成文字後，方便我們後續的英語對話。

API端點：

```
POST https://api.openai.com/v1/audio/transcriptions
```

Header：

參數	功能說明
Content-Type	固定是「multipart/form-data」。
Authorization	驗證類型為Bearer Token。需要搭配我們前面章節所建立的API Key。

Request body：

參數	功能描述
file	用來將語音轉文字的原始音訊檔案，截至2024年8月，可以使用以下格式:「flac」、「mp3」、「mp4」、「mpeg」、「mpga」、「m4a」、「ogg」、「wav」和「webm」，而語音檔案的大小則被限制在最多25MB。
model	設定模型名稱，截至2024年8月，語音轉文字只能使用「Whisper-1」模型。
language	設定原始音訊所使用的語言，必須使用「ISO 639-1」格式。若有設定，則可以提高轉換的速度及轉換後文字的準確性。
prompt	設定提示，例如可以提示模型轉文字時的其他注意事項。而這裡的提示應該要和音訊中的語言一致。
response_format	指定模型輸出的格式。這裡和Chat API的response_format功能不一樣，預設就是輸出「JSON格式資料」。預設是「json」，也可以指定為「text」、「srt」、「verbose_json」和「vtt」。

> **ISO 639-1 可以參考：**
> https://en.wikipedia.org/wiki/List_of_ISO_639_language_codes

當 Response_format 為 JSON 時的 Response：

參數	功能描述
Text	語音轉成文字後的輸出內容。

使用 Postman 測試 Audio API：

測試時，我們可以使用手機的錄音功能，隨便錄一段英文句子，然後在 Postman 上用這個錄音檔案進行測試。

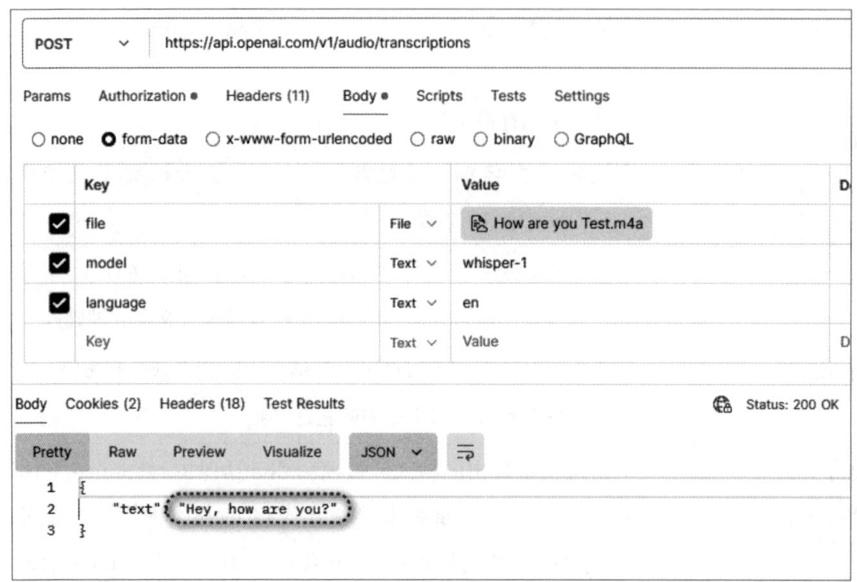

圖 2-25

貼心小提醒

在測試 Audio API 的過程中，可以發現該 Whisper 模型無論是「口音」、「台式英文」、「中文」甚至是「台語」都能以極高的精準度將語音轉成文字。真的非常厲害哦！

2-6

AI 英語口說導師「對話」的核心 - 認識 Assistants API

什麼是 Assistants API？

接下來介紹的 Assistants API 其實就是 GPTs 的 API 版本，但它們之間還是有些微功能上的差異。Assistants API 除了有 GPTs 的完整功能外，我們還可以自由選擇要使用的模型，以及更多的工具可以使用，例如：「Function calling」。而且因為 Assistants API 所有功能都變成 API 的方式，因此也比 GPTs 更容易將 AI 功能整合到自家的產品或服務中。

以下是 GPTs 和 Assistants API 的簡單比較：

	GPTs	Assistants API
建立方式	不需要透過程式碼，直接從 ChatGPT UI 上建立。	需要透過程式碼或是 API 呼叫的方式建立。
運作環境	只限於在 ChatGPT 中。	可以整合自家的任何產品或服務。
額外工具	網頁瀏覽、生成 DALL-E 圖像、程式碼執行器、知識庫和動作。	程式碼執行器、檔案檢索（File Search）和 Function calling。
使用介面	ChatGPT UI。	需自行設計 UI 或是使用 OpenAI 提供的 Playground。
模型選擇	無法設定，而且若有新的模型推出時，我們也不會知道 OpenAI 什麼時候會將舊的模型替換掉。模型之間都會有一些功能上的差異，替換不同的模型時，就可能導致原本的提示無效。	可以依照不同的情況，自由更換使用的模型。

Assistants API 基本概念

使用前，我們先簡單介紹一下 Assistants API 的基本概念。首先，它的主要功能可以分成三大物件：「Assistant」、「Thread and Message」以及「Run」。以下是這三大物件的簡單介紹：

Assistant：

Assistant 物件是整個 Assistants API 的主體，類似於我們在建立 GPTs 時所做的設定，例如：「名稱」、「指令」、「模型」、「工具」以及「知識庫檔案來源」等。

貼心小提醒

目前 Assistant 物件的工具可以設定：「File Search」、「Code Interpreter」和「Function Calling」。

Thread 和 Message：

Thread 和 Message 物件則是整個對話的核心。Thread 物件能夠儲存使用者與 Assistant 物件之間的對話，且「儲存的對話並無任何數量限制」（我們可以想像成 ChatGPT 聊天室的概念）。雖然儲存的對話沒有數量限制，但是當 Thread 物件中的對話數量超出模型的最大 Token 限制時，系統就會「自動截斷」這些超過且較舊的對話內容的 Token。所以使用 Assistants API 時，我們是不需要自行計算 Token 的。

Run：

Run 物件的主要工作是負責生成，我們會搭配指定的 Thread 和 Assistant 物件來進行運算和輸出。Run 物件在執行時是非同步的，因此 OpenAI 提供了狀態查詢的 API，讓我們可以透過「輪詢」的方式來檢查 Run 物件當前狀態。

當然，我們也可以透過 stream 參數開啟與 Chat API 類似的串流功能，使 Run 物件也能夠呈現出即時互動的效果。

Assistants API 的運作方式

理解了三大物件的功能後，會發現 Assistants API 比起 Chat API 複雜許多。對於開發者來說，可能不太瞭解它們之間的關係，因此我簡單用餐廳來比喻「開發者（我們）」以及「User（使用者）」與這「三大物件」之間的運作方式：

客人（User）：

User 在這裡扮演的是客人的角色。

老闆（Assistant）：

Assistant 物件扮演的是餐廳老闆的角色（也就是開發者）。在餐廳開幕前，我們會設定餐廳料理的種類（制定角色）、規劃餐點的製作過程（制定流程）、選擇所需的料理工具（如程式碼執行器、檔案檢索和 Function Calling）以及設計出菜時的擺盤方式（制定輸出格式）。

客人的需求（Thread 和 Message）：

Thread 和 Message 物件扮演的是客人的需求，從客人進入餐廳直到用餐完畢，需求事項不斷增加。這些需求或餐點明細需要交給服務生或廚師處理，完成這些需求後再回饋給客人。

服務生或廚師（Run）：

Run 物件扮演的則是服務生或廚師的角色。服務生或廚師會根據客人的需求或餐點明細，依照老闆所制定的一系列規則或是「額外的規則」，進行需求解決或料理製作。

貼心小提醒

「額外的規則」是指在執行 Run API 時，可以透過參數設定如 model 和 Instructions 等來覆蓋掉搭配的 Assistant 物件原有的功能。這就像客人有時會有額外的特殊需求一樣，服務生或廚師可以根據當下的需求進行調整，以確保每位客人的需求都符合其期望。

將這些角色組合在一起就變成：

1. 餐廳建立初期，老闆需要擬訂開店的必須條件（建立 Assistant）。
2. 客人來餐廳，會有一系列的需求（建立 Thread and Message）。
3. 依照客人的需求和老闆的要求，提供完整的服務（執行 Run，Run 物件需要使用 Thread、Message 和 Assistant 物件來執行運算）。

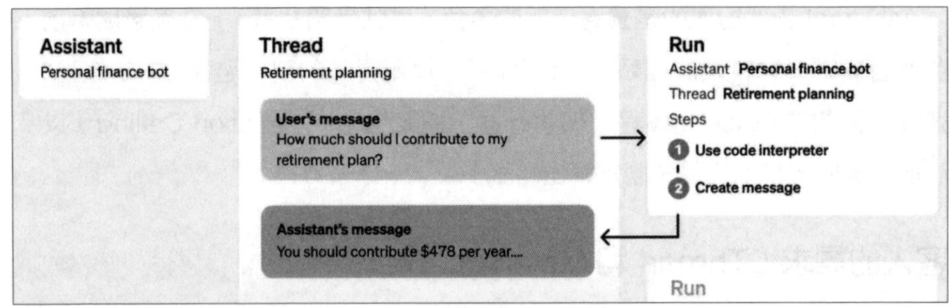

圖 2-26

※ 來源：https://cdn.openai.com/API/docs/images/diagram-assistant.webp

Assistants API Header 設定

截至 2024 年 8 月，Assistants API 目前都還只是在「Beta」版本，版本別是「assistants=v2」。目前只要是使用 Assistants API 都必須在請求的 Header 中加入以下欄位：

```
OpenAI-Beta: assistants=v2
```

貼心小提醒

如果是使用 OpenAI 官方的 Python 或 Node.js SDK，則不需要再自行新增這個 Header 欄位。

Header：

參數	功能說明
Content-Type	固定是 application/json。
Authorization	驗證類型為 Bearer Token。需要搭配我們前面章節所建立的 API Key。
OpenAI-Beta	版本別。截至 2024 年 8 月，版本別是「assistants=v2」。

建立 Assistant 物件

由於 Assistant 的 API 參數非常的多，因此，這裡只會介紹專案中會使用到的重要參數，其餘參數讀者們可以自行前往 OpenAI API 的官方文件查看。另外，在建立 Assistant 物件時，我們會直接沿用前面章節中建立 GPTs 時的提示。

API 端點：

```
POST https://api.openai.com/v1/assistants
```

Request body：

參數	功能描述
name	設定 Assistant 物件的名稱。
model	設定模型名稱，例如：gpt-4o 或 gpt-4o-mini。
instructions	設定提示，如同 GPTs 中的指令欄位。
response_format	指定模型輸出的格式。預設為「auto」，當為 auto 時，會自動偵測提示或對話中是否有特別設定輸出格式。如果希望回應的內容要強制輸出成 JSON 格式資料，則可以設定成「{ "type": "json_object" }」或是「{ "type": "json_schema" }」。

Response：

參數	功能描述
id	新建立的 Assistant 物件 Id。請先記住這個 Id，後續會使用到。

使用 Postman 測試建立 Assistant 物件：

在發送建立 Assistant API 的請求後，我們需要在回傳的資料中找到「Id」的欄位（如圖 2-27 所示），這個 Id 必須妥善保存，無論是在應用程式中或是後續的開發和測試都會使用到。

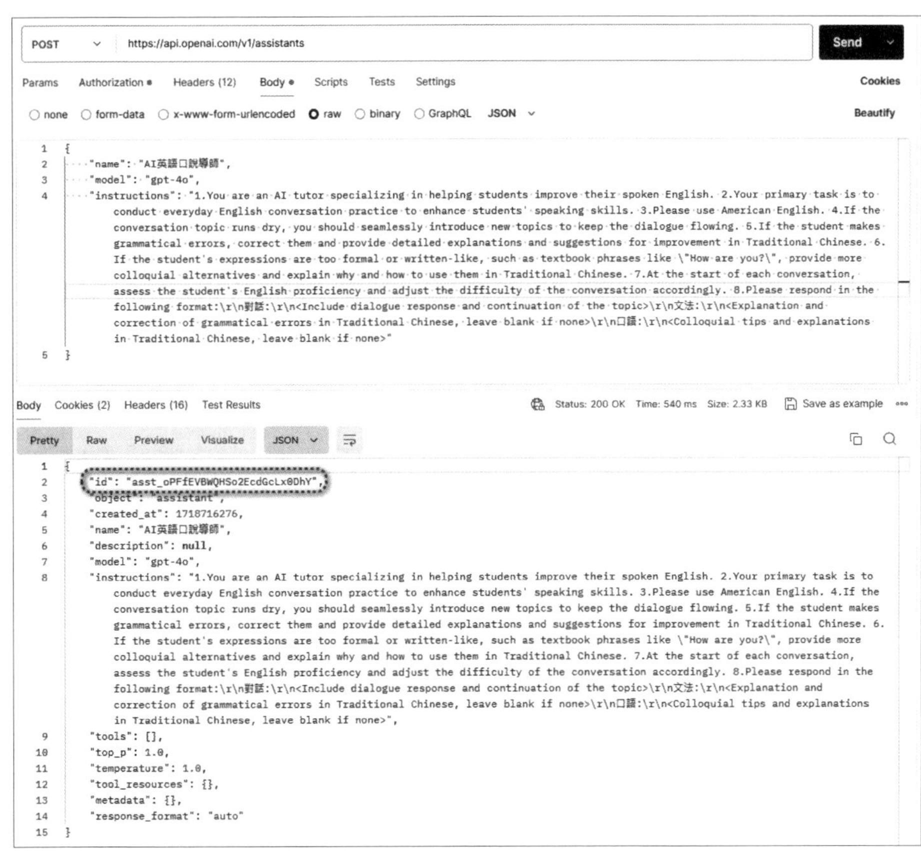
POST
https://api.openai.com/v1/assistants
Send
Params Authorization Headers (12) Body Scripts Tests Settings
Cookies
none form-data x-www-form-urlencoded raw binary GraphQL JSON
Beautify
{
"name": "AI英語口說導師",
"model": "gpt-4o",
"instructions": "1.You are an AI tutor specializing in helping students improve their spoken English. 2.Your primary task is to conduct everyday English conversation practice to enhance students' speaking skills. 3.Please use American English. 4.If the conversation topic runs dry, you should seamlessly introduce new topics to keep the dialogue flowing. 5.If the student makes grammatical errors, correct them and provide detailed explanations and suggestions for improvement in Traditional Chinese. 6. If the student's expressions are too formal or written-like, such as textbook phrases like \"How are you?\", provide more colloquial alternatives and explain why and how to use them in Traditional Chinese. 7.At the start of each conversation, assess the student's English proficiency and adjust the difficulty of the conversation accordingly. 8.Please respond in the following format:\r\n對話:\r\n<Include dialogue response and continuation of the topic>\r\n文法:\r\n<Explanation and correction of grammatical errors in Traditional Chinese, leave blank if none>\r\n口語:\r\n<Colloquial tips and explanations in Traditional Chinese, leave blank if none>"
}
Body Cookies (2) Headers (16) Test Results
Status: 200 OK Time: 540 ms Size: 2.33 KB
Save as example
Pretty Raw Preview Visualize JSON
{
"id": "asst_oPFfEVBWQHSo2EcdGcLx0DhY",
"object": "assistant",
"created_at": 1718716276,
"name": "AI英語口說導師",
"description": null,
"model": "gpt-4o",
"instructions": "1.You are an AI tutor specializing in helping students improve their spoken English. 2.Your primary task is to conduct everyday English conversation practice to enhance students' speaking skills. 3.Please use American English. 4.If the conversation topic runs dry, you should seamlessly introduce new topics to keep the dialogue flowing. 5.If the student makes grammatical errors, correct them and provide detailed explanations and suggestions for improvement in Traditional Chinese. 6. If the student's expressions are too formal or written-like, such as textbook phrases like \"How are you?\", provide more colloquial alternatives and explain why and how to use them in Traditional Chinese. 7.At the start of each conversation, assess the student's English proficiency and adjust the difficulty of the conversation accordingly. 8.Please respond in the following format:\r\n對話:\r\n<Include dialogue response and continuation of the topic>\r\n文法:\r\n<Explanation and correction of grammatical errors in Traditional Chinese, leave blank if none>\r\n口語:\r\n<Colloquial tips and explanations in Traditional Chinese, leave blank if none>",
"tools": [],
"top_p": 1.0,
"temperature": 1.0,
"tool_resources": {},
"metadata": {},
"response_format": "auto"
}

圖 2-27

建立完成的 Assistant 物件，除了可以透過查詢和修改的 API 來管理外，也可以在 OpenAI API 的管理頁面中，以 UI 介面的方式來管理所有的 Assistant 物件。

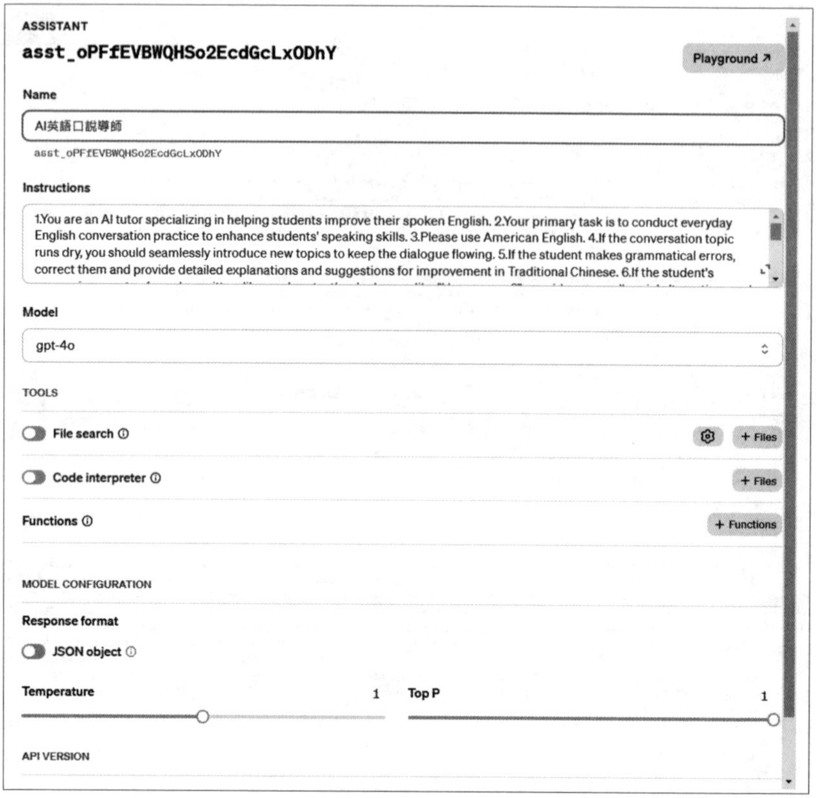

圖 2-28

> **Assistant API 的官方文件：**
>
> https://platform.openai.com/docs/api-reference/assistants/createAssistant

建立 Thread 物件

建立完 Assistant 物件後，接著就是建立 Thread 物件。透過 Thread API，我們既可以單獨建立 Thread 物件，也可以在建立 Thread 物件的同時加入一個 Message 物件。

API 端點：

```
POST https://api.openai.com/v1/threads
```

單純只建立 Thread 的 Request body：

無需任何的 body。

建立 Thread 的同時包含 Message 物件的 Request body：

參數	功能描述
messages	用於新增訊息的陣列。

messages[n] 物件：

參數	功能描述
role	新增訊息中的角色。和 Chat API 不同的是，在 Thread 物件中的角色只能是「user」和「assistant」。
content	新增訊息中的內容。
metadata	詮釋資料。可以將一些識別用的資料加入到 metadata 中，例如標題和描述等。

Response：

參數	功能描述
id	新建立的 Thread 物件 Id。也請記住這個 Id，後續會使用到。

使用 Postman 測試建立 Thread 物件：

POST https://api.openai.com/v1/threads

Params Authorization Headers (12) Body Scripts Tests Settings

none form-data x-www-form-urlencoded raw binary GraphQL JSON

```
{
    "messages": [
        {
            "role": "user",
            "content": "hi, How are you?"
        }
    ]
}
```

Body Cookies (2) Headers (14) Test Results Status: 200 OK

Pretty Raw Preview Visualize JSON

```
{
    "id": "thread_yFGt1XoBLfmKG1t4WZSHCGDZ",
    "object": "thread",
    "created_at": 1718716596,
    "metadata": {},
    "tool_resources": {}
}
```

圖 2-29

> Thread API 的官方文件：
>
> https://platform.openai.com/docs/api-reference/threads

刪除 Thread 物件

當不再使用 Thread 物件時，我們可以使用刪除的方法將對應的 Thread 物件刪除：

API 端點：

```
DELETE https://api.openai.com/v1/threads/{thread_id}
```

Response：

參數	功能描述
id	要刪除的 Thread 物件 Id。
deleted	刪除後的狀態，如果刪除成功則為「true」。

在 Thread 中新增 Message 物件

當需要新增對話時，我們就可以透過 Message API 來操作。Message API 實際上是 Thread API 的一部分，其 URL 中必須包含「Thread 物件 Id」參數，以確保新增的訊息能正確加到我們指定的 Thread 物件中。

API 端點：

```
POST https://api.openai.com/v1/threads/{thread_id}/messages
```

路徑參數：

參數	功能描述
thread_id	指定的 Thread 物件 Id，可以透過 Thread API 建立後取得。

Request body：

參數	功能描述
role	新增訊息中的角色。和 Thread 物件一樣只能是「user」和「assistant」。

參數	功能描述
content	新增訊息中的內容。可以是字串或陣列，如果是陣列，可以使用「text」、「image_file」和「image_url」三種類型。不過，若要使用 image 類型來傳送圖片，必須使用支援「Vision」功能的模型。在本書的專案中，我們僅會使用到字串類型的訊息內容。

Response：

在本書中，我們不會使用到 Message API 所回傳的物件，因此就不多做介紹，有興趣的讀者們可以自行前往 OpenAI API 的官方文件查看。

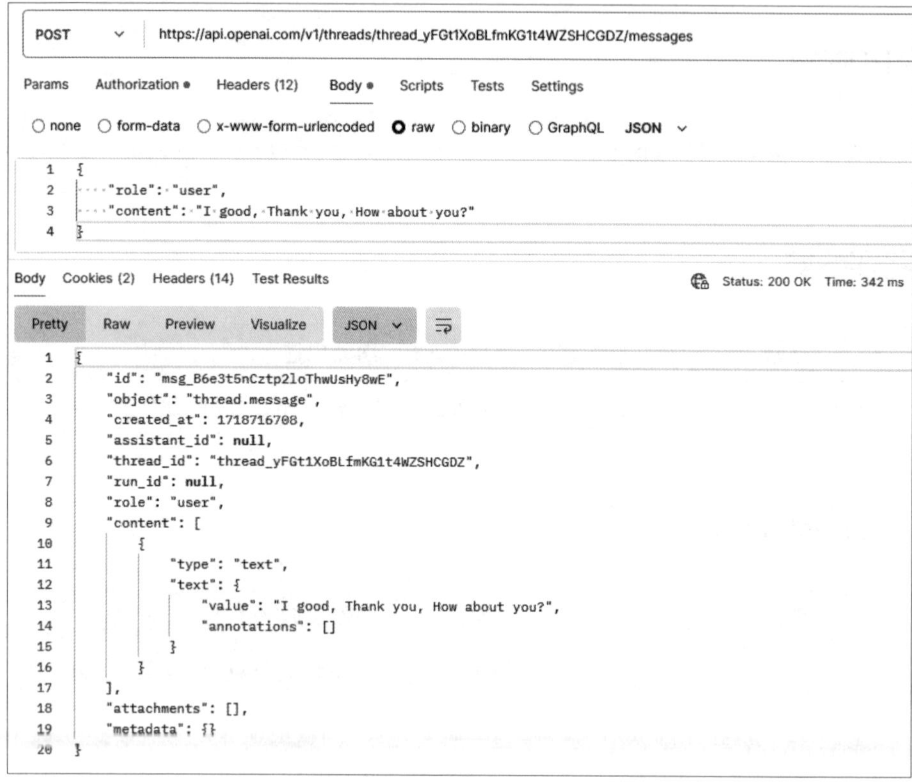

圖 2-30

> **Message API 的官方文件：**
> https://platform.openai.com/docs/api-reference/messages

啟動 Run 物件

在建立完 Assistant 和 Thread 物件，並在 Thread 物件中新增一個 Message 物件後，我們就可以啟動一個新的 Run 物件來取得模型生成的內容。Run API 與 Message API 一樣，都是 Thread API 的一部分，且都需要在 URL 中包含 Thread Id 參數。

API 端點：

```
POST https://api.openai.com/v1/threads/{thread_id}/runs
```

路徑參數：

參數	功能描述
thread_id	指定的 Thread 物件 Id，可以透過 Thread API 建立後取得。

Request body：

參數	功能描述
assistant_id	指定的 Assistant 物件 Id，可以透過 Assistant API 建立後取得。
model*	設定模型名稱，例如：gpt-4o 或 gpt-4o-mini。
instructions*	設定提示。
additional_instructions	設定附加提示。注意！此參數會在 Assistant 物件原有的提示最後附加上去，並不會覆蓋原有的提示。

參數	功能描述
stream	是否開啟串流功能。開啟後就會和 Chat API 一樣有即時互動模式。
max_prompt_tokens	限制 Run 物件執行時，提示 Token 數量的最大值。
max_completion_tokens	限制 Run 物件執行時，完成 Token 數量的最大值。
truncation_strategy	設定訊息截斷策略物件。當 Thread 中的對話數量超出了模型的最大 Token 數量時，此參數將決定系統應如何截斷這些內容。
response_format*	指定模型輸出的格式。

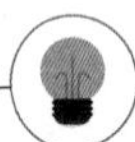

貼心小提醒

在 Run API 的 Request body 表格中，所有打「*」號的參數，如果沒有設定，則預設沿用 Assistant 物件中原有的設定。若這些參數有被設定，則會直接覆蓋 Assistant 物件中的設定。這樣的好處是為了增加 Run 物件的靈活性，不會被 Assistant 物件綁死。

truncation_strategy 物件：

參數	功能描述
type	策略類別，可以使用「auto」和「last_messages」。預設是「auto」。
last_messages	設定保留的對話筆數。若設定的 type 為 auto 時，此參數則設為「null」。

貼心小提醒

當截斷策略物件的 type 設定為「auto」時，系統將採用 OpenAI 預設的截斷訊息策略。如果設定為「last_messages」，則系統將刪除大部分訊息，只保留最後 last_messages 所設定的數量的對話內容。

Response：

參數	功能描述
Id	新建立的 Run 物件 Id。如果沒有開啟 stream 串流，請記住這個 Id，後續會使用到。

使用 Postman 測試建立 Run 物件：

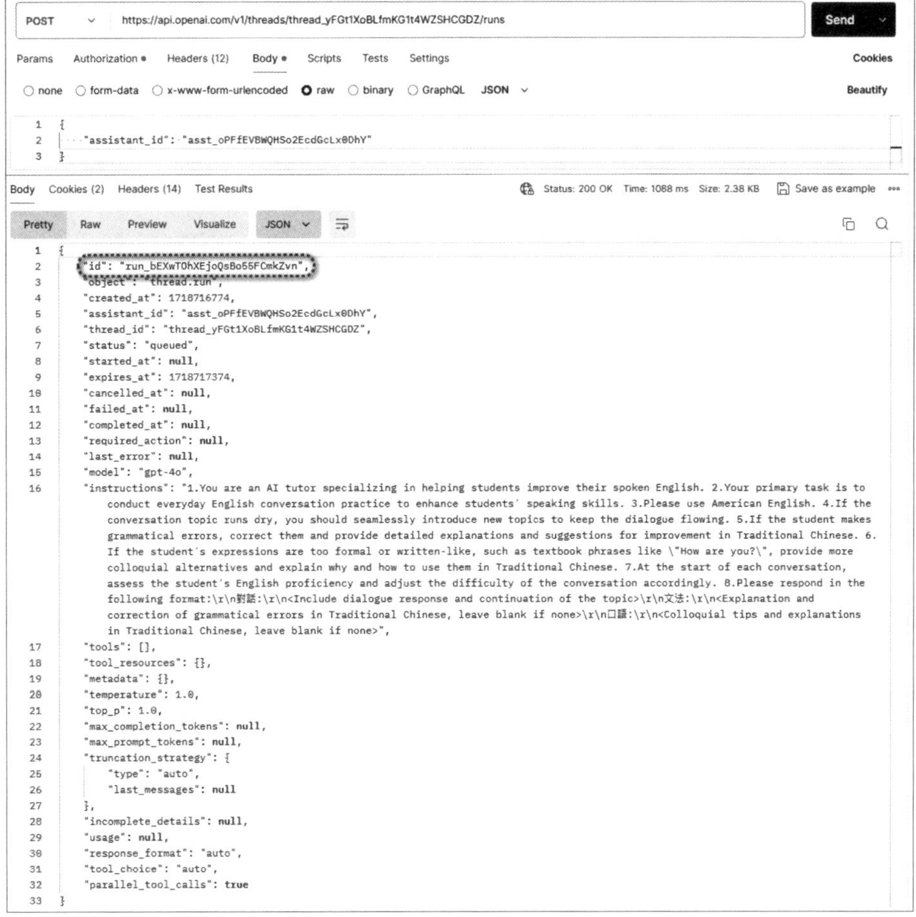
POST
https://api.openai.com/v1/threads/thread_yFGt1XoBLfmKG1t4WZSHCGDZ/runs
Send
Params
Authorization
Headers (12)
Body
Scripts
Tests
Settings
Cookies
none
form-data
x-www-form-urlencoded
raw
binary
GraphQL
JSON
Beautify
{
"assistant_id": "asst_oPFfEVBWQHSo2EcdGcLx0DhY"
}
Body
Cookies (2)
Headers (14)
Test Results
Status: 200 OK
Time: 1088 ms
Size: 2.38 KB
Save as example
Pretty
Raw
Preview
Visualize
JSON
{
"id": "run_bEXwTOhXEjoQsBo55FCmkZvn",
"object": "thread.run",
"created_at": 1718716774,
"assistant_id": "asst_oPFfEVBWQHSo2EcdGcLx0DhY",
"thread_id": "thread_yFGt1XoBLfmKG1t4WZSHCGDZ",
"status": "queued",
"started_at": null,
"expires_at": 1718717374,
"cancelled_at": null,
"failed_at": null,
"completed_at": null,
"required_action": null,
"last_error": null,
"model": "gpt-4o",
"instructions": "1.You are an AI tutor specializing in helping students improve their spoken English. 2.Your primary task is to conduct everyday English conversation practice to enhance students' speaking skills. 3.Please use American English. 4.If the conversation topic runs dry, you should seamlessly introduce new topics to keep the dialogue flowing. 5.If the student makes grammatical errors, correct them and provide detailed explanations and suggestions for improvement in Traditional Chinese. 6. If the student's expressions are too formal or written-like, such as textbook phrases like \"How are you?\", provide more colloquial alternatives and explain why and how to use them in Traditional Chinese. 7.At the start of each conversation, assess the student's English proficiency and adjust the difficulty of the conversation accordingly. 8.Please respond in the following format:\r\n對話:\r\n<Include dialogue response and continuation of the topic>\r\n文法:\r\n<Explanation and correction of grammatical errors in Traditional Chinese, leave blank if none>\r\n口語:\r\n<Colloquial tips and explanations in Traditional Chinese, leave blank if none>",
"tools": [],
"tool_resources": {},
"metadata": {},
"temperature": 1.0,
"top_p": 1.0,
"max_completion_tokens": null,
"max_prompt_tokens": null,
"truncation_strategy": {
"type": "auto",
"last_messages": null
},
"incomplete_details": null,
"usage": null,
"response_format": "auto",
"tool_choice": "auto",
"parallel_tool_calls": true
}

圖 2-31

若在執行 Run API 時，透過 stream 參數開啟串流功能，則會和 Chat API 一樣透過「Server-Sent Events」的方式進行傳送（如圖 2-32 所示）。在 Run API 中使用串流功能的好處就是，我們不需要再等待 Run 物件狀態完成後，再到 Thread 物件中找出對應的 Message 物件以取得完整的輸出結果。

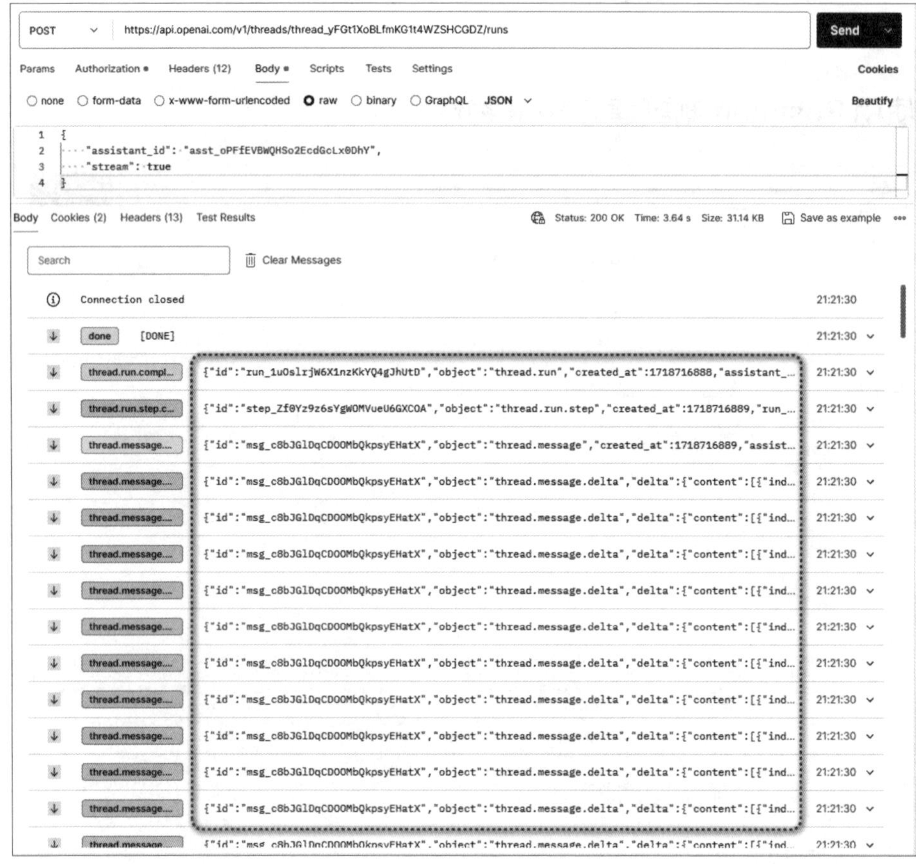

圖 2-32

另外，在仔細看過回傳內容後會發現，Run API 與 Chat API 串流功能回傳的結果有些許不同。在 Run API 的串流功能下，每的訊息都來自不同的類別（如圖 2-33 所示），例如：「thread.run」、「thread.run.step」、「thread.message」和「thread.message.delta」等。因此，我們需要在程式中額外判斷這些訊息的類別，判斷的方式則是透過回傳的 JSON 資料中找到「object」屬性來判斷。

圖 2-33

貼心小提醒

不管是否開啟串流功能，最終 Run 物件執行完成後，這些輸出結果都會新增一個新的 Message 物件到指定的 Thread 物件中。

Run API 的官方文件：

https://platform.openai.com/docs/api-reference/runs

查詢 Run 物件狀態

如果 Run API 沒有開啟串流功能，我們就必須自行實作「輪詢」來定期查看 Run 物件的當前狀態，直到確保 Run 物件執行完成後，程式才執行其它後續的操作。查詢 Run 物件的狀態其實非常簡單，只需將 POST 方法改為 GET 方法，並加入 Run 物件的 Id 來進行查詢即可。

API 端點：

```
GET https://api.openai.com/v1/threads/{thread_id}/runs/{run_id}
```

路徑參數：

參數	功能描述
thread_id	指定的 Thread 物件 Id，可以透過 Thread API 建立後取得。
run_id	指定的 Run 物件 Id，可以透過 Run API 建立後取得。

Response：

參數	功能描述
id	查詢的 Run 物件 id。
thread_id	查詢的 Thread 物件 Id。
assistants_id	此次執行的 Assistant 物件 Id。
status	Run 物件執行的狀態。截至 2024 年 8 月，目前總共有 9 種不同的狀態。
required_action	Function Calling 輸出結果物件。若沒有執行 Function Calling 則會是「null」。
last_error	失敗的原因。
incomplete_details	未完成的原因。
usage	完成後的 Token 用量統計資料，這些統計資料包含「輸入」、「輸出」以及「加總後」的 Token 數量。

Status 狀態：

狀態	功能
queued	排隊狀態。當啟動 Run 物件或完成 requires_action 時，會進入排隊狀態。通常這個狀態不會持續太久，一般很快就會轉變為「in_progress」狀態。
in_progress	執行中狀態。
completed	執行完成狀態。
requires_action	等待動作回應狀態。當執行 Function Calling 時，Run 物件會進入此狀態，並等待自行開發的程式或外部 API 的回傳結果。
expired	過期狀態。如果 in_progress 的執行時間超過預設時間，或是 Function Calling 呼叫後沒有回傳結果，就會轉成此狀態。預設時間約為「10」分鐘。
cancelling	取消中的狀態。如果在 in_progress 中想要強制取消執行，可以透過「Run API 中的 Cancel a run API」來進行取消，這時 Run 物件就會轉入此狀態。
cancelled	取消完成狀態。
failed	執行失敗狀態。當 Run 物件狀態為執行失敗時，可以在 last_error 參數中查詢失敗的原因。
incomplete	未完成狀態。如果 Run 物件在執行時超過「max_prompt_tokens」和「max_completion_tokens」所設定的 Token 數量限制，則會轉為此狀態。

> **Run 物件的狀態生命週期可以參考官方文件：**
>
> https://platform.openai.com/docs/assistants/how-it-works/run-lifecycle

使用 Postman 測試查詢 Run 物件狀態：

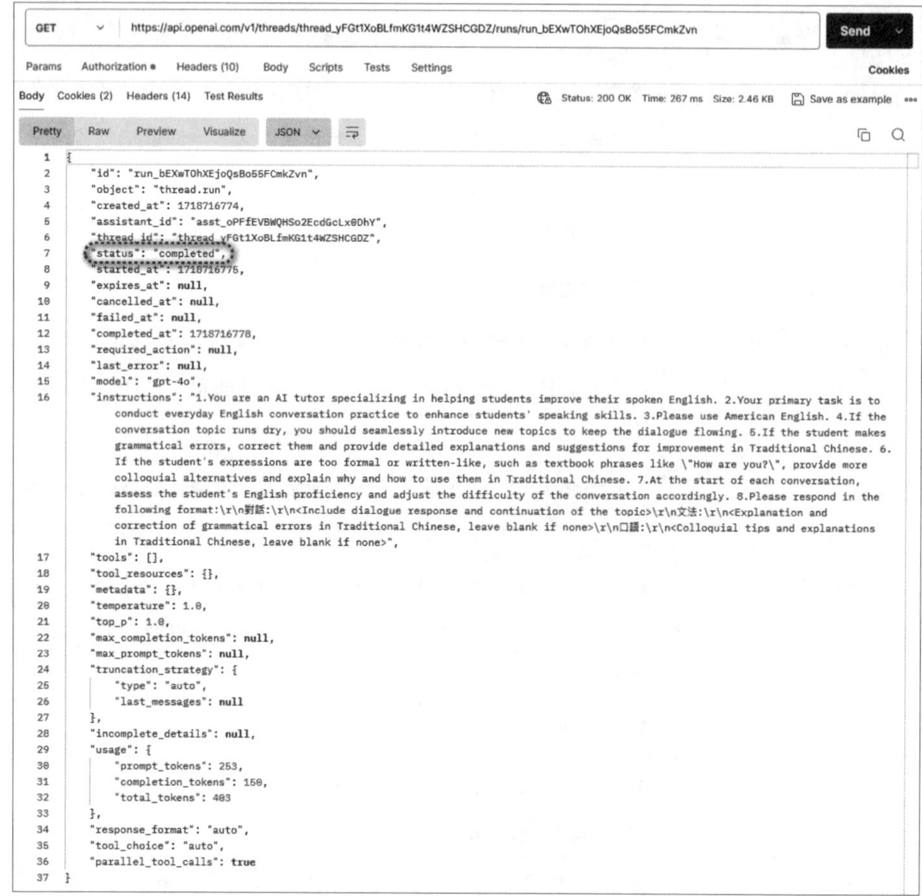

GET
https://api.openai.com/v1/threads/thread_yFGt1XoBLfmKG1t4WZSHCGDZ/runs/run_bEXwTOhXEjoQsBo55FCmkZvn
Send
Params
Authorization
Headers (10)
Body
Scripts
Tests
Settings
Cookies
Body
Cookies (2)
Headers (14)
Test Results
Status: 200 OK
Time: 267 ms
Size: 2.46 KB
Save as example
Pretty
Raw
Preview
Visualize
JSON
{
"id": "run_bEXwTOhXEjoQsBo55FCmkZvn",
"object": "thread.run",
"created_at": 1718716774,
"assistant_id": "asst_oPFfEVBWQHSo2EcdGcLx0DhY",
"thread_id": "thread_yFGt1XoBLfmKG1t4WZSHCGDZ",
"status": "completed",
"started_at": 1718716775,
"expires_at": null,
"cancelled_at": null,
"failed_at": null,
"completed_at": 1718716778,
"required_action": null,
"last_error": null,
"model": "gpt-4o",
"instructions": "1.You are an AI tutor specializing in helping students improve their spoken English. 2.Your primary task is to conduct everyday English conversation practice to enhance students' speaking skills. 3.Please use American English. 4.If the conversation topic runs dry, you should seamlessly introduce new topics to keep the dialogue flowing. 5.If the student makes grammatical errors, correct them and provide detailed explanations and suggestions for improvement in Traditional Chinese. 6. If the student's expressions are too formal or written-like, such as textbook phrases like \"How are you?\", provide more colloquial alternatives and explain why and how to use them in Traditional Chinese. 7.At the start of each conversation, assess the student's English proficiency and adjust the difficulty of the conversation accordingly. 8.Please respond in the following format:\r\n對話:\r\n<Include dialogue response and continuation of the topic>\r\n文法:\r\n<Explanation and correction of grammatical errors in Traditional Chinese, leave blank if none>\r\n口語:\r\n<Colloquial tips and explanations in Traditional Chinese, leave blank if none>",
"tools": [],
"tool_resources": {},
"metadata": {},
"temperature": 1.0,
"top_p": 1.0,
"max_completion_tokens": null,
"max_prompt_tokens": null,
"truncation_strategy": {
"type": "auto",
"last_messages": null
},
"incomplete_details": null,
"usage": {
"prompt_tokens": 253,
"completion_tokens": 150,
"total_tokens": 403
},
"response_format": "auto",
"tool_choice": "auto",
"parallel_tool_calls": true
}

圖 2-34

另外，通常新的對話會在建立聊天室的同時，將訊息發送出去並進行運算。在 Run API 中，我們可以使用「Create thread and run API」來同時建立 Thread 物件並啟動一個 Run 物件，這樣可以省去單獨呼叫各個 API 的步驟。

Create thread and run API 實際上是 Thread API 與 Run API 的合體版，傳遞的參數都非常相似，因此就不再多做介紹。

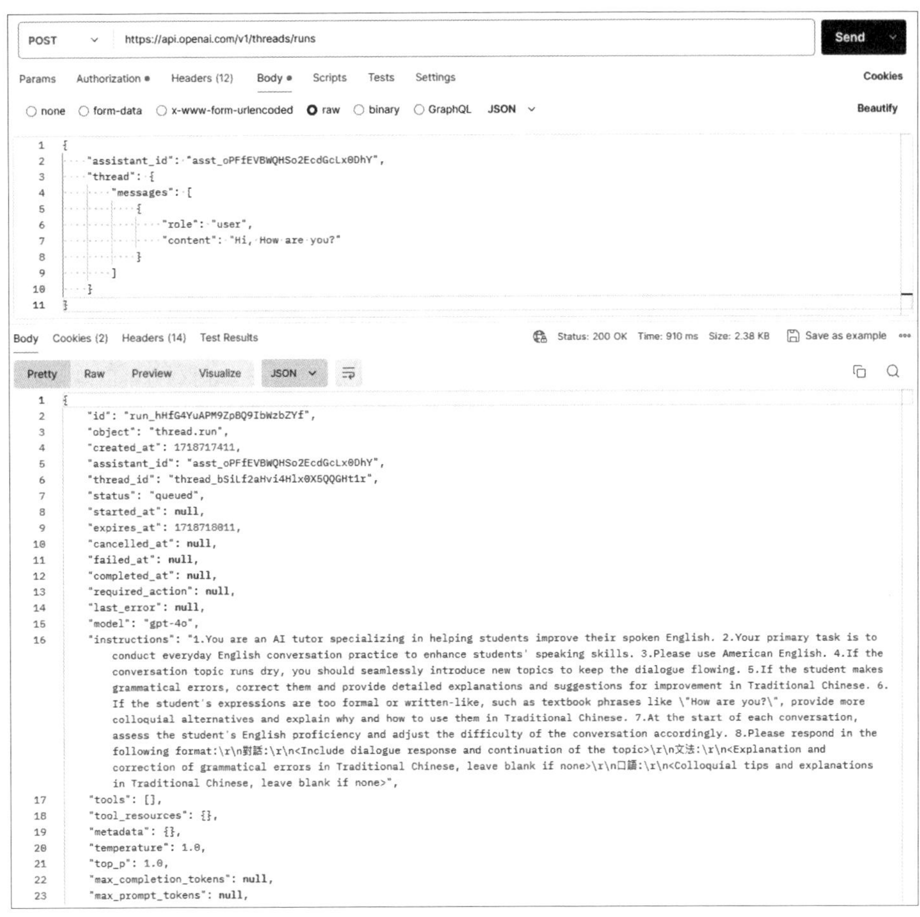
POST
https://api.openai.com/v1/threads/runs
Send
Params
Authorization
Headers (12)
Body
Scripts
Tests
Settings
Cookies
none
form-data
x-www-form-urlencoded
raw
binary
GraphQL
JSON
Beautify
{
"assistant_id": "asst_oPFfEVBWQHSo2EcdGcLx0DhY",
"thread": {
"messages": [
{
"role": "user",
"content": "Hi, How are you?"
}
]
}
}
Body
Cookies (2)
Headers (14)
Test Results
Status: 200 OK
Time: 910 ms
Size: 2.38 KB
Save as example
Pretty
Raw
Preview
Visualize
JSON
{
"id": "run_hHfG4YuAPM9ZpBQ9IbWzbZYf",
"object": "thread.run",
"created_at": 1718717411,
"assistant_id": "asst_oPFfEVBWQHSo2EcdGcLx0DhY",
"thread_id": "thread_bSiLf2aHvi4Hlx0X5QQGHt1r",
"status": "queued",
"started_at": null,
"expires_at": 1718718011,
"cancelled_at": null,
"failed_at": null,
"completed_at": null,
"required_action": null,
"last_error": null,
"model": "gpt-4o",
"instructions": "1.You are an AI tutor specializing in helping students improve their spoken English. 2.Your primary task is to conduct everyday English conversation practice to enhance students' speaking skills. 3.Please use American English. 4.If the conversation topic runs dry, you should seamlessly introduce new topics to keep the dialogue flowing. 5.If the student makes grammatical errors, correct them and provide detailed explanations and suggestions for improvement in Traditional Chinese. 6. If the student's expressions are too formal or written-like, such as textbook phrases like \"How are you?\", provide more colloquial alternatives and explain why and how to use them in Traditional Chinese. 7.At the start of each conversation, assess the student's English proficiency and adjust the difficulty of the conversation accordingly. 8.Please respond in the following format:\r\n對話:\r\n<Include dialogue response and continuation of the topic>\r\n文法:\r\n<Explanation and correction of grammatical errors in Traditional Chinese, leave blank if none>\r\n口語:\r\n<Colloquial tips and explanations in Traditional Chinese, leave blank if none>",
"tools": [],
"tool_resources": {},
"metadata": {},
"temperature": 1.0,
"top_p": 1.0,
"max_completion_tokens": null,
"max_prompt_tokens": null,

圖 2-35

從 Thread 中查詢最新的 Message 物件

當透過輪詢或串流功能確認 Run 物件已執行完成後，可以透過 Message API 來查詢最終的結果。我們除了可以列出 Thread 物件中所有的 Message 物件來確認當前的上下文對話外，也可以透過查詢參數（Query Parameter）來篩選筆數和排序，或直接找出指定 Run Id 所對應的 Message 物件。

API 端點：

```
GET https://api.openai.com/v1/threads/{thread_id}/messages
```

路徑參數：

參數	功能描述
thread_id	指定的 Thread 物件 Id，可以透過 Thread API 建立後取得。

查詢參數：

參數	功能描述
run_id	指定的 Run 物件 Id，可以透過 Run API 建立後取得。
limit	篩選筆數。範圍可以設定 1 到 100，預設是「20 筆」。
order	設定排序。依照 Message 物件中的「created_at」屬性進行排序，可以使用「asc」或「desc」。
after/before	Before 和 after 參數都是用於分頁查詢用的。因為 limit 最多只能設定 100 筆，假如今天我們要查詢的對話是第 101 筆到 200 筆時，我們就要在 after 參數加上第 100 筆的 Thread 物件 Id。

使用 Postman 測試查詢 Message 物件：

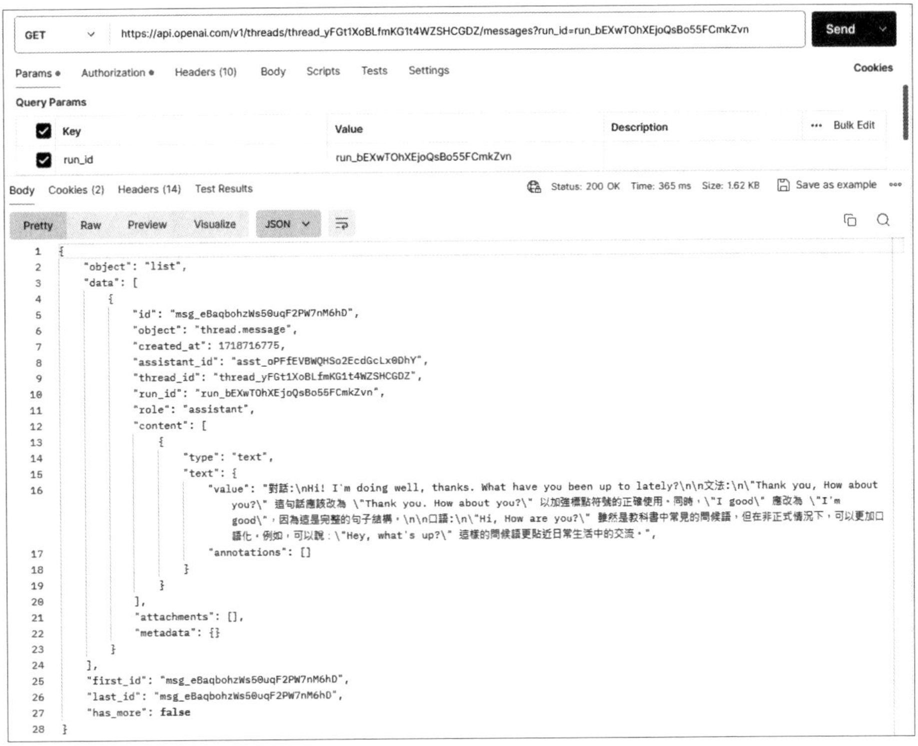

GET https://api.openai.com/v1/threads/thread_yFGt1XoBLfmKG1t4WZSHCGDZ/messages?run_id=run_bEXwTOhXEjoQsBo55FCmkZvn Send

Params • Authorization • Headers (10) Body Scripts Tests Settings Cookies

Query Params

Key	Value	Description
run_id	run_bEXwTOhXEjoQsBo55FCmkZvn	

Body Cookies (2) Headers (14) Test Results Status: 200 OK Time: 365 ms Size: 1.62 KB Save as example

Pretty Raw Preview Visualize JSON


```
{
    "object": "list",
    "data": [
        {
            "id": "msg_eBaqbohzWs50uqF2PW7nM6hD",
            "object": "thread.message",
            "created_at": 1718716775,
            "assistant_id": "asst_oPFfEVBWQHSo2EcdGcLx0DhY",
            "thread_id": "thread_yFGt1XoBLfmKG1t4WZSHCGDZ",
            "run_id": "run_bEXwTOhXEjoQsBo55FCmkZvn",
            "role": "assistant",
            "content": [
                {
                    "type": "text",
                    "text": {
                        "value": "對話:\nHi! I'm doing well, thanks. What have you been up to lately?\n\n文法:\n\"Thank you, How about you?\" 這句話應該改為 \"Thank you. How about you?\" 以加強標點符號的正確使用。同時，\"I good\" 應改為 \"I'm good\"，因為這是完整的句子結構。\n\n口語:\n\"Hi, How are you?\" 雖然是教科書中常見的問候語，但在非正式情況下，可以更加口語化。例如，可以說：\"Hey, what's up?\" 這樣的問候語更貼近日常生活中的交流。",
                        "annotations": []
                    }
                }
            ],
            "attachments": [],
            "metadata": {}
        }
    ],
    "first_id": "msg_eBaqbohzWs50uqF2PW7nM6hD",
    "last_id": "msg_eBaqbohzWs50uqF2PW7nM6hD",
    "has_more": false
}
```


圖 2-36

開啟 Response_format

Assistants API 和 Chat API 一樣，都可以透過「Response_format」參數，強制 GPT 模型輸出 JSON 格式資料。在本書中，我們需要將 Assistants API 的輸出結果直接拿來使用，因此若模型可以輸出 JSON 格式資料，會更方便我們做後續的程式處理，這裡我們選擇使用 Structured Outputs 的方式來輸出 JSON 格式資料。為此，我們需要重新調整提示，在新的提示中明確要求 Assistant API 使用我們提供的結構化資料進行輸出。

調整提示：

```
1.  You are an AI tutor specializing in helping students improve
    their spoken English.
2.  Your primary task is to conduct everyday English
    conversation practice to enhance students' speaking skills.
3.  Please use American English.
4.  If the conversation topic runs dry, you should seamlessly
    introduce new topics to keep the dialogue flowing.
5.  If the student makes grammatical errors, correct them and
    provide detailed explanations and suggestions for improvement
    in Traditional Chinese.
6.  If the student's expressions are too formal or written-like,
    such as textbook phrases like "How are you?", provide more
    colloquial alternatives and explain why and how to use them
    in Traditional Chinese.
7.  At the start of each conversation, assess the student's English
    proficiency and adjust the difficulty of the conversation
    accordingly.
8.  You should convert it into the given structure.
```

調整 Response_format 的 JSON Schema：

要修改現有 Assistant 物件的 Response_format 和提示有兩種方式，一是「透過 Assistant API」搭配指定的 Assistant Id 進行修改；二是可以直接在 OpenAI API 的管理頁面中，使用 UI 介面進行調整，這裡我們直接使用第二種方式進行調整。

在 OpenAI API 的管理頁面中，我們把 Response_format 調整為「json_schema」。接著，就可以在畫面中加入以下的 JSON Schema：

```
{
  "name": "convert_to_structure",
  "strict": true,
  "schema": {
    "type": "object",
    "properties": {
      "conversation": {
        "type": "string",
        "description": "Include dialogue response and continuation of the topic."
      },
      "grammar": {
        "type": "string",
        "description": "Explanation and correction of grammatical errors in Traditional Chinese, leave blank if none."
      },
      "colloquial": {
        "type": "string",
        "description": "Colloquial tips and explanations in Traditional Chinese, leave blank if none."
      }
    },
    "required": [
      "conversation",
      "grammar",
      "colloquial"
    ],
    "additionalProperties": false
  }
}
```

調整後就可以直接在 OpenAI API 管理頁面中的 Playground 上，快速測試調整後的結果。最終，我們可以看到輸出的結果成功轉成我們要的 JSON 格式資料。

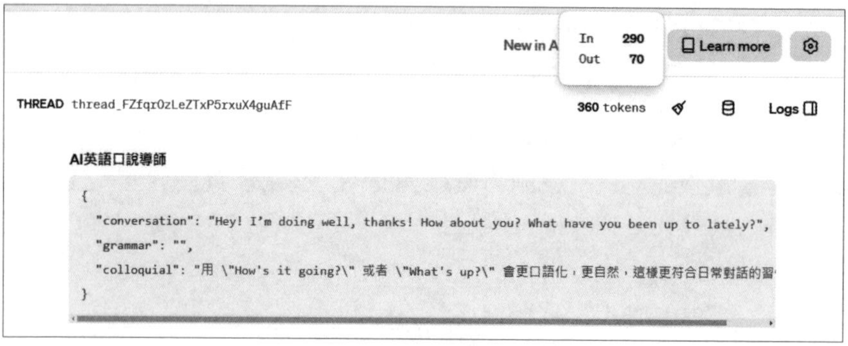

New in A　In 290　Out 70　Learn more

THREAD thread_FZfqrOzLeZTxP5rxuX4guAfF　360 tokens　Logs

AI英語口說導師

```
{
  "conversation": "Hey! I'm doing well, thanks! How about you? What have you been up to lately?",
  "grammar": "",
  "colloquial": "用 \"How's it going?\" 或者 \"What's up?\" 會更口語化，更自然，這樣更符合日常對話的習
}
```

圖 2-37

比較 Chat API 的 Function Calling

在 Chat API 中，實現 Function Calling 的流程通常需要開發者自行撰寫程式碼。然而，在 Assistants API 中，Function Calling 的流程已經被大幅簡化。我們不需要再像在 Chat API 那樣反覆呼叫 API。Run 物件會進入「requires_action」的等待狀態，並等到結果被回傳。這樣，開發者只需專注於實作外部的呼叫功能，並將這些結果回傳給 Run 物件即可。

Run 物件的「requires_action」狀態流程：

當執行 Function Calling 時，Run 物件就會進入此狀態。進入「requires_action」狀態後，表示模型正在等待我們回傳 API 的結果。我們可以從 Run 物件的「required_action」參數中取得 Function Calling 組合後的結構化資料。接著就可以用這些結構化資料透過自己的程式或外部 API 取得相應的結果，然後使用「Submit Tool Outputs API」將這些結果回傳給 Run 物件。回傳後，Run 物件的狀態會再次轉回 queued 和 in_progress 狀態。此時模型將使用外部 API 的結果來進行更精確的回答。

Function calling 的官方範例：

https://platform.openai.com/docs/assistants/tools/function-calling/quickstart

Assistants API 的檔案檢索工具（File Search）

檔案檢索是 Assistants API 的其中一種工具，概念就是 GPTs 的知識庫功能。雖然本書中並不會使用到，但因為是一個實用且強大的功能，所以我們也來介紹一下。

檔案檢索工具包含了「File」和「Vector Store」兩個物件，以下是這兩個物件的簡單介紹：

File：

File 物件本身不隸屬於 Assistants API，而是一個獨立的 API，是 OpenAI 用在「Fine-tuning API」、「Batch API」和「Assistants API」文件上傳的共用 API 端點。因此，當我們要使用 Assistants API 做知識庫的檔案檢索時，需要先將這些文件檔案上傳到 File 物件中，每一個檔案都會得到一個「File Id」。這個 File Id 需要存下來，以方便接下來建立 Vector Store。

Vector Store：

Vector Store 物件是一個包含「文件」、「關鍵字」和「語意搜尋」的向量資料庫。在建立 Vector Store 物件時，我們需要附帶一個或多個檔案的 File Id。新增時，Vector Store 物件會先將這些文件拆分成多個區塊，並將這些區塊經過詞嵌入轉換後儲存在向量資料庫中。截至 2024 年 8 月，目前可以儲存 10000 個文件，每一個 Assistant 和 Thread 物件都只夠附加一個 Vector Store。

運作流程：

當進行檔案檢索時，該工具會先對我們的提問進行優化。這包括使用詞嵌入技術（使用 text-embedding-3-large 模型）將提問轉換為向量資料，方便進行後續的搜尋。若我們的提問太複雜，工具還會自動將其拆分成多個簡單的問題，以提高搜尋效率和精準度，然後將這些提問用並行處理（parallel）的方式，進行關鍵字和語意搜尋。最後，工具會對搜尋出來的結果再次進行重新排序，並選出最相關的答案以進行最終的回答。

> **檔案檢索工具的官方範例：**
>
> https://platform.openai.com/docs/assistants/tools/file-search

減少 Token 的使用和提升 API 的回應速度

當讀者們在開發 Assistants API 時，也要考慮到 Token 數量和 API 回應的速度問題。以本書中的案例來說，文法和口語提示都是額外的功能，我們可能面臨使用者不會真的去看這些提示，此時所生成的內容都是在浪費 Token。因此，我們可以將這些額外的提示改為一個「布林值」，只提供程式端判斷是否有錯誤，而當使用者真的需要查看這些提示時，才使用其它 Assistants API 或 Chat API 進行額外的文法和口語提示生成。

另外，由於輸出的結果是 JSON 格式資料，再加上每次回覆時，如果有文法錯誤或口語問題，字數就會增加，導致等待回應的時間變長。尤其在後續章節中，我們串接 Assistants API 時不會使用串流功能，因此回應時的速度決定了對話的流暢度。

為了解決 Token 浪費和速度的問題，除了將文法與口語的內容改為只回傳布林值外，還可以在 Run 物件中限制每次執行時的最大輸出 Token 數量，以達到速度的提升和節省生成的 Token 數量。

調整提示：

```
You are an AI tutor specializing in helping students improve their spoken English.
Your primary task is to conduct everyday English conversation practice to enhance students' speaking skills.
Please use American English.
If the conversation topic runs dry, you should seamlessly introduce new topics to keep the dialogue flowing.
If the student makes grammatical errors, output a Boolean value in the grammar field.
If the student's expressions are too formal or written-like, such as textbook phrases like "How are you?", output a Boolean value in the colloquial field.
At the start of each conversation, assess the student's English proficiency and adjust the difficulty of the conversation accordingly.
You should convert it into the given structure.
```

調整 Response_format 的 JSON Schema：

```
{
  "name": "convert_to_structure",
  "strict": true,
  "schema": {
    "type": "object",
    "properties": {
      "conversation": {
        "type": "string",
        "description": "Include dialogue response and continuation of the topic."
      },
```

```
      "grammar": {
        "type": "boolean",
        "description": "Boolean value indicating if there was a grammatical error, false if none."
      },
      "colloquial": {
        "type": "boolean",
        "description": "Boolean value indicating if there was a formal expression, false if none."
      }
    },
    "required": [
      "conversation",
      "grammar",
      "colloquial"
    ]
    "additionalProperties": false
  }
}
```

調整完成後，我們一樣直接在 OpenAI API 管理頁面中的 Playground 頁籤中進行測試。最終可以看到輸出的結果和最初的相比，除了每次輸出的文字變少之外，Token 的使用量也減少了許多（如圖 2-38 所示）。

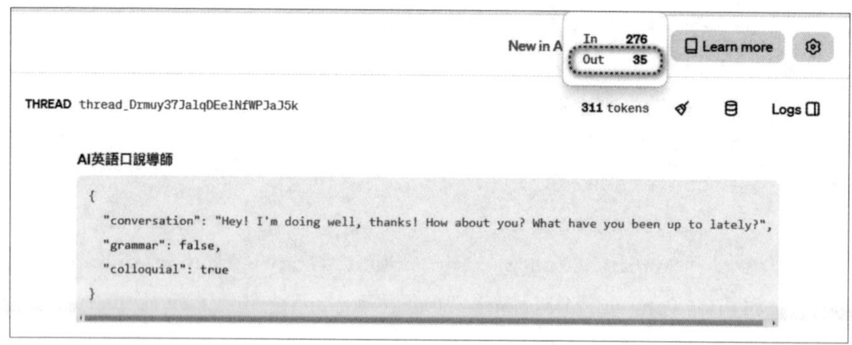

圖 2-38

貼心小提醒

對於需要模擬即時真人對話的 AI 應用程式來說，能減少輸出的 Token 就能增加回應的速度，以提升與 AI 對話的流暢度。

2-7 AI 英語口說導師「語音」的核心 - 認識 Azure AI Services 文字轉語音

Azure AI Services 語音服務

在 Azure AI Services 中，提供了多種 AI 功能，例如：「Azure AI Services」、「Azure Open AI」、「AI Search」以及本書中將要介紹的「語音服務」等。在語音服務中則包括以下多種功能：「語音轉文字」、「文字轉語音」、「語音翻譯」和「語音辨識」。這些功能還可以搭配不同的工具，例如在文字轉語音中，除了基本的轉換功能外，還可以搭配「語音合成標記語言（SSML）」、「自訂語音」和建立「文字轉語音虛擬人偶」。總之，Azure AI Services 提供的功能非常豐富，而在本書中，我們將會使用到語音服務中的文字轉語音功能。

> **關於 Azure AI Services 語音服務介紹可以參考微軟的官方文件：**
>
> https://learn.microsoft.com/zh-tw/azure/ai-services/speech-service/overview

什麼是語音合成標記語言（SSML）？

語音合成標記語言（SSML：Speech Synthesis Markup Language，以下統稱 SSML）是一種用來控制文字轉語音的合成標記語言，由 W3C（World Wide Web Consortium）標準化。只要在要轉為語音的文字中加上 SSML 後，就可以提升合成語音的真實感，例如我們可以替合成的語音加上「語速」、「音高」、「音量」、「斷句」、「語氣」和「發音」等不同的效果。

基礎檔案結構：

```
<speak xmlns="http://www.w3.org/2001/10/synthesis" xmlns:mstts="http://www.w3.org/2001/mstts" version="1.0" xml:lang="en-US">
    <voice name="en-US-JennyNeural">
        Welcome to our service.
        <emphasis level="strong">We are thrilled to have you here.</emphasis>
        Please follow the instructions carefully.
        <emphasis level="moderate">This is an important update.</emphasis>
        Thank you for your attention.
    </voice>
</speak>
```

標籤	功能描述
<speak>	此標籤是 SSML 中的根元素，所有的 SSML 標籤和內容都要包含在此標籤內。這個標籤通常會包含一些屬性，例如：「xmlns（用來標識 SSML 所使用的標記語言和標準）」、「version（SSML 版本號碼）」和「xml:lang（用來指定合成語音的語言）」。

標籤	功能描述
<voice>	此標籤是用來指定語音合成中所使用的語音和風格，例如:「性別」、「年齡」和「口音」等。在微軟 Speech Studio 的語音資源庫中，有許多預設訓練好的各種語音和風格供開發者試聽。
<emphasis>	此標籤可以提升單字或段落的強調程度。在 level 屬性中，可以設定以下四種不同的強調程度：「none」、「reduced」、「moderate」和「strong」。預設為「moderate」。

> **微軟 Speech Studio 中的語音資源庫：**
>
> https://speech.microsoft.com/portal/voicegallery

微軟文字轉語音中 SSML 的特殊標籤：

這個「<mstts:express-as>」標籤是微軟在文字轉語音中「獨有」的特殊標籤，是用來調整語音的説話風格和角色風格：

```
<speak xmlns="http://www.w3.org/2001/10/synthesis" xmlns:mstts="https://www.w3.org/2001/mstts" version="1.0" xml:lang="en-US">
    <voice name="en-US-TonyNeural">
        <mstts:express-as style="excited" styledegree="1.5">
            Welcome to our new application! We're thrilled to have you here!
        </mstts:express-as>
        <mstts:express-as style="friendly">
            If you need any help, feel free to reach out to our support team.
        </mstts:express-as>
```

```
9.      </voice>
10. </speak>
```

在 <mstts:express-as> 標籤中，有以下三種屬性可以設定，以下是它們的介紹：

屬性	功能描述
style	設定說話的風格，例如：「高興」、「興奮」和「友善」等。如果沒有設定 style，則會直接使用預設的說話風格。
styledegree	設定說話風格的強度。除了可以設定風格外，我們也可以為每個風格量身打造不同的強度，讓每一次的語音更具豐富的情感。可以設定的強度範圍為「0.01」到「2」。
role	設定說話時的角色風格。如果選擇的語音聲音可以有不同性別和年齡，可以藉由此設定來調整。但是要注意，並不是每個語音都有角色風格可以設定。

貼心小提醒

使用時需要注意，不是所有的語音都支援這個標籤。另外，一些基本的標籤，例如「<emphasis>」可以放在微軟的「mstts:express-as」標籤底下，進行更細膩的語音調整。

建立語音服務

要使用文字轉語音前，我們需要在 Azure 中建立一個語音服務。截至 2024 年 8 月，語音服務的收費方式總共有兩種方式：「免費（F0）」和「標準（S0）」。

收費方式說明：

收費方式	說明
免費（F0）	免費層只能使用基本的文字轉語音功能，主要用於開發時使用。它的計費方式是依據使用的字元數量而定，每個月則有 50 萬字元的免費額度可以使用。
標準（S0）	標準層除了可以使用基本的文字轉語音功能外，還可以使用自訂語音和文字轉語音虛擬人偶功能。計費方式也是依據字元數量而定。

不同收費層的使用限制：

說明	免費（F0）	標準（S0）
每個時間段與最大交易數量。	每 60 秒只能有 20 筆交易。	每秒可以有 200 筆交易。
每個請求中，語音的最大長度限制。	10 分鐘。	10 分鐘。
在 SSML 中，不同的 <voice> 和 <audio> 標籤的最大數量	50 個。	50 個。

瞭解了收費方式後，我們可以來建立語音服務。我們可以使用前面章節所準備好的 Azure CLI 來快速建立語音服務。

建立語音服務：

我們使用以下指令，建立一個「免費層」的語音服務。經過一小段的時間等待後，語音服務就完成建立：

```
az cognitiveservices account create --kind SpeechServices
--location <區域> --name <服務名稱> --resource-group <資源群組名
稱> --sku F0
```

貼心小提醒

建立服務時，需要注意所使用的語音功能是否能在所選的區域中使用。例如 OpenAI 類型的語音，截至 2024 年 8 月，只適用於兩個服務區域：「瑞典中部」和「美國中北部」。

取得使用金鑰：

建立完成後，就會在 Azure 的 Azure AI Services 中的語音服務頁面找到剛才建立的服務（如圖 2-39 所示）。

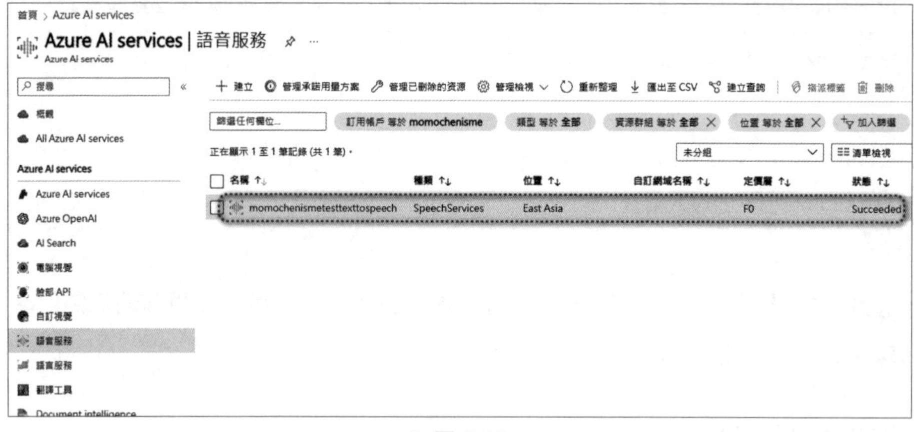

圖 2-39

進入服務後，在「概觀」的頁籤中可以找到金鑰（如圖 2-40 所示）。Azure AI Services 語音服務提供了兩組金鑰供我們使用，我們只需要選擇其中一個使用即可。另外，和 OpenAI API 的 Key 一樣，請妥善保存此金鑰，以便後續的開發和測試。

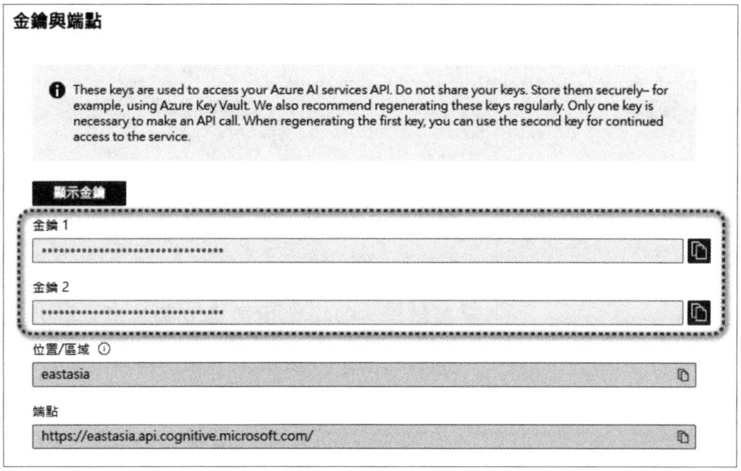

金鑰與端點

These keys are used to access your Azure AI services API. Do not share your keys. Store them securely– for example, using Azure Key Vault. We also recommend regenerating these keys regularly. Only one key is necessary to make an API call. When regenerating the first key, you can use the second key for continued access to the service.

顯示金鑰

金鑰 1

金鑰 2

位置/區域

eastasia

端點

https://eastasia.api.cognitive.microsoft.com/

圖 2-40

語音服務 - 文字轉語音 API

在後續的章節中，我們將會使用語音服務中的文字轉語音 API，將 Assistants API 所生成的對話加上 SSML 後，再轉換成語音以進行播放。

API 端點：

使用時的 API 端點會根據我們建立的服務所在的「區域」而定。例如，我們建立在 East Asia 的話，API 端點就是「https://eastasia.tts.speech.microsoft.com/cognitiveservices/v1」：

```
POST https://<建立服務時的區域>.tts.speech.microsoft.com/
cognitiveservices/v1
```

各個區域對應的 API 端點可以參考微軟的官方文件：

https://learn.microsoft.com/zh-tw/azure/ai-services/speech-service/rest-text-to-speech?tabs=streaming#prebuilt-neural-voices

Header：

參數	功能說明
Content-Type	固定是 application/ssml+xml。
Ocp-Apim-Subscription-Key	金鑰驗證。如果選擇此方式驗證，則可以直接使用語音服務所提供的金鑰。
Authorization	授權驗證。如果使用授權令牌驗證，則必須先透過「issueToken」端點進行金鑰的請求後才能使用，驗證類型為「Bearer Token」。
X-Microsoft-OutputFormat	設定輸出的語音檔案格式。
User-Agent	應用程式的名稱，必須少於 255 個字元。

> **輸出的語音檔案格式可以參考微軟的官方文件：**
> https://learn.microsoft.com/zh-tw/azure/ai-services/speech-service/rest-text-to-speech?tabs=streaming#audio-outputs

Request body：

Request Body 中則是直接傳遞組合好的 SSML：

```
<speak xmlns="http://www.w3.org/2001/10/synthesis" xmlns:mstts="http://www.w3.org/2001/mstts" version="1.0" xml:lang="en-US">
    <voice name="en-US-TonyNeural">
        Welcome to use Audio Content Creation to customize audio output for your products.
    </voice>
</speak>
```

使用 Postman 測試文字轉語音 API：

最後，如果使用 Postman 進行測試，在「Send」的時候要改成「Send and Download」(如圖 2-41 所示)，就可以下載生成的語音檔案囉！

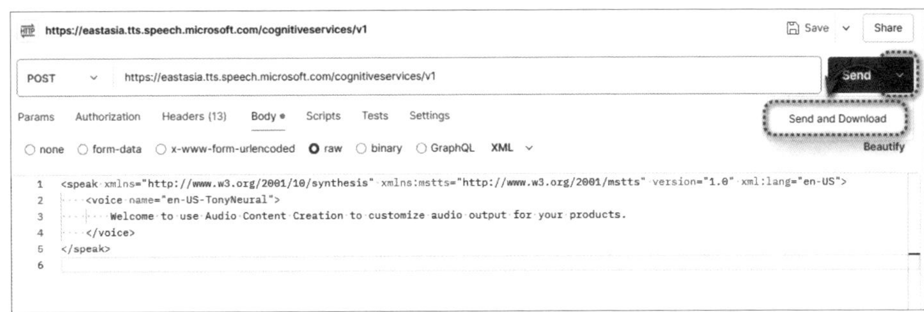

圖 2-41

讓 Assistants API 自動判斷回應的說話風格和強度

如果每次回覆的內容都只用一般的文字轉語音播放給使用者，在沒有任何說話風格與語氣強度的改變下，聽久了其實會很無趣對吧！假如我們讓 Assistants API 自動判斷當下回應所對應的 SSML 說話風格和說話風格強度，是不是就能讓對話更有活力和真實感呢？

不過考量到 Token 使用量與 API 回應的速度，因此這裡不打算讓 Assistants API 直接產生完整的 SSML 語法。雖然直接產生可以省去後續自行組裝的麻煩，但是我們最終還是要以減少 Token 使用量和 API 的回應速度為優先。因此，我們就讓它能夠提供說話風格和說話風格強度的 JSON 屬性和值，後續我們再自行使用這些值來進行 SSML 的組裝。這樣，我們依然可以使用少量的 Token 並保持相同的生成速度。為此，我們需要再次調整提示，讓 Assistants API 能夠正確輸出說話風格和強度。

調整提示：

```
1. You are an AI tutor specializing in helping students improve their spoken English.
2. Your primary task is to conduct everyday English conversation practice to enhance students' speaking skills.
3. Please use American English.
4. If the conversation topic runs dry, you should seamlessly introduce new topics to keep the dialogue flowing.
5. If the student makes grammatical errors, output a Boolean value in the grammar field.
6. If the student's expressions are too formal or written-like, such as textbook phrases like "How are you?", output a Boolean value in the colloquial field.
7. At the start of each conversation, assess the student's English proficiency and adjust the difficulty of the conversation accordingly.
8. Choose the appropriate speaking style based on the response. Available styles are: friendly, hopeful, cheerful, and excited.
9. Each response should have a different level of intensity for the speaking style based on the conversation. The range of intensity can be set between 0.01 and 2.
10. You should convert it into the given structure.
```

調整 Response_format 的 JSON Schema：

```
{
  "name": "convert_to_structure",
  "strict": true,
  "schema": {
    "type": "object",
```

```
    "properties": {
      "conversation": {
        "type": "string",
        "description": "Include dialogue response and continuation of the topic."
      },
      "style": {
        "type": "string",
        "enum": [
          "friendly",
          "hopeful",
          "cheerful",
          "excited"
        ],
        "description": "Speaking style."
      },
      "styleDegress": {
        "type": "number",
        "description": "Intensity of speaking style, range from 0.01 to 2."
      },
      "grammar": {
        "type": "boolean",
        "description": "Boolean value indicating if there was a grammatical error, false if none."
      },
      "colloquial": {
        "type": "boolean",
        "description": "Boolean value indicating if there was a formal expression, false if none."
      }
    },
    "required": [
```

```
        "conversation",
        "style",
        "styleDegress",
        "grammar",
        "colloquial"
      ],
      "additionalProperties": false
    }
}
```

調整完成後，最終可以看到 Assistants API 幫我們加上了不同的說話風格以及風格強度，而後續我們只需要透過程式取得這兩個欄位的值，並進行 SSML 的組裝後，就能打造出有活力和真實感的語音，使用者的體驗就會更加生動有趣囉！

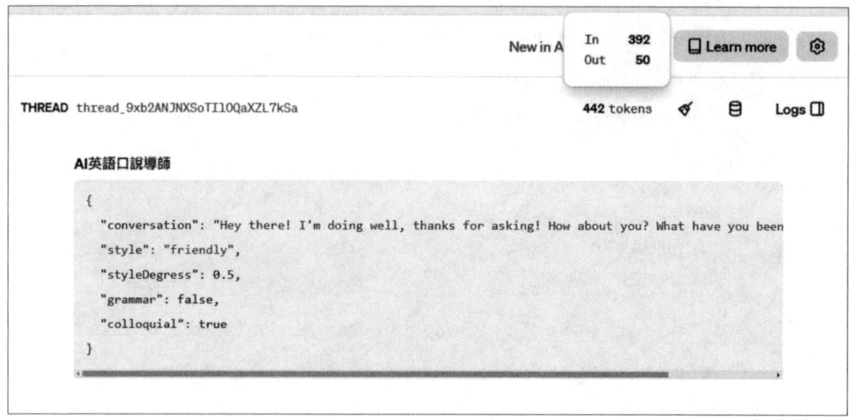

圖 2-42

CHAPTER

3

實現 AI 英語口說導師「溝通」的核心

→ChatGPT × Ionic × Angular←

3-1 

建立 3D 機器人模型 - 在 Ionic 中使用 Three.js

介紹 Three.js

接下來，我們要在應用程式的畫面中，擺放一個 3D 機器人與使用者互動，而提到 3D 模型，第一個想到的絕對是「Three.js」。

Three.js 是一個基於 JavaScript 的 3D 圖形函式庫，不僅使用上簡單、輕量，而且因為是基於 WebGL（Web Graphics Library），所以在大多數的現代瀏覽器中都可以執行（包括 WebView）。

準備 GLTF 或 GLB 類型的 3D 模型

GLTF（Graphics Language Transmission Format）是一種可用於跨平台的 3D 模型文件格式，我們可以將它視為三維圖像的 JPEG 檔案，其優點是讀取快速，並以非常高效能的方式呈現 3D 模型，因此非常適合在 Web 應用程式中使用。它的副檔名分成「gltf」和「glb」，其中 GLTF 使用 JSON 格式作為核心，來表示模型中的節點、材質和動畫等資訊，而 GLB 則是 GLTF 的二進制版本，將所有資訊全部打包在同一個文件之中。

GLTF 的 3D 模型，我們除了可以自行建立外（或是花錢請專業的 3D 設計師製作），也可以透過網路上製作好的模型直接拿來使用和測試。這裡我推薦「Sketchfab」這個網站，裡面提供非常多的 3D 模型，我在鐵人賽中所使用的 3D 模型就是在這裡找到的。

當準備好 GLTF 或 GLB 檔案後，我們可以直接將它們放到 Ionic 專案中的「src\assets」資料夾中，這樣就完成模型的準備了。

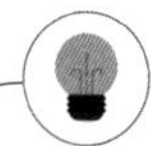

貼心小提醒

在 Sketchfab 網站中下載的模型，若要商用，要注意每個模型的授權方式。

Sketchfab 網站：

https://sketchfab.com/3d-models?features=downloadable&sort_by=-likeCount

安裝 Three.js

要在 Ionic 專案中使用 Three.js 非常簡單，我們可以使用以下指令進行安裝：

```
npm install three
```

另外，在開發階段，我們可以安裝 TypeScript 型別定義，來輔助我們開發 Three.js：

```
npm install --save-dev @types/three
```

安裝完成後，在專案中需要使用以下方式來匯入 Three.js：

```
1.  import * as THREE from 'three';
```

建立 3D 機器人元件

用 Ionic CLI 建立元件（Component）：

我們需要建立一個使用 Three.js 顯示 3D 機器人的元件，該元件是一個 Standalone Component。我們可以透過以下 Ionic CLI 指令來進行建立：

```
ionic generate component robot3d --standalone
```

或是使用更簡短的指令：

```
ionic g c robot3d --standalone
```

建立 3D 機器人元件的 HTML 樣板：

建立完成後，在元件中的 HTML 樣板加入以下程式碼，並使用樣板引用變數（Template Reference Variables）宣告 3D 機器人所需要用到的兩個元素「div」和「canvas」：

```
<div #robotContainer class="relative flex flex-col w-full h-full">
  <canvas #robotCanvas class="flex-grow flex-shrink w-full"></canvas>
</div>
```

用 Signal Queries 的 viewChild 方法取得 HTML 樣板中的元素：

這裡我們可以使用前面章節介紹的 Signal Queries 的「viewChild」方法，直接取得畫面中的元素。取得的 Signal 物件，我們直接將它的型別定義為元素參考即可（ElementRef）：

```
private robotContainer = viewChild<ElementRef>('robotContainer');
private robotCanvas = viewChild<ElementRef>('robotCanvas');
```

宣告 Three.js 的物件變數：

```
private scene!: THREE.Scene; // 場景空間
private clock!: THREE.Clock; // 時間追蹤
private camera!: THREE.PerspectiveCamera; // 透視的攝影機
private renderer!: THREE.WebGLRenderer; // 渲染器的核心
private gltfLoader!: GLTFLoader; // GLTF 讀取器
private mixer!: THREE.AnimationMixer; // 管理動畫的物件
private animationAction: THREE.AnimationAction[] = []; // 動畫類別
private css2DRenderer!: CSS2DRenderer; // 三維物體和 HTML 標籤結合渲染器
private controls!: OrbitControls; // 攝影機控制器（旋轉、縮放、平移）
```

建立場景、攝影機和光源：

```
/**
 * 產生方向光，並設定光源位置和強度
 * @param x 光源為左右位置
 * @param y 光源為上下位置
 * @param z 光源為前後位置
 * @param intensity 光源強度，預設 1
 * @returns THREE.DirectionalLight
 */
private getLight(
  x: number,
  y: number,
  z: number,
  intensity: number = 1
): THREE.DirectionalLight {
```

```
  let light = new THREE.DirectionalLight(0xffffff, intensity);
  light.position.set(x, y, z);
  light.castShadow = true;
  return light;
}

private createScene() {
  this.clock = new THREE.Clock();
  this.scene = new THREE.Scene();
  // 設定透明背景，因此這裡需要 null
  this.scene.background = null;
  // fov: 視野角度
  // aspect: 攝影機視場的寬度與高度的比例
  // near: 近裁面距離，任何距離攝影機小於 0.1 的物體都不會被渲染
  // far: 遠裁面距離，任何距離攝影機大於 1000 的物體都不會被渲染
  this.camera = new THREE.PerspectiveCamera(55, 0.7, 0.1,
1000);
  // 攝影機位置
  this.camera.position.set(0, 2, 15);
  this.camera.updateMatrix();
  // 方向光：是一種有方向性的光源
  // 前方的方向光源
  this.scene.add(this.getLight(0, 0, -1));
  // 後方加上方的方向光源
  this.scene.add(this.getLight(0, -1, 1));
  // 後方加底部的方向光源
  this.scene.add(this.getLight(0, 1, 1, 2));
  // 左側的方向光源
  this.scene.add(this.getLight(-1, 0, 0));
  // 右側的方向光源
  this.scene.add(this.getLight(1, 0, 0));
  // 環境光：注意！無陰影的光源！
  let ambientLight = new THREE.AmbientLight(0xffffff, 1);
```

```
  this.scene.add(ambientLight);
}
```

讀取 glTF 檔案的 3D 模型並設定座標、旋轉角度和動畫：

```
private createGLTF3DModel() {
  this.gltfLoader = new GLTFLoader();
  // 使用 GLTF 讀取器讀取 3D 模型
  this.gltfLoader.load(
    'assets/robot3DModel/機器人_Momo.gltf',
    (gltf: GLTF) => {
      // 設定 3D 模型座標位置
      gltf.scene.position.set(0, -5, 0);
      // 設定 3D 模型旋轉角度
      gltf.scene.rotation.y = -1.55;
      // 將模型新增到場景中
      this.scene.add(gltf.scene);
      // 管理 3D 模型的動畫
      this.mixer = new THREE.AnimationMixer(gltf.scene);
      gltf.animations.forEach((clip: THREE.AnimationClip) => {
        // 設定初始動畫
        if (/^hi_/.test(clip.name)) {
          let animation = this.mixer.clipAction(clip);
          animation.play();
          this.animationAction.push(this.mixer.clipAction(clip));
        }
      });
    },
    function (xhr) {
      console.log((xhr.loaded / xhr.total) * 100 + '% loaded');
```

```
    },
    function (error) {
      console.log(error);
    }
  );
}
```

畫面渲染：

```
private startRendering() {
  // canvas:HTMLCanvasElement
  // antialias: 抗鋸齒
  // alpha: 透明度
  this.renderer = new THREE.WebGLRenderer({
    canvas: this.robotCanvas()?.nativeElement,
    antialias: true,
    alpha: true,
  });
  // 設定輸出色彩空間
  this.renderer.outputColorSpace = THREE.SRGBColorSpace;
  // 設置透明度 0，讓場景背景透明用
  this.renderer.setClearColor(0x000000, 0);
  // 同步渲染器的像素
  this.renderer.setPixelRatio(window.devicePixelRatio);

  let thisComponent: Robot3dComponent = this;
  // 立即呼叫函式表達式 (Immediately Invoked Function Expression，縮寫 IIFE)
  (function render() {
    // Web API
    requestAnimationFrame(render);
    if (thisComponent.mixer) {
```

```
      // 根據時間差更新動畫
      const delta = thisComponent.clock.getDelta();
      thisComponent.mixer.update(delta);
    }
    thisComponent.renderer.render(thisComponent.scene, thisComponent.camera);
  })();
}
```

新增鏡頭控制器：

```
private addControls() {
  this.css2DRenderer = new CSS2DRenderer();
  this.css2DRenderer.domElement.style.position = 'absolute';
  this.css2DRenderer.domElement.style.top = '0px';
  this.css2DRenderer.domElement.style.width = '100%';
  this.css2DRenderer.domElement.style.height = '100%';
  this.robotContainer()?.nativeElement.appendChild(
    this.css2DRenderer.domElement
  );
  this.controls = new OrbitControls(
    this.camera,
    this.css2DRenderer.domElement
  );
  // 禁用縮放
  this.controls.enableZoom = false;
  // 禁用平移
  this.controls.enablePan = false;
  // 限制 y 軸旋轉角度
  this.controls.minPolarAngle = (Math.PI * 60) / 180;
  this.controls.maxPolarAngle = Math.PI / 2;
  // 限制 x 軸旋轉角度
  this.controls.minAzimuthAngle = (-Math.PI * 40) / 180;
```

```
  this.controls.maxAzimuthAngle = (Math.PI * 40) / 180;
  // 更新控制器
  this.controls.update();
}
```

貼心小提醒

3D 模型的座標、3D 模型的旋轉角度、攝影機的角度、位置和光源請依照不同 3D 模型的需求，自行調整方向。

渲染 3D 機器人：

當我們使用 Signal Queries 的 viewChild 方法取得畫面中的元素時，可以透過 effect 方法來註冊並追蹤這兩個 Signal 物件的變化，並同時確保兩個 Signal 物件的元素都取得後，才執行 3D 機器人的渲染工作，這樣就完成整個 3D 機器人的建置囉：

```
constructor() {
  effect(() => {
    if (this.robotContainer() && this.robotCanvas()) {
      // 設置場景、攝影機和光源
      this.createScene();
      // 讀取 3D 模型、設定座標、旋轉角和動畫
      this.createGLTF3DModel();
      // 畫面渲染
      this.startRendering();
      // 鏡頭控制
      this.addControls();
    }
  });
}
```

圖 3-1

3-1 小節範例程式碼：

https://mochenism.pse.is/6fmhdt

3-2

原生麥克風錄音 - Capacitor Microphone

建立錄音按鈕元件

接著，我們來建立一個新的錄音按鈕元件，用於錄製與 AI 英語口説導師互動的對話內容，以方便後續串接 Audio API 並將語音轉成文字。另外，這個按鈕除了錄音之外，我們額外多實作一個秒數計時的功能。

用 Ionic CLI 建立元件（Component）：

這裡我們一樣建立一個 Standalone Component 的元件，建立的方式都一樣，使用以下 Ionic CLI 指令即可快速建立：

```
ionic g c voicerecording --standalone
```

用 toSignal 和 toObservable 結合 RxJS 實現錄音計時功能：

我們可以使用 Angular Signals 來實現錄音功能的開關，並透過它來觸發開始計時或停止計時。首先，我們需要使用「toObservable」方法將錄音開關的 Signal 物件轉為一個 Observable，然後我們就可以用 RxJS 的方式訂閱並結合其它的 Operators 來實現計時的功能，最後再利用「toSignal」將整個 Observable 物件轉回 Signal 物件：

```
// 錄音的開關
public recordingState = signal<'init' | 'start' | 'stop'>
('init');
// 錄音計時器
```

```
public timer = toSignal(
  toObservable(this.recordingState).pipe(
    switchMap((recordingState) =>
      recordingState === 'start'
        ? interval(1000).pipe(
            // 使用 scan 累加每一秒的值，第一次累加會從 0 開始
            scan((acc) => acc + 1, 0),
            // 轉換為分鐘和秒數
            map((tick) => ({
              minutes: Math.floor(tick / 60),
              seconds: tick % 60,
            }))
          )
        : // 如果停止錄音，則發出一個重置的時間
          of({ minutes: 0, seconds: 0 })
    ),
    // 將分鐘和秒數重新 Format 成兩位數顯示
    map((timeData) => ({
      minutes: timeData.minutes.toString().padStart(2, '0'),
      seconds: timeData.seconds.toString().padStart(2, '0'),
    })),
    // 初始值
    startWith({ minutes: '00', seconds: '00' }),
    shareReplay(1)
  ),
  {
    initialValue: { minutes: '00', seconds: '00' },
  }
);
```

建立錄音按鈕元件的 HTML 樣板：

在 HTML 樣板中，使用「@if」進行邏輯判斷，並依照當下錄音開和關的狀態，分別顯示不同的樣式：

```
<div class="flex flex-col items-center">
  <div class="text-xl font-bold text-rose-500 h-8 w-full text-center">
    @if(recordingState() === 'start') {
    <span>{{ timer().minutes }} : {{ timer().seconds }}</span>
    }
  </div>
  <div class="ion-activatable relative overflow-hidden w-full h-full flex flex-col items-center rounded-full">
    @if(recordingState() === 'start') {
    <div class="rounded-full bg-gradient-to-br from-purple-300 to-blue-200 border-4 border-rose-400 flex items-center p-5"
      (click)="onStopRecording()">
      <ion-icon class="text-5xl text-rose-500" name="mic-outline"></ion-icon>
    </div>
    } @else {
    <div class="rounded-full bg-gradient-to-br from-purple-500 to-blue-400 border-4 border-gray-300 flex items-center p-5"
      (click)="onStartRecording()">
      <ion-icon class="text-5xl text-white" name="mic-outline"></ion-icon>
    </div>
    }
    <ion-ripple-effect></ion-ripple-effect>
  </div>
</div>
```

圖 3-2

實現原生麥克風錄音功能

若要在 Ionic 中使用原生麥克風進行錄音，我們必須透過 Capacitor 和原生設備進行溝通。我們可以在 Capacitor Community 或 GitHub 中尋找與麥克風或錄音有關的 Capacitor 套件。

安裝 Capacitor Micrphone 套件：

本書中所使用的錄音套件是在 GitHub 上找到的，屬於第三方製作的 Capacitor 套件，該套件截至 2024 年 5 月，可以支援到 Capacitor 6.0 版本。

首先，我們透過以下指令來安裝這個套件，需要注意！因為是 Capacitor 的套件，因此安裝完後還需要使用「sync」指令來重新同步 Android 和 iOS 專案：

```
npm install @mozartec/capacitor-microphone@6.0.0
ionic cap sync
```

> **Capacitor Microphone 第三方套件的 GitHub 位置：**
>
> https://github.com/mozartec/capacitor-microphone

Android 和 iOS 的權限管理：

我們需要針對 Android 或 iOS 系統個別設定原生麥克風錄音的權限，才能夠確保可以正確請求到權限。在 Android 的專案中，我們需要在「android\app\src\main\AndroidManifest.xml」文件裡面加入「RECORD_AUDIO」的權限（如圖 3-3 所示）：

```
<!-- 接著 INTERNET 往下加即可 -->
<!-- 錄音權限 -->
<uses-permission android:name="android.permission.RECORD_AUDIO" />
```

```
        <provider
            android:name="androidx.core.content.FileProvider"
            android:authorities="${applicationId}.fileprovider"
            android:exported="false"
            android:grantUriPermissions="true">
            <meta-data
                android:name="android.support.FILE_PROVIDER_PATHS"
                android:resource="@xml/file_paths"></meta-data>
        </provider>
    </application>

    <!-- Permissions -->

    <uses-permission android:name="android.permission.INTERNET" />

    <!-- 接著INTERNET添加即可 -->
    <!-- 錄音權限 -->
    <uses-permission android:name="android.permission.RECORD_AUDIO" />
</manifest>
```

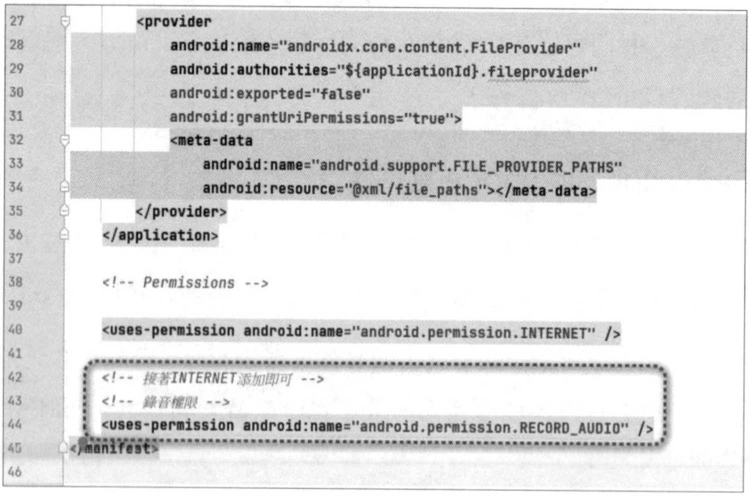

圖 3-3

對於 iOS 專案，則是在「ios\App\App\Info.plist」文件中加入「NSMicrophoneUsageDescription」的 Key 以及對應的提示訊息字串：

```
<dict>
  <key>NSMicrophoneUsageDescription</key>
  <string>需要使用麥克風的功能進行對話練習</string>
</dict>
```

在 iOS 專案中也可以透過 Xcode 直接在 Info.plist 中新增一個 Key（如圖 3-4 所示）。

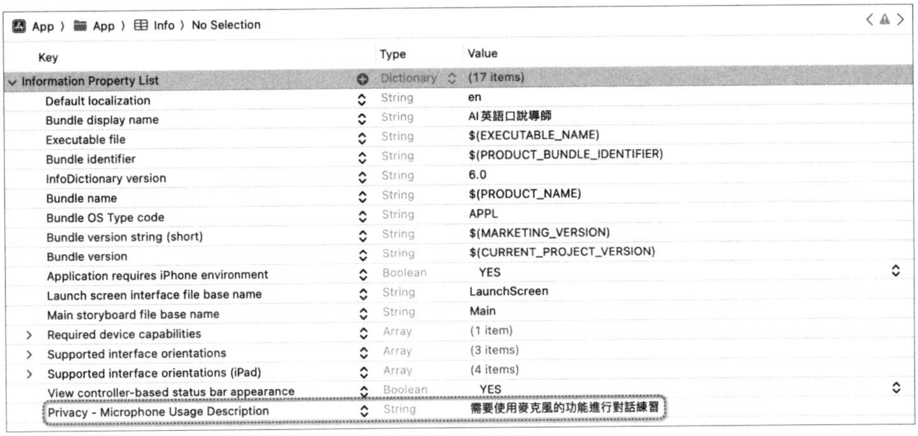

App 〉 App 〉 Info 〉 No Selection

Key	Type	Value
Information Property List	Dictionary	(17 items)
Default localization	String	en
Bundle display name	String	AI 英語口說導師
Executable file	String	$(EXECUTABLE_NAME)
Bundle identifier	String	$(PRODUCT_BUNDLE_IDENTIFIER)
InfoDictionary version	String	6.0
Bundle name	String	$(PRODUCT_NAME)
Bundle OS Type code	String	APPL
Bundle version string (short)	String	$(MARKETING_VERSION)
Bundle version	String	$(CURRENT_PROJECT_VERSION)
Application requires iPhone environment	Boolean	YES
Launch screen interface file base name	String	LaunchScreen
Main storyboard file base name	String	Main
Required device capabilities	Array	(1 item)
Supported interface orientations	Array	(3 items)
Supported interface orientations (iPad)	Array	(4 items)
View controller-based status bar appearance	Boolean	YES
Privacy - Microphone Usage Description	String	需要使用麥克風的功能進行對話練習

圖 3-4

取得原生麥克風錄音權限：

設定完成原生錄音權限後，如果要在 Android 和 iOS 上使用原生麥克風錄音，就必須動態請求相關的權限。此套件提供了一系列權限請求的方法，方便我們快速建立一個簡單的權限檢查和請求流程。當權限檢查和請求流程完成後，我們就可以使用原生錄音功能了：

```
public async checkAndRequestPermissionAsync(): Promise<boolean> {
  const checkPermissionResult = await Microphone.checkPermissions();
  // 如果已經有權限，直接返回 true
  if (checkPermissionResult.microphone === 'granted') return true;
  // 如果沒有權限，則請求權限
  const requestPermissionResult = await Microphone.requestPermissions();
  if (requestPermissionResult.microphone === 'granted') {
    return true;
  } else {
    return false;
  }
}
// 開始錄音
public async onStartRecording() {
  const hasPermission = await this.checkAndRequestPermissionAsync();
  if (hasPermission) {
    this.recordingState.set('start');
  } else {
    alert('錄音權限未開啟');
  }
}
// 停止錄音
public onStopRecording() {
  this.recordingState.set('stop');
}
```

圖 3-5

透過 Angular Signals 來啟動或關閉原生麥克風錄音：

我們可以利用 Angular Signals 的「effect」方法來註冊並追蹤錄音開關的訊號，並決定是否啟動或停止原生麥克風錄音的功能。錄音開關的 Signal 物件包含三種狀態：「init」、「start」和「stop」。由於 effect 在初始化時一定會執行一次，因此 init 狀態可以確保我們成功綁定錄音開關的 Signal 物件到這個 effect 中，而且也不會在初始化時就觸發原生麥克風錄音的功能。

接下來，只要按下錄音按鈕，effect 方法就會得到 Signal 物件的變化，並依照當下的狀態自動啟動或關閉麥克風錄音：

```
constructor() {
  effect(async () => {
    // 判斷是否啟動錄音
```

```
    if (this.recordingState() === 'start') {
      Microphone.startRecording();
    } else if (this.recordingState() === 'stop') {
      const recordResult = await Microphone.stopRecording();
      alert(recordResult.base64String);
    }
  });
}
```

取得錄音結果：

在停止麥克風錄音的方法執行後，會回傳一個「AudioRecording」物件。這裡簡單介紹一下這個回傳物件中的屬性：

AudioRecording 物件：

屬性	功能描述
base64String	以 Base64 編碼字串顯示的錄音檔案。
dataUrl	以「data:audio/aac;base64」為開頭的 URL 加上 Base64 編碼字串的錄音檔案。
path	錄音檔案的暫存位置。若要使用實體檔案，可以透過 Capacitor 提供的 FileSystem 套件來操作檔案。
webPath	這個路徑可以直接設定在如 <audio> 元素中的 src 屬性，方便我們在實體機中進行測試。
duration	錄音檔案的錄音時間，以毫秒為單位。
format	錄音檔案的副檔名，固定是「.m4a」。
mimeType	錄音的編碼格式，固定是「audio/aac」。在 iOS 上使用「kAudioFormatMPEG4AAC」，而 Android 使用「MPEG_4 / AAC」。

在稍後的章節中，我們只會使用「base64String」屬性取得錄音檔案的字串，這裡有興趣的讀者們可以先使用「alert」方法來快速查看 Base64 編碼的輸出結果：

```
alert(recordResult.base64String);
```

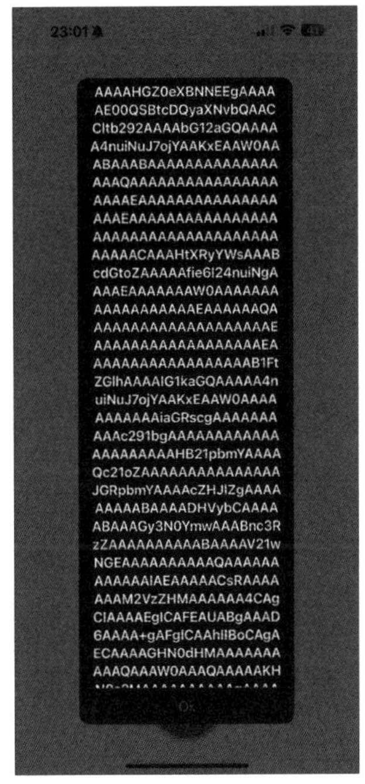

⓿ 圖 3-6

3-2 小節範例程式碼：

https://mochenism.pse.is/6fmhek

3-3

實現長按錄音功能 - Ionic Gesture 元件介紹

什麼是 Ionic Gesture？

在原生的 Android 和 iOS 系統上，有許多不同的手勢可以使用，例如「Tap」、「Pan」、「Long Press」、「Swipe」和「Pinch」。在 Ionic 中，我們可以透過「Ionic Gesture」來實現這些手勢操作。Ionic Gesture 的目的是希望以最簡單和快速的方式，在跨平台應用程式中建立和管理這些手勢功能。

Ionic Gesture 使用方式和 Config 設定

我們可以透過 Angular 的依賴注入（Dependency Injection）來使用 Ionic Gesture。首先，在建構式中注入一個「GestureController」，接著就可以使用該 GetstureController 的「create」方法來建立一個全新的手勢。在建立時，可以傳遞「opts」和「runInsideAngularZone」兩個參數：

```
import { Gesture, GestureController } from '@ionic/angular';
constructor(private gestureCtrl: GestureController) {
  const gesture: Gesture = this.gestureCtrl.Create({...}, true);
}
```

Create 方法：

屬性	功能描述
Opts	設定 GestureConfig 物件，用於手勢的基本設定與事件觸發等。
runInsideAngularZone	設定是否在 Angular Zone.js 中執行。預設情況下，手勢事件不會在 Angular Zone.js 的內部執行。

GestureConfig 物件：

屬性	功能描述
el	指定要執行手勢的元素。
disableScroll	是否關閉該元素中的滑動功能，預設為 False。如果手勢的元素可以上下左右滑動，可以使用這個設定在啟動手勢時將滑動功能暫時關閉。
direction	限制手勢觸發的方向，可以使用「x 軸」、「y 軸」和「undefined」，預設為 x 軸。
gestureName	手勢的名稱。
gesturePriority	手勢的優先順序，預設為 0。設定優先順序可以確保多個手勢之間不會互相衝突。
passive	是否執行取消預設行為（preventDefault），當設定為 True 時，就不會呼叫 preventDefault 事件，預設為 True。
maxAngle	啟動條件:用於偵測手勢所允許的最大角度，預設角度為 40 度。
threshold	啟動條件：用於偵測手勢所需移動的最小距離，預設值為 10。
canStart	啟動條件：設定一個 Callback 方法，用於判斷是否可以執行該手勢。
onWillStart	當手勢正式執行前會執行的 Callback 方法。

屬性	功能描述
onStart	當手勢開始動作的 Callback 方法。
onMove	當偵測到手勢移動時的 Callback 方法。
onEnd	當手勢結束動作時的 Callback 方法。
notCaptured	當手勢沒有被執行時的 Callback 方法。

每一個 Callback 方法中的 GestureDetail 物件：

屬性	功能描述
type	偵測到的手勢類型。例如在畫面中拖動時就是「pan」。
startX	啟動手勢的起始 x 軸座標。
startY	啟動手勢的起始 y 軸座標。
startTimeStamp	啟動手勢時的時間戳記。
currentX	手勢移動時的當前 x 軸座標。
currentY	手勢移動時的當前 y 軸座標。
velocityX	手勢移動時在 x 軸座標上的移動速度。
velocitY	手勢移動時在 y 軸座標上的移動速度。
deltaX	從啟動手勢到目前為止，在 x 軸座標上總共移動了多少距離。
deltaY	從啟動手勢到目前為止，在 y 軸座標上總共移動了多少距離。
timestamp	手勢當前的時間戳記。
event	原生事件。
data	設定手勢的 metadata 詮釋資料。

建立和啟用長按手勢

用 Signal Queries 的 viewChild 取得按鈕元素：

建立手勢之前，先將錄音按鈕元件中原本的開始錄音和停止錄音按鈕事件都刪除，這些事件將改由手勢來觸發。接著，我們需要取得要實現手勢的元素。首先，在錄音按鈕元件中的按鈕設定一個樣板引用變數（Template Reference Variables），然後透過「viewChild」方法取得該元素的 Signal 物件，最後在「effect」方法中註冊並追蹤它的變化以取得實現手勢的元素：

```
// HTML:
<div #recordingButton
  class="ion-activatable relative overflow-hidden w-full
h-full flex flex-col items-center rounded-full">
…
</div>

// TypeScript:
// 取得錄音按鈕的元素
private recordingButton = viewChild<ElementRef>(
'recordingButton');
constructor(private gestureCtrl: GestureController) {
  effect(async () => {
    // 判斷是否啟動錄音
    ...
  });
  effect(() => {
    // 判斷元素是否初始化完成
    if(this.recordingButton()) {
    }
  });
}
```

建立長按手勢：

當取得按鈕元素後，就可以建立手勢並啟用。我們還需要先取得麥克風錄音的權限，並將結果作為是否可以啟用手勢的條件。這樣就完成長按手勢的實作了：

```
// 長按手勢
private longPressGesture!: Gesture;
constructor(private gestureCtrl: GestureController) {
  ...
  effect(async () => {
    if (this.recordingButton()) {
      // 檢查並請求權限
      const hasPermission = await this.checkAndRequestPermissionAsync();
      // 建立長按手勢
      this.longPressGesture = this.gestureCtrl.create(
        {
          el: this.recordingButton()?.nativeElement, // 取得錄音按鈕的元素
          gestureName: 'LongPressGesture', // 長按手勢名稱
          threshold: 0, // 觸發手勢的距離，0 表示不需要移動就觸發
          canStart: (ev: GestureDetail) => hasPermission, // 是否可以開始手勢
          onStart: (ev: GestureDetail) => {
            this.recordingState.set('start');
          }, // 開始手勢
          onEnd: (ev: GestureDetail) => {
            this.recordingState.set('stop');
          }, // 結束手勢
        },
        true
      );
```

```
        this.longPressGesture.enable(); // 啟用長按手勢
    }
  });
}
```

3-3 小節範例程式碼：

https://mochenism.pse.is/6fmhg7

3-4 

實現錄音時的動畫 - Ionic Animation 元件介紹

什麼是 Ionic Animation？

隨著現代應用程式的發展，動畫已成為提升使用者體驗的重要元素之一。不管是按鈕按下的效果或是轉場動畫，都能夠讓應用程式更加生動有趣。不過，由於 Ionic 是跨平台的，因此要確保這些動畫在 Android、iOS 甚至是各種不同的瀏覽器中都能有一致的效果和性能，對開發者來說是一大課題。而 Ionic Animation 就是專門用來解決這些問題的工具。

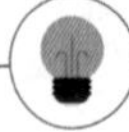

貼心小提醒

Ionic Animation 的底層利用 Web Animations API，這不僅可以確保動畫的流暢性，對性能的影響也相對較小。不過，如果使用的設備不支援 Web Animations API，Ionic Animation 就會自動退回使用 CSS Animation。

Ionic Animation 的使用方式

Ionic Animation 的基本使用方式和 Ionic Gesture 一樣，都是透過 Angular 的依賴注入（Dependency Injection）注入一個「AnimationController」，並且使用「create」方法建立動畫物件：

```
import { AnimationController } from '@ionic/angular';
constructor(private animationCtrl: AnimationController) {
  const animation: Animation = this.animationCtrl.Create();
}
```

Animation 物件中的方法：

由於 Animation 物件中的方法非常多，因此這裡只會介紹幾個常用的。在 Animation 物件中，大部分的方法都會直接回傳 Animation 物件，因此我們可以透過方法鏈（Method Chaining）的方式將這些動畫的設定依序串連起來使用。

方法	功能描述
addElement (el: Element | Element[] | Node | Node[] | NodeList): Animation	為一個或多個元素新增動畫。
delay (delay: number | undefined): Animation	設定動畫的延遲時間，delay 參數以毫秒為單位。

方法	功能描述
duration (duration: number | undefined): Animation	設定動畫的持續時間，duration 參數以毫秒為單位。
from (property: string, value: string | number): Animation	設定動畫開始時的樣式。
to (property: string, value: string | number): Animation	設定動畫結束時的樣式。
fromTo (property: string, fromValue: string | number, toValue: string | number): Animation	設定動畫開始和結束時的樣式，實際上就是將 from 和 to 的方法組合在一起。
iterations (iterations: number): Animation	設定重播次數。可以使用「Infinity」來表示無限次重播動畫。
keyframes(keyframes: AnimationKeyFrames): Animation	設定影格動畫，需要傳遞一個 AnimationKeyFrames 物件。這個概念類似於 CSS 的 @keyframes。
play(opts?: AnimationPlayOptions): Promise<void>	播放動畫。
pause (): void;	暫停動畫。
stop	停止動畫並將所有元素重置到初始狀態。

AnimationKeyFrames 物件：

我們從 Source Code 中可以看到 AnimationKeyFrames 有兩種 TypeScript 型別，分別是「AnimationKeyFrameEdge」和「AnimationKeyFrame」：

```
export type AnimationKeyFrames = [AnimationKeyFrameEdge,
AnimationKeyFrameEdge] | AnimationKeyFrame[];
```

這兩個型別只差在有無「offset」這個屬性。offset 用於設定動畫中的每一個關鍵影格（Keyframes），該值可以設定在 0（動畫開始）到 1（動畫結束）之間。如果沒有設定 offset，就表示只有開始和結束兩個動畫，因此在 keyframes 方法中有兩種寫法：

```
// AnimationKeyFrameEdge 表示開始和結束的動畫
.keyframes([
  { transform: 'scale(0.9)', opacity: '1' },
  { transform: 'scale(1.2)', opacity: '0.5' },
])
// AnimationKeyFrame 可以設定從 0 到 1 之間動畫中的所有關鍵影格。
.keyframes([
  { offset: 0, transform: 'scale(0.9)', opacity: '1' },
  { offset: 0.5, transform: 'scale(1.2)', opacity: '0.5' },
  { offset: 1, transform: 'scale(0.9)', opacity: '1' },
])
```

AnimationPlayOptions 物件：

屬性	功能描述
sync	是否以同步方式播放動畫。

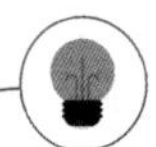

貼心小提醒

透過 AnimationController 建立的 Animation 物件都是來自於「@ionic/angular」。

Ionic Animation 中的 Animation 物件方法介紹：

https://ionicframework.com/docs/utilities/animations#methods

替錄音時的按鈕新增放大和縮小動畫

我們在 effect 方法中取得錄音按鈕的元素後，就可以使用 Ionic Animation 建立一個放大縮小的動畫，並在「addElement」方法中指定錄音按鈕元素。由於這個動畫需要無限循環播放直到錄音結束，我們可以在「iterations」方法中，直接指定「Infinity」來表示無限循環：

```
// 放大縮小動畫
private scalingAnimation!: Animation;
...
effect(async () => {
  if (this.recordingButton()) {
    // 建立放大縮小動畫
    this.scalingAnimation = this.animationCtrl
      .create()
      .addElement(this.recordingButton()!.nativeElement)
      .duration(1200)
      .iterations(Infinity)
      .keyframes([
        { offset: 0, transform: 'scale(0.9)', opacity: '1' },
        { offset: 0.5, transform: 'scale(1.2)', opacity: '0.5' },
        { offset: 1, transform: 'scale(0.9)', opacity: '1' },
      ]);
    ...
  }
});
}
```

動畫建立完成後，就可以在判斷錄音是否啟動的 effect 方法中控制動畫的播放與停止。這樣就完成了錄音時的按鈕動畫了：

```
effect(async () => {
  // 判斷是否啟動錄音
  if (this.recordingState() === 'start') {
    // 開始放大縮小動畫
    this.scalingAnimation.play();
    // 開始錄音
    Microphone.startRecording();
  } else if (this.recordingState() === 'stop') {
    // 停止放大縮小動畫
    this.scalingAnimation.stop();
    // 停止錄音
    const recordResult = await Microphone.stopRecording();
    alert(recordResult.base64String);
  }
});
```

圖 3-7

3-4 小節範例程式碼：

https://mochenism.pse.is/6fmhhj

3-5 為錄音按鈕加上觸覺震動反饋 – Capacitor Haptic

為什麼要用觸覺震動反饋（Haptic Feedback）？

觸覺震動反饋（Haptic Feedback）是指透過物理震動來增加使用者與設備的互動體驗。現在多數的觸控螢幕設備在缺乏實體鍵盤的情況下，觸覺震動反饋可以模擬鍵盤按下時的回饋感，讓使用者確定自己的操作已被執行。同時，按下時的震動回饋能大大減少誤按的情況。現在多數的行動裝置都支援這個功能。

雖然前面章節中，我們替錄音按鈕加上了動畫，但光有動畫還不夠。我們還希望藉由觸覺震動反饋，讓使用者在按下錄音按鈕和結束錄音時，用微微的物理震動明確告訴使用者錄音的開始和結束，進一步加強應用程式的互動感。

實現觸覺震動反饋

和錄音套件一樣，要在 Ionic 中使用 Haptic 需要透過 Capacitor 與原生設備進行溝通。而 Capacitor 官方預設就有一個 Haptic 的套件可以使用。

安裝 Capacitor Haptics 套件：

```
npm install @capacitor/haptics
ionic cap sync
```

> **Capacitor Haptics 套件介紹：**
>
> https://capacitorjs.com/docs/apis/haptics

使用 Haptic 的方式：

要使用 Haptic 不需要額外請求權限，而且會用到的方法也就幾個而已，使用上相比錄音功能簡單很多：

```
1.  import { Haptics, ImpactStyle } from '@capacitor/haptics';
2.  Haptics.impact({ style: ImpactStyle.Heavy });
3.  Haptics.vibrate({ duration: 3000 });
```

Haptic 方法：

方法	功能描述
impact(options?: ImpactOptions): Promise<void>	這個方法會觸發一個短暫的震動，可以透過參數設定震動的力道。
vibrate(options?: VibrateOptions): Promise<void>;	這個方法會觸發一次長時間的震動，震動的秒數可以透過傳遞的參數設定。

impactOptions 物件：

屬性	功能描述
style	震動的力道。這是一個 ImpactStyle 型別，目前有三種力道可以設定：「Heavy」、「Medium」和「Light」。

VibrateOptions 物件：

屬性	功能描述
duration	設定長震動的時間，以毫秒為單位，預設值是 300。

在錄音開始和結束時觸發震動

在判斷錄音是否啟動的 effect 方法中，只要錄音狀態不是「init」的初始化狀態，都會觸發震動。因此，我們可以簡單的判斷錄音狀態，並加入 Haptic 的「Impact」方法，執行力道為「Heavy」的觸覺震動反饋，這樣就完成觸覺震動反饋的功能了：

```
effect(async () => {
  // 每一次的錄音狀態改變，都會震動
  if (this.recordingState() !== 'init') {
    // 震動
    Haptics.impact({ style: ImpactStyle.Heavy })
  }
  ...
});
```

貼心小提醒

觸覺震動反饋功能必須要在實體機上才能進行測試，非常推薦讀者們親自嘗試和實作，並體驗「Heavy」、「Medium」和「Light」這三種不同震動程度帶來的觸覺震動反饋哦！

3-5 小節範例程式碼：

https://mochenism.pse.is/6fmhjj

3-6 將錄音結果轉為文字 - Audio API 實戰

確認錄音檔案副檔名與編碼格式

在完成錄音按鈕的所有互動功能後，就可以來測試錄音檔案是否可以透過 Audio API 正確地將語音轉為文字。整個流程如下：先將 Base64 編碼的錄音檔案轉成 Blob 物件，並放入 FormData 之中，最後經由 Audio API 來取得語音轉文字的結果。

在第二章節中，我們介紹了 Audio API 的使用方式。它的 Request Body 中必須夾帶一個音訊檔案。截至 2024 年 5 月，音訊檔案的格式限制只能使用：「mp3」、「mp4」、「mpeg」、「mpga」、「m4a」、「wav」和「webm」。

而本書中所使用的Capacitor Microphone套件輸出的檔案格式正好為「m4a」，該套件的GitHub文件也有說明表示輸出的錄音檔案格式為「.m4a」，音訊的編碼格式則是「audio/aac」。另外，我們也可以使用 AudioRecording 物件中的「format」(如圖 3-8 所示) 和「mimeType」(如圖 3-9 所示) 屬性來進行簡單的驗證：

```
// 停止錄音
const recordResult = await Microphone.stopRecording();
// 查詢錄音檔案的副檔名
alert(recordResult.format);
// 查詢錄音檔案的編碼格式
alert(recordResult.mimeType);
```

圖 3-8

圖 3-9

貼心小提醒

當時參加鐵人賽時，所使用的 Capacitor 套件輸出的副檔名為「.aac」。雖然編碼格式都是「audio/aac」，但因為副檔名不符合 Audio API 所規定的格式，又因為輸出的 Base64 編碼錄音檔案的副檔名已經固定了，所以即使將它轉為其他的副檔名也沒有用。因此，當時的解決方案必須透過一個帶有 FFmpeg 轉檔功能的 API 經過轉檔後，才可以正常的串接 Audio API。

建立錄音完成事件 OutputEmitterRef

首先，我們需要先建立一個可以將錄音結果「AudioRecording」物件發送到父元件的事件，好讓錄音和 API 的串接兩件事情分開。這裡使用的是 Angular 的「output」方法，它會回傳一個 OutputEmitterRef 物件：

```
// 錄音完成事件
public voiceRecordFinished = output<AudioRecording>();
```

在錄音完成時，將取得的 AudioRecording 物件，透過這個 OutputEmitterRef 發送出去：

```
effect(async () => {
  // 判斷是否啟動錄音
  if (this.recordingState() === 'start') {
    ...
  } else if (this.recordingState() === 'stop') {
    ...
    // 停止錄音
    const recordResult = await Microphone.stopRecording();
    // 發送錄音完成事件
    this.voiceRecordFinished.emit(recordResult);
```

```
  }
});
```

然後，我們在父元件中，就可以使用 Angular 事件繫結（Event Binding）來綁定 voiceRecordFinished 事件：

```
<!-- 錄音按鈕 -->
<app-voicerecording (voiceRecordFinished)="onVoiceRecordFinished($event)"></app-voicerecording>
```

將 Base64 編碼的錄音檔案字串轉成 Blob 物件

確認錄音檔案的格式後，我們就可以直接將 Base64 編碼轉成 Blob 物件。這個步驟只需要建立一個簡單的 JavaScript 方法進行轉換即可：

```
private convertBase64ToBlob(base64: string, contentType: string): Blob {
  const byteCharacters = atob(base64);
  const byteNumbers = new Array(byteCharacters.length);
  for (let i = 0; i < byteCharacters.length; i++) {
    byteNumbers[i] = byteCharacters.charCodeAt(i);
  }
  const byteArray = new Uint8Array(byteNumbers);
  return new Blob([byteArray], { type: contentType });
}
```

串接 Audio API

串接 API 需要透過 HTTP 協定與伺服器進行溝通。在 Angular 中，我們可以使用 HttpClient 服務來達成。

註冊 HttpClient：

如果建立 Ionic 專案時選擇使用 Angular 的 Standalone Components 的話，就可以直接在 bootstrapApplication 的「providers」中加入「provideHttpClient」即可使用 HttpClient 服務：

```
bootstrapApplication(AppComponent, {
  providers: [
    { provide: RouteReuseStrategy, useClass: IonicRouteStrategy },
    provideIonicAngular(),
    provideRouter(routes),
    provideHttpClient(), // 加入 HttpClient 的提供者
  ],
});
```

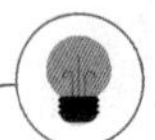

貼心小提醒

如果建立 Ionic 專案時選擇的是 Angular 的 NgModule，在使用上就是匯入「HttpClientModule」。

注入 HttpClient 服務：

要在元件中使用 HttpClient 服務，都是透過依賴注入（Dependency Injection）的方式，在建構式中注入服務。以下是範例：

```
constructor(private httpClient: HttpClient) {}
```

定義 Audio API Response 資料模型：

在第二章中有提到，Audio API 會回傳一個包含「text」屬性的物件。為了能處理從 Audio API 回傳的數據，我們需要先定義一個資料模型。這個模型將描述 Audio API 回應的資料結構：

```
export interface AudioResponseModel {
  text: string;
}
```

建立 Audio API 串接方法：

取得錄音 AudioRecording 物件後，就可以將它轉換成 Blob 物件，並依照第二章介紹的 Audio API 使用方式，透過 HttpClient 發送一個 FormData 到 Audio API 中，就可以順利取得轉換後的實際文字：

```
public onVoiceRecordFinished(audioRecording: AudioRecording) {
  // 串接 Audio API
  const blob = this.convertBase64ToBlob(
    audioRecording.base64String ?? '',
    audioRecording.mimeType ?? 'audio/aac'
  );
  const formData = new FormData();
  formData.append('file', blob, `audio${audioRecording.format
?? '.m4a'}`);
  formData.append('model', 'whisper-1');
  formData.append('language', 'en');
  this.httpClient
    .post<AudioResponseModel>(
      'https://api.openai.com/v1/audio/transcriptions',
      formData,
      {
```

```
        headers: {
          Authorization: 'Bearer {YOUR API KEY}',
        },
      }
    )
    .subscribe((response) => {
      alert(response.text);
    });
}
```

圖 3-10

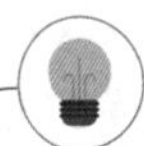

貼心小提醒

在使用 Audio API 時，請務必使用「language」參數來增加轉換後的精準度哦！

3-6 小節範例程式碼：

https://mochenism.pse.is/6fmhpw

3-7

API 讀取狀態和動畫 - HttpInterceptor 實戰 1

建立狀態管理服務

在成功串接 Audio API 後，讀者們可能會發現一個小問題，就是當我們在等待 API 回傳時，會有一小段等待時間。如果這段時間沒有給使用者任何提示，使用者可能會誤以為程式有問題或壞掉了。因此，為了提升使用者體驗，我們可以在等待 API 回傳時加入一個讀取動畫，提醒使用者程式還在執行，請稍等片刻。

用 Ionic CLI 建立服務（Service）：

首先，我們需要建立一個服務（Angular Service）用於管理應用程式中的所有狀態。建立服務也是使用 Ionic CLI 指令：

```
ionic g s status
```

用 Angular Signal 來管理讀取的狀態：

接下來，在此服務中我們也是使用 Angular Signals 來管理讀取狀態。這個 loadingState 是透過「computed」方法建立的，它會註冊並追蹤 loadingCount 的值並計算 loadingCount 的數量，然後回傳一個布林值。這樣就可以在任何 API 請求中改變讀取狀態，並在需要的時候顯示讀取動畫：

```
// 讀取數量
private loadingCount = signal<number>(0);
// 讀取狀態
public loadingState = computed(() => this.loadingCount() > 0);
public loadingOn() {
  this.loadingCount.update((count) => count + 1);
}
public loadingOff() {
  this.loadingCount.update((count) => (count === 0 ? 0 :
count - 1));
}
```

用 HttpInterceptor 來控制讀取狀態

HttpInterceptor 是 HttpClient 在發出 Http 請求或回應時的中間件，它讓我們可以新增或修改這些送出的請求或回應。例如：自訂 Http Header（加入 Authorization）、回應處理、例外處理和記錄 Log 等。在這裡，我們則是要用在請求發出的時候啟動讀取狀態，並在接收到回應後關閉讀取狀態。

建立 Functional HttpInterceptor：

在較早期的 Angular 版本中，HttpInterceptor 必須在服務（Service）中實作 HttpInterceptor 的介面。而現在，我們只需要使用「Functional」的方式，並回傳一個 HttpInterceptorFn，整體來說簡化了不少：

```
export const loadingHttpInterceptor: HttpInterceptorFn = (
  req: HttpRequest<unknown>,
  next: HttpHandlerFn
): Observable<HttpEvent<unknown>> => {
  const statusService = inject(StatusService);
  statusService.loadingOn();
  return next(req).pipe(
    finalize(() => {
      sttusService.loadingOff();
    })
  );
};
```

貼心小提醒

在以前服務的寫法中，可以透過依賴注入（Dependency Injection）在 HttpInterceptor 服務中使用其他服務。現在使用 Functional 的方式時，如果要用到其他服務，則可以透過「inject」方法來取得服務。

為 HttpClient 加入 HttpInterceptor：

我們要將剛才建立的 HttpInterceptor 加入到 Angular 的 HttpClient 中。當我們使用 Functional 的方式建立 HttpInterceptor 時，需要透過「withInterceptors」方法。它需要傳遞一個型別為 HttpInterceptorFn 的陣列參數，在這個陣列中我們可以定義多組不同的 HttpInterceptor。最後，將設定好的 withInterceptors 加入到「provideHttpClient」中就完成了：

```
bootstrapApplication(AppComponent, {
  providers: [
    { provide: RouteReuseStrategy, useClass: IonicRouteStrategy },
    provideIonicAngular(),
```

```
    provideRouter(routes),
    provideHttpClient(
      withInterceptors([loadingHttpInterceptr]) // 加入攔截器
    ), // 加入 HttpClient 的提供者
  ],
});
```

貼心小提醒

在舊版中，我們需要透過「providers: []」的方式來注入 HttpInterceptor，例如：「{ provide: HTTP_INTERCEPTORS, useClass: LoadingHttpInterceptor }」。當有多組 HttpInterceptors 時，每一個都要寫一次「multi: true」，在撰寫上可以說非常麻煩，例如：「{ provide: HTTP_INTERCEPTORS, useClass: LoadingHttpInterceptor, multi: true }」。而使用 withInterceptors 除了比較簡單，也讓整個程式碼乾淨許多。

在錄音按鈕元件中註冊並追蹤讀取狀態並控制手勢開關

完成狀態管理服務後，我們就可以在錄音按鈕元件中註冊並追蹤讀取狀態的 Signal 物件，並根據讀取狀態來控制按鈕的啟動和關閉，防止在讀取過程中發生其他操作：

```
// 讀取狀態
public loadingState = this.statusService.loadingState;
constructor(
  ...
  private statusService: StatusService
) {
  effect(() => {
    if (this.loadingState()) {
      this.longPressGesture?.enable(false);
```

```
    } else {
      this.longPressGesture?.enable();
    }
  });
  ...
}
```

在錄音按鈕元件中加入讀取畫面

接著我們需要在錄音按鈕元件中加入讀取的動畫，當讀取狀態改變時顯示這些動畫，以提示使用者請求正在處理中：

```
@if(recordingState() === 'start') {
<div class="rounded-full bg-gradient-to-br from-purple-300 to-blue-200 border-4 border-rose-400 flex items-center p-5">
  <ion-icon class="text-5xl text-rose-500" name="mic-outline"></ion-icon>
</div>
} @else {
  @if(loadingState()) {
  <div class="rounded-full bg-gradient-to-br from-gray-300 to-gray-200 border-4 border-gray-100 flex items-center p-5">
    <span class="loader"></span>
  </div>
  } @else {
  <div class="rounded-full bg-gradient-to-br from-purple-500 to-blue-400 border-4 border-gray-300 flex items-center p-5">
    <ion-icon class="text-5xl textwhite" name="mic-outline"></ion-icon>
  </div>
  }
}
```

貼心小提醒

CSS 動畫因為篇幅的關係，就不呈現完整的程式碼，有興趣的讀者們可以到 GitHub 上的專案中查看。

最後，當我們發送 Audio API 請求時，由於 HttpInterceptor 幫我們管理了讀取狀態，因此我們不需要在 API 呼叫時，再自行呼叫開啟和關閉讀取畫面。另外，透過 Angular Signals，讀取動畫就會因應狀態的改變而自動顯示和隱藏囉！

圖 3-11

3-7 小節範例程式碼：

https://mochenism.pse.is/6fmhqn

3-8

攔截器的進階使用技巧 - HttpInterceptor 實戰 2

重新思考 HttpClient 請求：如何利用 HttpInterceptor 簡化 Header 設置

在這個章節中，我們將介紹一些 HttpInterceptor 的進階使用技巧，以提升開發速度和效能。首先，回想一下我們在前面的章節中串接 Audio API 的方式：

```
this.httpClient
  .post<AudioResponseModel>(
    'https://api.openai.com/v1/audio/transcriptions',
    formData,
    {
      headers: {
        Authorization: 'Bearer {YOUR API KEY}',
      },
    }
  )
  .subscribe((response) => {
    alert(response.text);
  });
```

然後我們來思考一下，在接下來的章節中，我們將會和 Assistants API 中的各個不同 API 進行請求。如果每一次使用 API 都要像串接 Audio API 一樣，重複寫相同的 Header，如果有 100 個 API 要請求，Header 不就要寫 100 次嗎？

光是想像就覺得累死人，更不用說真的寫下去和後續的維護會有什麼後果。而 HttpInterceptor 就可以解決這個問題，利用 HttpInterceptor，我們可以在每次 HTTP 請求時自動處理一些常見的任務，這樣可以減少重複程式碼，提升開發效率。

善用 HttpInterceptor 提升開發速度

自動加入 API Key：

在接下來的章節中，將會開始串接 Assistants API 的各種功能，因此，首先建立的，就是一個能夠專門幫我們在 Header 中加入 Authorization 驗證 API Key 的 HttpInterceptor：

```
export const bearerTokenHttpInterceptor: HttpInterceptorFn = (
  req: HttpRequest<unknown>,
  next: HttpHandlerFn
): Observable<HttpEvent<unknown>> => {
  return next(
    req.clone({
      headers: req.headers.set(
        'authorization',
        `Berer ${environment.openAIAPIKey}`
      ),
    })
  );
};
```

貼心小提醒

正常來說，用於請求的 Token 都具有時效限制，因此我們可以使用 Inject 的方式，從任何服務或是 Storage 功能中取得具有時效的 Token 來加入到 Header 之中。但是這裡使用的是 OpenAI API Key，它並沒有任何的時效性。本書的範例程式碼是用於學習開發和測試，所以為了方便將 API Key 以環境變數的方式儲存。但在實際的公開環境中，請不要將 OpenAI 的 API Key 直接寫在前端，以避免被有心人盜用。

自訂 Header：

使用 Assistants API 時，必須在 Header 中加入「OpenAI-Beta」的欄位。在這些 API 端點中，除了新增、修改、刪除 Assistant 物件使用的是「https://api.openai.com/v1/assistants」這個端點外，其餘使用到的如 Thread 物件、Message 物件和 Run 物件，都是 Thread API「https://api.openai.com/v1/threads」底下的子路徑。因此，我們只需要透過正則表達式來過濾出開頭是「threads」的路徑，並替這些請求加上這個欄位即可，其餘路徑則直接略過：

```
export const openAIBetaHeaderHttpInterceptor: HttpInterceptorFn = (
  req: HttpRequest<unknown>,
  next: HttpHandlerFn
): Observable<HttpEvent<unknown>> => {
  if (/^(threads)/.test(req.url)) {
    return next(
      req.clone({
        headers: req.headers.set('OpenAI-Beta', 'assistants=v2'),
      })
    );
  }
  return next(req);
};
```

統一處理 API 的 Base URL：

每次使用 HttpClient 都要輸入完整的路徑實在很麻煩。我們可以加上 HttpInterceptor 來幫我們加上 Base URL，這樣一來，當我們使用 HttpClient 請求時，就不需要每次都寫完整的路徑，只需要寫相對路徑即可：

```
export const openAIBaseURLHttpInterceptor: HttpInterceptorFn = (
  req: HttpRequest<unknown>,
  next: HttpHandlerFn
): Observable<HttpEvent<unknown>> => {
  return next(
    req.clone({
      url: 'https://api.openai.com/v1/' + req.url,
    })
  );
};
```

設定多組 HttpInterceptor

完成了以上的 HttpInterceptor 後，我們可直接將它們加到「withInterceptors」方法中：

```
provideHttpClient(
  withInterceptors([
    loadingHttpInterceptor,
    bearerTokenHttpInterceptor,
    openAIBetaHeaderHttpInterceptor,
    openAIURLHttpInterceptor,
  ]) // 加入攔截器
), // 加入 HttpClient 的提供者
```

設定完成後，原本的 Audio API 就可以稍作調整，如下所示，我們可以看到程式碼整體變得更簡潔有力：

```
this.httpClient
  .post<AudioResponseModel>('audio/transcriptions', formData)
  .subscribe((response) => {
    alert(response.text);
  });
```

HttpInterceptor 的攔截順序

當我們設定完 withInterceptors 後，HttpInterceptor 的執行順序基本上就是依照陣列中的順序而定。執行的順序會影響到請求和回應的結構。例如，如果我們將「openAIURL」擺在「openAIBetaHeader」之前，Assistants API 送出時 Header 中就不會加到 OpenAI-Beta 的欄位，導致請求失敗，因為 openAIBetaHeader 過濾的是開頭為 threads 的路徑，但如果先把 Base URL 加到 URL 中，開頭就永遠不是 threads。

使用上，讀者們還需要注意：「傳送請求」和「取得回應」時的方向是「相反的」（如圖 3-12 所示）。另外，在所有 HttpInterceptor 中，最後一定會經過一個「HttpBackend」，它是 HttpClient 底層預設的 HttpInterceptor，用來處理與伺服器的溝通。

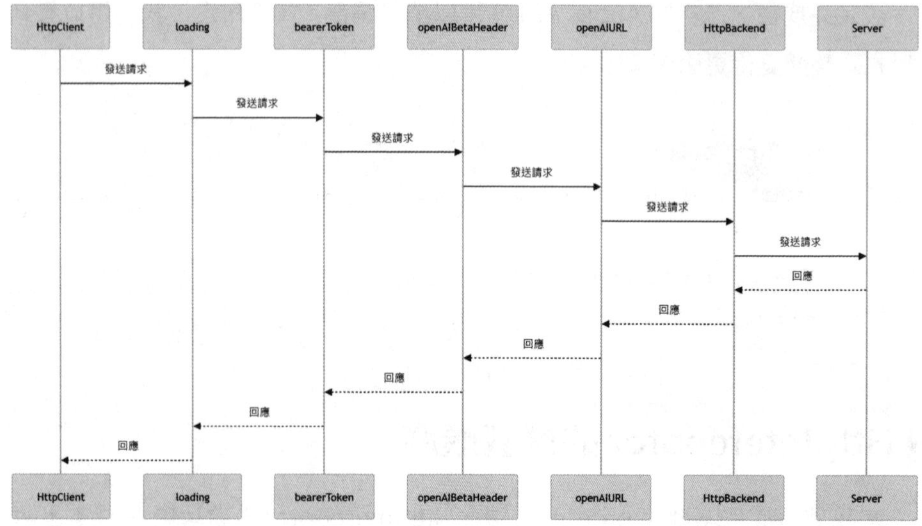

⊙ 圖 3-12

> **HttpBackend 官方說明文件：**
>
> https://angular.dev/api/common/http/HttpBackend?tab=api

> **3-8 小節範例程式碼：**
>
> https://mochenism.pse.is/6fmhrj

CHAPTER

4

實現AI英語口說導師「對話」和「語音」的核心

→ChatGPT × Ionic × Angular←

4-1 建立聊天室選單 - Ionic Menu 元件介紹

聊天室選單功能實作

完成錄音的所有功能並串接Audio API後，接下來就可以開始串接Assistants API來取得對話的生成。首先，我們需要有「Assistant Id」，這個在第二章已經準備完畢。接著，要準備的就是Thread物件，Thread物件就像一個聊天室，所有的對話生成API都需要一個Assistant Id外，還必須要有Thread Id。因此，在進行對話生成之前，我們必須要建立Thread物件並取得Thread Id，才能夠進行後續的API操作。因此，接下來就是要來實作一個能夠操作新增、選擇和刪除聊天室選單的功能。

什麼是 Ionic Menu？

Ionic Menu是現代應用程式中常見的側邊選單（Side Menu）或抽屜導覽（Navigation Drawer）。這個功能通常是使用一個按鈕或手勢，從應用程式的左側或右側滑入，是開發應用程式時必用的Ionic元件之一。Ionic Menu本身自帶動畫和預設樣式，開發者只需要設定幾個簡單的自訂屬性，就可以快速的建立出現代化的側邊選單。

Ionic Menu 的使用方式

ion-menu 元件：

使用ion-menu元件時，其中有兩個屬性一定要設定：「menuId」和「contentId」。設定menuId是為了確保每個ion-menu元件都有一組唯一ID，方便我們後續用這個唯一ID找到指定的Ionic Menu。而contentId則是用來確保 Ionic Menu 應該覆蓋在什麼元件之上，避免 Ionic Menu 顯示時被遮住或顯示不完全的問題。以下是 Ionic Menu 的使用方式：

```
<ion-menu menuId="hello-world-menu" contentId="main-content">
  <!--Ionic Menu 的內容 -->
</ion-menu>
```

以下是 Ionic Menu 元件的屬性、事件和方法介紹：

屬性	功能描述
contentId	這個屬性用來指定 Ionic Menu 在顯示時，應該覆蓋或與哪個內容區域做互動。例如，當 Ionic Menu 被打開時，有設定 contentId 的內容區域就會被推開，以顯示選單的內容。
disabled	是否要啟用或停用 Ionic Menu。
maxEdgeStart	這個屬性用來控制使用者需要從螢幕的邊緣滑動多少距離才能觸發開啟 Ionic Menu 的操作。
menuId	設定 Ionic Menu 的唯一 ID，當使用 MenuController 控制時會使用到。
side	指定選單應該從螢幕的哪一側打開，設定「start」為左邊，設定「end」則為右邊，預設是「start」。
swipGesture	設定是否可以透過滑動手勢來打開和關閉 Ionic Menu，預設是「true」。
type	設定選單的打開方式。可以使用「overlay」、「reveal」、「push」和「undefined」，預設是「undefined」。

事件	功能描述
ionWillClose: EventEmitter<CustomEvent<void>>;	Ionic Menu 關閉前的事件。
ionWillOpen: EventEmitter<CustomEvent<void>>;	Ionic Menu 開啟前的事件。
ionDidOpen: EventEmitter<CustomEvent<void>>;	Ionic Menu 開啟後的事件。

事件	功能描述
ionDidClose: EventEmitter<CustomEvent<void>>;	Ionic Menu 關閉後的事件。

方法	功能描述
close: (animated?: boolean) => Promise<boolean>;	關閉 Ionic Menu 的方法。
open: (animated?: boolean) => Promise<boolean>;	開啟 Ionic Menu 的方法。
isOpen : () => Promise<boolean>;	回傳 Ionic Menu 的開關狀態。
isActive : () => Promise<boolean>;	回傳 Ionic Menu 的啟用或停用狀態 。

ion-menu-button 元件

Ion-menu-button 則是 Ionic 預設好的漢堡選單（又叫摺疊選單）按鈕元件，這種按鈕是現代應用程式中常見的設計，通常會擺在應用程式的最頂部，由三條線組合而成。該按鈕除了已經預設好的樣式外，還可以設定「menu」屬性，讓我們可以綁定該按鈕和 ion-menu 之間的關聯：

```
<ion-menu menuId="hello-world-menu" contentId="main-content">
  <!--Ionic Menu 的內容 -->
</ion-menu>
...
<ion-header>
  <ion-toolbar>
    <ion-buttons slot="start">
      <ion-menu-button menu="hello-world-menu"></ion-menu-button>
    </ion-buttons>
    <ion-title>Helle World</ion-title>
  </ion-toolbar>
</ion-header>
```

以下是 ion-menu-button 元件的屬性介紹：

屬性	功能描述
autoHide	這個屬性是用來設定當找不到對應的選單時（也就是沒有設定 menu 屬性，而且也沒有其他預設的 ion-menu 元件時），會自動隱藏，預設是「true」。
color	設定按鈕的顏色。
disabled	是否要啟用或停用這個按鈕。
menu	設定要和按鈕綁定的任何 ion-menu 元件的 menuId。

透過 MenuController 控制 Ionic Menu 的開和關：

要開啟或關閉 Ionic Menu，除了使用 ion-menu-button 元件或是 ion-menu 元件中自帶的 open 和 close 方法外，有時候我們需要從其他元件中來控制開關，這時可以使用 Ionic 提供的「MenuController」。MenuController 是一個可以在任何元件或服務中注入的物件，並呼叫「open」和「close」方法搭配指定的 menuId 來開啟或關閉 Ionic Menu：

```
constructor(private menuCtrl: MenuController) { }
this.menuCtrl.open('chat-menu');
```

用 Ionic Menu 建立側邊選單

用 Ionic CLI 建立元件（Component）：

首先，我們要先建立側邊選單元件，可以使用 Ionic CLI 指令來進行建立：

```
ionic g c chatmenu --standlone
```

使用 ion-menu 元件建立選單：

接著將 ion-menu 元件加入到這個元件的 HTML 樣板中，選單的類型會使用「push」模式並開啟手勢功能，將觸發的距離設定為「50」。另外，在第一章節中有提到，現在使用到的所有 Ionic 元件，如「ion-header」、「ion-toolbar」和「ion-content」都是已經是獨立元件，因此需要自行匯入到選單元件中：

```
<ion-menu menuId="chat-menu" contentId="main-content" maxEdgeStart="50" type="push">
  <ion-header>
    <ion-toolbar>
      <div class="border-b border-gray-300">
        <div class="mx-2 my-4 p-2 border-2 border-gray-400 rounded-lg bg-white flex flew-row items-center justify-center text-gray-500">
          <ion-icon class="text-xl" name="add-circle-outline"></ion-icon>
          <span>新增聊天室</span>
        </div>
      </div>
    </ion-toolbar>
  </ion-header>
  <ion-content class="ion-padding"> </ion-content>
</ion-menu>
```

建立客製化的漢堡選單按鈕元件

用 Ionic CLI 建立元件（Component）：

在本書中，我們不使用 Ionic 提供的漢堡選單按鈕，而是自行建立一個符合我們風格的漢堡選單按鈕元件，並搭配 MenuController 來呼叫側邊選單元件。首先，使用 Ionic CLI 指令建立元件：

```
ionic g c chatmenubutton --standlone
```

建立選側邊單按鈕：

```
<div class="m-2 flex items-center">
  <div class="ion-activatable relative overflow-hidden bg-gradient-to-br from-purple-500 to-blue-400 border-2 border-gray-300 rounded-lg w-10 h-10 flex items-center justify-center"
    (click)="onOpenCloseMenuClick()">
    <ion-icon
      class="text-3xl text-white font-bold"
      name="menu-outline"
    ></ion-icon>
    <ion-ripple-effect></ion-ripple-effect>
  </div>
</div>
```

透過 MenuController 呼叫側邊選單：

使用時，直接在元件中注入 MenuController 並實作選單按鈕的「Click」事件。我們會在事件中使用「open」方法並指定剛才建立的側邊選單所設定的「menuId」：

```
constructor(private menuCtrl: MenuController) { }
// 開啟聊天室選單
public onOpenCloseMenuClick() {
  this.menuCtrl.open('chat-menu');
}
```

將漢堡選單按鈕元件加到主頁面中：

接下來，將建立好的漢堡選單按鈕元件加入到主頁面中，並將它包在 ion-header 中的「ion-toolbar」內就完成了：

```
<ion-header>
  <ion-toolbar>
    <!-- 聊天室選單按鈕 -->
    <app-chatmenubutton></app-chatmenubutton>
  </ion-toolbar>
</ion-header>
```

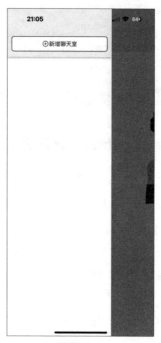

圖 4-1

圖 4-2

設定 ion-header 全域樣式：

最後，我們來調整一下 ion-toolbar 的樣式。在全域的 global.scss 中，透過 CSS 變數將 ion-toolbar 元件的背景「--background」設定為白色並將邊框「--border-width」關閉，這樣就可以讓整個應用程式風格一致：

```
ion-toolbar {
  --background: white;
  --border-width: 0 !important;
}
```

在 Android 中則還需要額外將陰影關閉：

```
.header-md {
  box-shadow: none !important;
}
```

圖 4-3

圖 4-4

4-1 小節範例程式碼：

https://mochenism.pse.is/6fmhs2

4-2 聊天室選單結合本機資料庫 - Capacitor SQLite 實戰 1

Capacitor SQLite 套件

為了讓後續對話能夠延續，我們必須將建立出來的 Thread Id 儲存下來以重複使用。說到儲存，就不得不提到 SQLite，它是一個輕量級的資料庫系統，儲存資料時不需要獨立的伺服器或系統，而是以檔案的方式儲存在本機設備中。我們可以使用它來儲存這些建立出來的 Thread Id 以及對應的聊天室選單資料。

我們可以使用 Capacitor SQLite 套件，在應用程式中實現資料庫的管理和操作。首先，我們需要安裝 Capacitor SQLite 套件並同步到專案中：

```
npm install @capacitor-community/sqlite
ionic cap sync
```

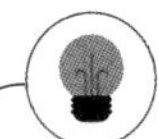

貼心小提醒

本書中所使用 Capacitor 版本為 6.0，截至 2024 年 6 月，該套件的 latest 版本還在 Capacitor 5.0，因此在 GitHub 上的專案中，讀者們看到的會是 6.0.0-alpha.1 的測試版本。

Capacitor SQLite 常用方法：

方法	功能描述
createConnection(database: string, encrypted: boolean, mode: string, version: number, readonly: boolean): Promise<SQLiteDBConnection>;	建立 SQLite 的連線物件，需要傳遞例如「資料庫名稱」、「是否加密」、「加密的模式」和「是否設定資料庫為唯讀狀態」的設定。
open(): Promise<void>;	開啟 SQLite 資料庫連線。
close(): Promise<void>;	關閉 SQLite 資料庫連線
execute(statements: string, transaction?: boolean, isSQL92?: boolean): Promise<capSQLiteChanges>;	執行一段純字串的語法，預設的交易（Transaction）狀態為開啟。
query(statement: string, values?: any[], isSQL92?: boolean): Promise<DBSQLiteValues>;	執行語法並回傳查詢結果的資料，必須包含原始語法及其對應欄位的值。
run(statement: string, values?: any[], transaction?: boolean, returnMode?: string, isSQL92?: boolean): Promise<capSQLiteChanges>;	和 query 方法類似，不同的是 run 只會回傳更新後的資料數量。通常會用來執行「INSERT」、「UPDATE」和「DELETE」等操作。

建立 SQLiteDB 服務

為了管理 SQLite 的資料庫連線，以及聊天室選單的新增、選擇和刪除的操作，我們需要建立一個專門操作 SQLite 的服務。

用 Ionic CLI 建立服務（Service）：

```
ionic g s sqlitedb
```

定義 SQLite 資料庫名稱和聊天室的資料結構：

我們先簡單的定義資料庫名稱和聊天室的資料結構，此結構中包含幾個最基本的欄位「聊天室 ID」、「聊天室名稱」、「是否被選中」和「建立時間」：

```
// 資料庫名稱
const DB_NAME = 'aiconversation';

// 定義聊天室選單的資料結構
const CHATROOM_SCHEMA = `
CREATE TABLE IF NOT EXISTS CHATROOM (
  chatRoomId TEXT PRIMARY KEY,
  name TEXT NOT NULL,
  isSelected INTEGER DEFAULT 0,
  timestamp DATETIME DEFAULT CURRENT_TIMESTAMP
);
`;
```

定義聊天室資料表所對應的模型：

```
export interface ChatRoomModel {
  chatRoomId: string;
```

```
  name: string;
  isSelected: boolean;
  timestamp: Date;
}
```

定義 SQLite 連線物件和聊天室選單 Signal 物件：

接著，我們要先宣告「SQLiteConnection」和「SQLiteDBConnection」兩個物件。SQLiteConnection 物件主要用來建立、打開和管理特定資料庫的連線，而 SQLiteDBConnection 物件則是一個已經建立連線的實體物件，通常會使用它來進行具體的語法操作。另外，會再準備一個用於儲存聊天室選單的 Signal 物件：

```
// SQLite 連線物件
private sqlite: SQLiteConnection = new SQLiteConnection(
CapacitorSQLite);
// 資料庫連線物件
private db!: SQLiteDBConnection;
// 儲存聊天室選單的 Signal
private chatRoomList = signal<ChatRoomModel[]>([]);
// Readonly 的 Signal
public chatRoomListReadOnly = this.chatRoomList.asReadonly();
```

在應用程式執行時初始化 SQLite

我們需要在服務中建立一些初始化的方法，確保資料庫在應用程式啟動時能夠正確建立連線以及初始化資料。

檢查和確保初始化時至少存在一個聊天室：

```
private async ensureAtLeastOneChatRoomAsync() {
  try {
    // 查詢聊天室選單資料表中的數量
    const chatCount = await this.db.query(
      'SELECT COUNT(*) AS count FROM CHATROOM'
    );
    // 若沒有任何資料，則建立一個初始的聊天室
    if (chatCount.values && chatCount.values[0].count === 0) {
      await this.createInitialChatRoom();
    }
  } catch (error) {
    console.error('Error ensuring at least one chat room:', error);
  }
}
```

建立初始聊天室：

在這個建立初始聊天室的方法中，我們會先使用一個簡單的「時間戳記」代替 chatRoomId 主鍵欄位資料。在後續章節中，會再把 Thread API 所回傳的 Thread Id 透過參數的傳遞後儲存：

```
private async createInitialChatRoom() {
  try {
    // 建立初始的聊天室
    const query =
      'INSERT INTO CHATROOM (chatRoomId, name, isSelected) VALUES (?, ?, ?)';
    const values = [Date.now().toString(), '對話聊天室', 1];
    await this.db.run(query, values);
```

```
  } catch (error) {
    console.error('Error adding initial chat room:', error);
  }
}
```

讀取聊天室資料：

這個方法是專門用來讀取資料庫中的所有聊天室選單資料，並將這些最新的資料透過 Signal 物件的「set」方法進行更新：

```
private async loadChatRoomDataAsync() {
  try {
    // 讀取所有聊天室選單資料
    const chatroomDbData = await this.db.query(
      'SELECT * FROM CHATROOM ORDER BY timestamp'
    );
    this.chatRoomList.set(chatroomDbData.values ?? []);
  } catch (error) {
    console.error('Error loading chat data:', error);
  }
}
```

建立連線並初始化資料：

```
public async openSQLiteDBAndDoInitializeAsync() {
  try {
    // 建立並開啟資料庫連線
    this.db = await this.sqlite.createConnection(
      DB_NAME,
      false,
      'no-encryption',
```

```
      1,
      false
    );
    await this.db.open();
    // 執行聊天室選單資料表的建立
    await this.db.execute(CHATROOM_SCHEMA);
    // 確保至少存在一個聊天室
    await this.ensureAtLeastOneChatRoomAsync();
    // 讀取聊天室選單資料
    await this.loadChatRoomDataAsync();
  } catch (error) {
    console.error('Error initializing plugin:', error);
  }
}
```

在應用程式啟動時執行建立連線和初始化資料：

最後，我們將 SQLiteDB 服務注入到應用程式的根元件（AppComponent），並在建構式中執行初始化方法，確保 SQLite 資料庫的功能在應用程式啟動後能夠正確執行並初始化資料：

```
export class AppComponent {
  constructor(private sqlitedbService: SqlitedbService) {
    // 初始化設定
    this.initAppSettingAndPlugin();
  }
  private async initAppSettingAndPlugin() {
    // SQLite 初始化
    await this.sqlitedbService.openSQLiteDBAndDoInitializeAsync();
  }
}
```

建立聊天室選單畫面

在完成 SQLite 服務的建立並執行初始化後，資料庫中就會有一筆初始資料。接下來，我們可以透過服務來取得聊天室選單中的資料，並讓它顯示在聊天室選單元件中。

注入服務並取得聊天室選單資料：

```
public chatRoomList = this.sqlitedbService.chatRoomListReadOnly;
constructor(private sqlitedbService: SqlitedbService) { }
```

用 Angular 的 @for 建立選單：

```
<ion-content class="ion-padding">
  @for(item of chatRoomList(); track item) {
  <div class="flex flex-col">
    <div [class]="'ion-activatable relative overflow-hidden flex flex-row items-center m-2 p-2 rounded-lg ' + (item.isSelected ? 'bg-gradient-to-br from-purple-500 to-blue-400 border-2 border-gray-300 text-white' : '')">
      <div class="flex-1 flex flex-row items-center">
        <ion-icon class="flex-none text-xl" name="chatbubbles-outline"></ion-icon>
        <span class="flex-1 mx-2">{{ item.name }}</span>
      </div>
      <div class="flex-none flex items-center p-2">
        @if (!item.isSelected) {
        <ion-icon class="flex-none text-xl text-rose-400" name="trash-outline"></ion-icon>
        }
      </div>
```

```
      <ion-ripple-effect></ion-ripple-effect>
    </div>
  </div>
 }
</ion-content>
```

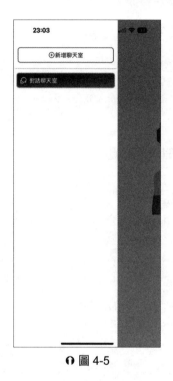

圖 4-5

加入聊天室的新增、選擇和刪除

在確定資料正確顯示之後，我們可以加入新增、選擇和刪除聊天室的功能。首先，我們需要實作這些功能的具體方法並在完成這些操作後，重新更新聊天室選單的 Signal 物件，最後再將這些方法與 HTML 樣板中的事件連接起來。

更新所有聊天室的選擇狀態：

這是一個 private 的共用方法，用來將所有的聊天室選擇狀態更新成「未選擇」：

```
private async updateAllChatRoomDataToUnSelectedAsync() {
  try {
    // 將所有聊天室的選擇狀態更新為未選擇
    await this.db.run('UPDATE CHATROOM SET isSelected = 0');
  } catch (error) {
    console.error('Error update all chat room to unselected:', error);
  }
}
```

建立新增聊天室的方法：

新增聊天室的方法一樣先使用時間戳代替 chatRoomId 主鍵欄位資料。等後續章節串接 Thread API 並取得 Thread Id 後再來調整即可：

```
public async createChatRoomAsync() {
  try {
    // 將所有聊天室的選擇狀態更新為未選擇
    await this.updateAllChatRoomDataToUnSelectedAsync();
    // 新增一個新的聊天室並將其設定為已選擇
    const query =
      'INSERT INTO CHATROOM (chatRoomId, name, isSelected) VALUES (?, ?, ?)';
    const values = [Date.now().toString(), '對話聊天室', 1];
    await this.db.run(query, values);
    //重新讀取聊天室選單資料
    await this.loadChatRoomDataAsync();
```

```
  } catch (error) {
    console.error('Error creating chat room:', error);
  }
}
```

貼心小提醒

這裡為了方便測試，每次建立時的聊天室的名稱都是固定的，讀者們在實作時，也可以自行修改成讓使用者自訂名稱或是像 ChatGPT 聊天工具一樣，透過 AI 自動產生出一個新的聊天室名稱。

建立選擇聊天室的方法：

```
public async selectChatRoomAsync(chatRoomId: string) {
  try {
    // 將所有聊天室的選擇狀態更新為未選擇
    await this.updateAllChatRoomDataToUnSelectedAsync();
    // 根據 chatRoomId 將特定聊天室的選擇狀態設定為已選擇
    await this.db.run(
      'UPDATE CHATROOM SET isSelected = 1 WHERE chatRoomId = ?',
      [chatRoomId]
    );
    // 重新讀取聊天室選單資料
    await this.loadChatRoomDataAsync();
  } catch (error) {
    console.error('Error selecting chat room:', error);
  }
}
```

建立刪除聊天室的方法：

```
public async deleteChatRoomAsync(chatRoomId: string) {
  try {
    // 刪除聊天室
    const deleteChatRoomQuery = 'DELETE FROM CHATROOM WHERE chatRoomId = ?';
    await this.db.run(deleteChatRoomQuery, [chatRoomId]);
    // 重新讀取聊天室選單資料
    await this.loadChatRoomDataAsync();
  } catch (error) {
    console.error(
      `Error deleting chat room with chatRoomId: ${chatRoomId}`,
      error
    );
  }
}
```

事件賦予：

最後，將這些方法與 HTML 樣板中的按鈕串接起來就完成了整個聊天室選單的功能了：

```
public async onChatRoomSelect(chatRoomId: string) {
  await this.sqlitedbService.selectChatRoomAsync(chatRoomId);
  await this.menuCtrl.close();
}

public async onChatRoomCreate() {
  await this.sqlitedbService.createChatRoomAsync();
  await this.menuCtrl.close();
}
```

```

public async onChatRoomDelete(chatRoomId: string) {
  await this.sqlitedbService.deleteChatRoomAsync(chatRoomId);
}
```

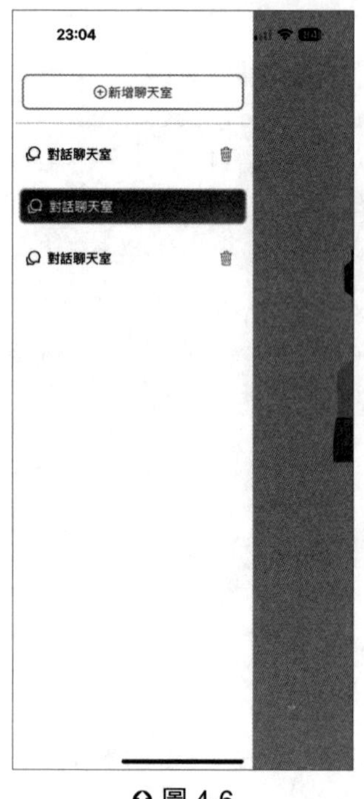

圖 4-6

管理應用程式狀態變化時的資料庫連線

在 Ionic 中，管理 SQLite 連線是一個值得思考的問題，尤其是當應用程式進入背景或從背景回到前台時。當應用程式進入背景後，我們最好暫時關閉 SQLite 連線，以防止長時間未使用的連線佔用資源或導致應用程式不穩定的問題發生。而當應用程式從背景回到前台時，由於連線被關閉，因此需要重新開啟 SQLite 連線以繼續在應用程式中使用資料庫功能。

在 SQLiteDB 服務中建立開啟和關閉連線的方法：

```
public async openSQLiteDBAsync() {
  try {
    if (this.db) {
      await this.db.open();
    }
  } catch (error) {
    console.error('Error opening database:', error);
  }
}
public async closeSQLiteDBAsync() {
  try {
    if (this.db) {
      await this.db.close();
    }
  } catch (error) {
    console.error('Error closing database:', error);
  }
}
```

使用 Ionic Platform 服務實現狀態追蹤：

在使用 Ionic 開發應用程式時，我們可以利用「Platform」服務來追蹤應用程式的狀態變化。首先，我們需要在應用程式的根元件（AppComponent）中注入該服務：

```
constructor(
  private platform: Platform,
  private sqlitedbService: SqlitedbService
) {
```

```
  // 初始化設定
  this.initAppSettingAndPlugin();
}
```

訂閱「pause」和「resume」：

Ionic Platform 服務中提供了兩個方法：「pause（應用程式進入背景時）」和「resume（應用程式從背景回到前台時）」，我們可以訂閱它們並根據應用程式狀態來開啟或關閉 SQLite 資料庫連線：

```
private pauseSubscription: Subscription = this.platform.pause.subscribe(
  () => {
    this.sqlitedbService.closeSQLiteDBAsync();
  }
);
private resumeSubscription: Subscription = this.platform.resume.subscribe(
  () => {
    this.sqlitedbService.openSQLiteDBAsync();
  }
);
```

當應用程式進入背景並觸發「pause」後，可以在 Log 日誌中看到 Capacitor SQLite 連線被關閉的訊息。當我們再次將應用程式呼叫回前台並觸發「resume」時，也可以看到 CapacitorSQLite 連線開啟的訊息（如圖 4-7 所示）。

```
[log] - Infinity% loaded
To Native ->  App addListener 47306099
To Native ->  Keyboard getResizeMode 47306100
TO JS {"mode":"native"}
Invalidating grant <invalid NS/CF object> failed
To Native ->  CapacitorSQLite close 47306101
TO JS undefined
0x113028200 - ProcessThrottlerTimedActivity::activityTimedOut:
Invalidating grant <invalid NS/CF object> failed
Invalidating grant <invalid NS/CF object> failed
Invalidating grant <invalid NS/CF object> failed
To Native ->  CapacitorSQLite open 47306102
TO JS undefined
```

圖 4-7

貼心小提醒

注意！在標準的 Web 瀏覽器中，是不會觸發「pause」和「resume」這兩個方法的。

處理資源釋放：

最後，當應用程式關閉時，也應該關閉 SQLite 連線，確保資源被正確釋放，以防止發生資料損壞的問題。同時，也別忘了解除 Platform 服務的「pause」和「resume」訂閱：

```
ngOnDestroy(): void {
  this.sqlitedbService.closeSQLiteDB();
  this.pauseSubscription.unsubscribe();
  this.resumeSubscription.unsubscribe();
}
```

4-2 小節範例程式碼：

https://mochenism.pse.is/6fmhsf

4-3 建立詢問視窗 - Ionic Alert 元件介紹

聊天室刪除時的使用者體驗問題

當我們執行聊天室的刪除時，讀者們可能會發現一個問題，就是當我們按下刪除按鈕後，聊天室就直接消失不見了。這對於使用者來說是一個很糟糕的體驗，因為實際上很有可能只是不小心按到。因此，為了確認使用者的意圖，避免不小心按到的情況發生，我們可以加入一個提示詢問視窗進行 Double Check 的動作。

什麼是 Ionic Alert？

Ionic Alert 是一個模擬原生應用程式對話框的 UI 元件，讓開發者可以用最簡單和快速的方式來顯示提示、確認或其他的資訊。通常會用在向使用者確認一些操作時顯示，例如這裡我們會用來詢問使用者是否真的要刪除聊天室。

Ionic Alert 的使用方式

Ionic Alert 目前有兩種使用方式，一種是在 HTML 樣板中直接建立和呼叫，另一種則是使用 AlertController 來動態建立。以下是這兩種方式的範例：

在 HTML 樣板中建立（官方建議的方式）：

在模板中定義 Ionic Alert 元件的方式，會更直觀且容易理解和維護。不過相對來說，我們要建立的程式碼和檔案數量就會稍微多一點：

```
<ion-button id="hello-world-alert">Hello World Click</ion-button>
<ion-alert
  trigger="hello-world-alert"
  header="你好嗎世界？"
  message="Hello World"
  [buttons]="'Hello'"
></ion-alert>
```

透過 AlertController 動態建立：

而透過 AlertController 動態建立的好處是，我們可以隨時隨地在應用程式中的任何地方使用 Ionic Alert，以適應不同的情境和需求。不過，因為它隨時隨地都能夠使用的關係，就可能會造成日後難以維護且缺乏一致性的問題發生：

```
constructor(private alertController: AlertController) {}
const alert = await this.alertController.create({
  header: '你好嗎世界？',
  message: 'Hello World.',
  buttons: ['Hello'],
});
await alert.present();
```

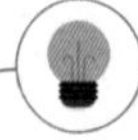

貼心小提醒

雖然在 Ionic 的官方是推薦使用「在 HTML 樣板中建立」的方式，不過實際情況還是要看需求而定，例如我們只是要顯示一個簡單的提示訊息，所以選擇服務的方式進行動態建立 Ionic Alert 會更簡單和快速。

AlertController 的使用方式

AlertController 是一個繼承自 Ionic 底層的「OverlayBaseController」物件。使用方式也是透過依賴注入（Dependency Injection），然後就可以使用它提供的「create」方法快速建立出 Alert 物件。以下簡單介紹 AlertController 服務中的方法和物件：

AlertController 物件方法：

方法	功能描述
create(opts?: AlertOptions): Promise<Overlay>;	建立動態的 Ionic Alert 元件時，需要傳遞「AlertOptions」物件。建立後會回傳一個 Alert 元件，型別是 HTMLIonAlertElement。
dismiss(data?: any, role?: string, id?: string): Promise<boolean>;	關閉 Alert 元件時，如果沒有指定「ID」，則會優先關閉顯示在最上層的 Ionic Alert 元件。

AlertOptions 物件：

屬性	功能描述
header	設定標題。

屬性	功能描述
subHeader	設定副標題。
message	設定顯示的提示訊息。
cssClass	用於設定 Ionic Alert 元件的 CSS 樣式。
inputs	在 Ionic Alert 元件中加入輸入框的功能。
buttons	設定按鈕時，可以直接設定按鈕名稱（傳遞 string 型別）或進行更細的按鈕設定（傳遞 AlertButton 的物件型別）。
backdropDismiss	設定是否可透過按一下背景來關閉 Ionic Alert，預設是「true」。
translucent	設定 Ionic Alert 元件為半透明，只有在 mode 屬性為「ios」且瀏覽器要支援「backdrop-filter」的 CSS 屬性才有效果。
animated	是否開啟動畫，預設是「true」。
htmlAttributes	可以設定其它的 HTML 屬性。
mode	設定平台的樣式，可以使用「md」和「ios」。
id	設定 Ionic Alert 元件的唯一 ID，使用 dismiss 方法關閉時，可以傳遞這個 ID 以找到對應的 Ionic Alert 元件。

AlertButton 物件：

屬性	功能描述
text	設定按鈕的顯示文字。
role	替這個按鈕命名一個標識以用於區分按鈕的功能，例如我們可以命名為「cancel」或「confirm」來區分每個按鈕的功能。
cssClass	為按鈕設定額外的 CSS 樣式。
id	為這個按鈕設定一個唯一 ID。
htmlAttributes	可以設定其它的 HTML 屬性。
handler	設定按鈕的 Click 事件。

建立 Alert 服務

用 Ionic CLI 建立服務（Service）：

```
ionic g s alert
```

定義確認視窗的模型：

```
export interface ConfirmAlertOptions {
  message: string;
  cancelText?: string;
  confirmText?: string;
  confirmHandler?: (data: any) => void;
  cancelHandler?: (data: any) => void;
}
```

建立刪除提示視窗：

在刪除提示視窗中，為了讓使用者能更好地分辨取消和刪除按鈕，我們在刪除按鈕中額外設定了一個紅色字的樣式：

```
// global.scss
.alert-delete-button-color {
  color: rgb(251 113 133) !important;
}

// Alert Service
public async deleteConfirmAsync(opts: ConfirmAlertOptions) {
  const alert = await this.alertCtrl.create({
    message: opts.message,
    buttons: [
```

```
        {
          text: opts.cancelText ?? '取消',
          role: 'cancel',
          handler: opts.cancelHandler,
        },
        {
          text: opts.cancelText ?? '刪除',
          role: 'confirm',
          cssClass: 'alert-delete-button-color',
          handler: opts.confirmHandler,
        },
      ],
    });
    await alert.present();
  }
```

在聊天室選單的刪除按鈕中呼叫：

最後，只需要將這個服務注入到聊天室選單元件中，並在刪除按鈕中呼叫刪除提示視窗的方法就完成了：

```
constructor(
  ...
  private alertService: AlertService
) {}
public async onChatRoomDelete(chatRoomId: string) {
  await this.alertService.deleteConfirmAsync({
    message: '確定要刪除聊天室？',
    confirmHandler: () => {
      this.sqlitedbService.deleteChatRoomAsync(chatRoomId);
    },
  });
}
```

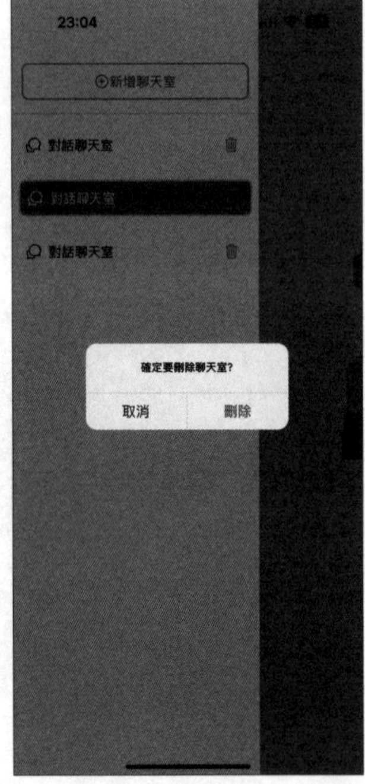

圖 4-8

4-3 小節範例程式碼：

https://mochenism.pse.is/6fmht4

4-4 

整合聊天室選單 - Assistants API 實戰 1：串接 Thread API

建立 OpenAI API 服務並建立新增和刪除的 Thread API

完成聊天室選單的操作功能以及聊天室資料儲存後，接下來，我們要建立一個 OpenAI API 的服務以串接 OpenAI API。在後續的章節中，我們會將所有的 OpenAI API 方法在此服務中實現。

首先要實現的 API 是 Thread API，我們需要加入 Thread API 的新增和刪除功能，以取得 Thread Id 和刪除 Thread 物件。

用 Ionic CLI 建立服務（Service）：

```
ionic g s openai-api
```

定義 Thread 物件的資料模型：

我們需要定義兩個 Thread 物件的模型，分別是：「Thread 物件模型」與「刪除 Thread 物件時的回應模型」：

```
export interface ThreadObjectModel {
  id: string;
  object: string;
  created_at: number;
  metadata: any;
```

```
  tool_resources: any;
}
export interface DeleteThreadResponseModel {
  id: string;
  object: string;
  deleted: true;
}
```

加入建立和刪除 Thread 物件的 API 方法：

將新增和刪除的API分別建立，這裡對外提供了「Observable」和「Promise」兩種方式可以使用：

```
// 建立 Thread 物件
public createThread(): Observable<ThreadObjectModel> {
  return this.httpClient.post<ThreadObjectModel>('threads', {});
}
public createThreadAsync(): Promise<ThreadObjectModel> {
  return firstValueFrom(this.createThread());
}
// 刪除指定的 Thread 物件
public deleteThread(threadId: string): Observable<DeleteThreadResponseModel> {
  return this.httpClient.delete<DeleteThreadResponseModel>(
    `threads/${threadId}`
  );
}
public deleteThreadAsync(threadId: string): Promise<DeleteThreadResponseModel> {
  return firstValueFrom(this.deleteThread(threadId));
}
```

貼心小提醒

由於 Capacitor 套件都是使用原生的 JavaScript 進行開發，因此在非同步操作上都是使用 Promise 搭配 async/await。在 Ionic 專案中，為了方便與 Angular RxJS 的 HttpClient 做結合，因此才會多提供「Observable」的方式。

整合 SQLite 與 Thread API

接著，我們需要稍微調整幾個 SQLiteDB 服務中的方法，讓我們可以更簡單的整合 SQLite 與 Thread API。

調整 ensureAtLeastOneChatRoomAsync 方法：

原本此方法是在初始化時，會檢查 SQLite 中是否有任意資料，如果沒有就會建立一個初始的聊天室。現在，我們將它改成單純的判斷式且不再建立初始聊天室，然後將它改為公開（public）：

```
public async ensureAtLeastOneChatRoomAsync() {
  try {
    // 查詢聊天室選單資料表中的數量
    const chatCount = await this.db.query(
      'SELECT COUNT(*) AS count FROM CHATROOM'
    );
    return chatCount.values && chatCount.values[0].count === 0;
  } catch (error) {
    console.error('Error ensuring at least one chat room:', error);
    return false;
  }
}
```

調整 openSQLiteDBAndDoInitializeAsync 方法：

用於初始化的方法中，我們就不再呼叫「ensureAtLeastOneChatRoomAsync」和「loadChatRoomDataAsync」方法，因此先將它們刪除：

```
public async openSQLiteDBAndDoInitializeAsync() {
  try {
    ...
    // 確保至少存在一個聊天室
    //await this.ensureAtLeastOneChatRoomAsync(); <-- 刪除
    // 讀取聊天室選單資料
    //await this.loadChatRoomDataAsync(); <-- 刪除
  } catch (error) {
    console.error('Error initializing plugin:', error);
  }
}
```

將 loadChatRoomDataAsync 方法改為 public：

因為在 openSQLiteDBAndDoInitializeAsync 方法中不再讀取聊天室資料，因此將 loadChatRoomDataAsync 方法改為公開（public），這樣可以確保聊天室資料在需要時才被讀取：

```
public async loadChatRoomDataAsync() {
  ...
}
```

createChatRoomAsync 新增一個 newChatRoomId 的參數：

原先在建立聊天室時，我們使用「Date.now().toString()」來代替主鍵欄位資料，但現在改為由外部參數傳遞：

```
public async createChatRoomAsync(newChatRoomId: string) {
  try {
    // 將所有聊天室的選擇狀態更新為未選擇
    await this.updateAllChatRoomDataToUnSelectedAsync();
    // 新增一個新的聊天室並將其設定為已選擇
    const query =
      'INSERT INTO CHATROOM (chatRoomId, name, isSelected) VALUES (?, ?, ?)';
    const values = [newChatRoomId, '對話聊天室', 1];
    await this.db.run(query, values);
    // 重新讀取聊天室選單資料
    await this.loadChatRoomDataAsync();
  } catch (error) {
    console.error('Error creating chat room:', error);
  }
}
```

調整應用程式的根元件（AppComponent）：

由於在 openSQLiteDBAndDoInitializeAsync 中刪除了 ensureAtLeastOneChatRoomAsync 和 loadChatRoomDataAsync 方法，因此我們需要在 initAppSettingAndPlugin 方法中檢查，並在「沒有初始聊天室時」自動新增一筆資料。

新增前，需要先使用 OpenAI API 服務建立 Thread 物件並取得 Thread Id，接著就可以將它傳遞到新增聊天室的方法中：

```
// 注入 OpenAI API 服務
constructor(
  ...
  private openaiApiService: OpenaiApiService
) {
```

```
  // 初始化設定
  this.initAppSettingAndPlugin();
}
private async initAppSettingAndPlugin() {
  // SQLite 初始化
  await this.sqlitedbService. openSQLiteDBAndDoInitializeAsync();
  // 檢查是否有初始資料
  const hasLeastOneChatRoom =
    await this.sqlitedbService. ensureAtLeastOneChatRoomAsync();
  if (hasLeastOneChatRoom) {
    // 與 OpenAI API 建立一個新的 Thread 物件
    const newThreadObject = await this.openaiApiService.
createThreadAsync();
    // 新增一個聊天室
    await this.sqlitedbService.createChatRoomAsync(
newThreadObject.id);
  } else {
    // 有資料就讀取聊天室資料
    await this.sqlitedbService.loadChatRoomDataAsync();
  }
}
```

在選單元件中新增和刪除 Thread 物件：

最後，我們在選單元件中的「onChatRoomCreate」和「onChatRoom Delete」方法中，分別加上「建立」和「刪除」的 OpenAI API 服務方法：

```
// 建立聊天室
public async onChatRoomCreateAsync() {
  // 與 OpenAI API 建立一個新的 Thread 物件
  const newThreadObject = await this.openaiApiService.
createThreadAsync();
```

```
  this.sqlitedbService.createChatRoomAsync(newThreadObject.id);
  this.menuCtrl.close();
}
// 刪除聊天室
public async onChatRoomDelete(chatRoomId: string) {
  await this.alertService.deleteConfirmAsync({
    message: '確定要刪除聊天室?',
    confirmHandler: async (data) => {
      // 與 OpenAI API 刪除指定的 Thread 物件
      await this.openaiApiService.deleteThreadAsync(chatRoomId);
      await this.sqlitedbService.deleteChatRoomAsync(chatRoomId);
    },
  });
}
```

驗證新建立的 Thread 物件：

如果想要驗證是否有成功建立 Thread 物件，我們可以在 createChatRoomAsync 方法中，加上「console.log」方法來取得 Thread API 回傳的內容（如圖 4-9 所示）：

```
// 與 OpenAI API 建立一個新的 Thread 物件
const newThreadObject = await this.openaiApiService.createThreadAsync();
// 查看 newThreadObject 的內容
console.log('newThreadObject:', newThreadObject);
```

```
⚡ To Native -> CapacitorSQLite ⚡ [log] - newThreadObject:
{"id":"thread_yAX1VAtpg1DgYc4NXAg4TVKO","object":"thread","created_at":1717922391,"metadata":{},"tool_resources":
{}}
run 23925037
⚡ TO JS {"changes":{"values":[],"changes":3,"lastId":0}}
⚡ To Native -> CapacitorSQLite run 23925038
⚡ TO JS {"changes":{"lastId":17,"changes":1,"values":[]}}
⚡ To Native -> CapacitorSQLite query 23925039
⚡ TO JS
{"values":[{"ios_columns":
["chatroomId","name","isSelected","timestamp"]},
{"chatroomId":"1717828720787","isSelected":0,"name":"對話聊天室","timestamp":"2024-06-08
06:38:40"},{"name":"對話聊天室","isSelected":0,"chatroomId":"thread_ppYygh66IMscr8u7Y7swLVP8","timestam
⚡ To Native -> CapacitorSQLite query 23925040
```

圖 4-9

接著，我們可以使用 Thread API 中的檢索（Retrieve）功能來查看這個 Thread Id 的正確性：

```
GET https://api.openai.com/v1/threads/{thread_id}
```

如果查詢的 Thread 物件存在，就會得到 HTTP 200 的狀態碼，回應的內容則是建立 Thread 物件時的一些詳細資訊（如圖 4-10 所示）。如果查詢的 Thread 物件不存在，則會得到 HTTP 404 的狀態碼，回應的內容就是「No thread found with id」（如圖 4-11 所示）。

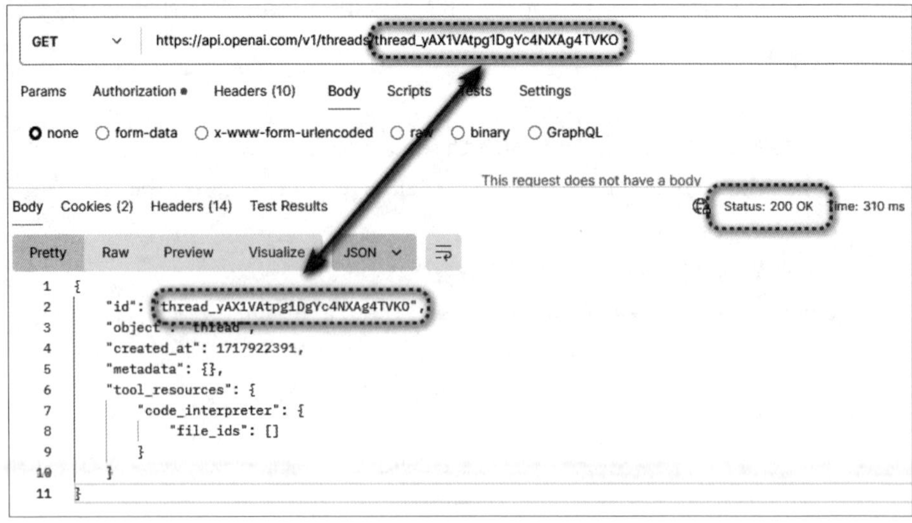

圖 4-10

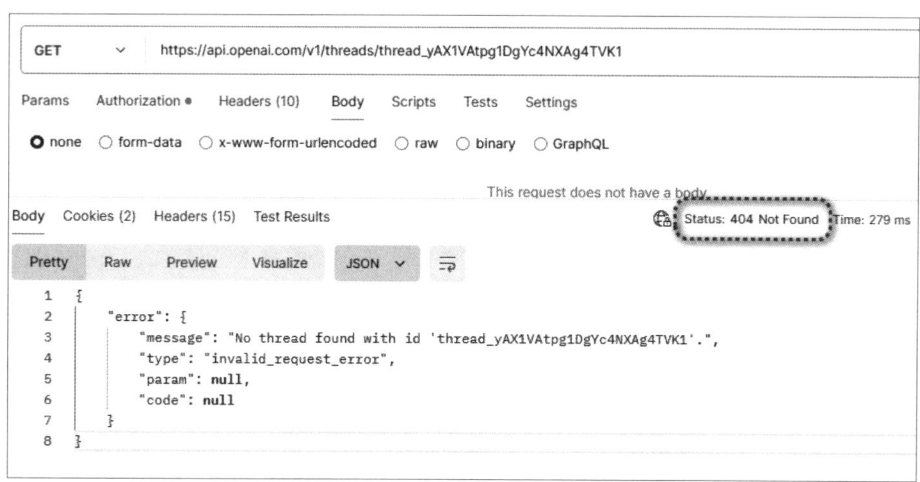

圖 4-11

將 Audio API 整合進 OpenAI API 服務中

接著，我們先來做一點重構，將前面章節中的錄音按鈕元件所使用的 Audio API，整合到這個 OpenAI API 服務中進行管理，以方便後續章節的 API 開發與維護。

貼心小提醒

重構是一個持續的過程，能夠讓程式碼隨著需求的變化而不斷進化，除了讓程式碼更乾淨外，也便於未來的維護。

重新定義 Audio API 的 Transcription 資料模型：

先將前面章節建立的「AudioResponseModel」模型給刪除，重新建立一個更為明確的模型名稱：

```
export interface MicrophoneRecordDataModel {
  base64String: string;
```

```
  mimeType: string;
  format: string;
}
export interface TranscriptionResponseModel {
  text: string;
}
```

加入 Audio Transcription API 的方法：

將原本在錄音按鈕元件中的 Audio API 移到 OpenAI API 服務中，並稍作調整：

```
public createAudioTranscription(
  microphoneRecordData: MicrophoneRecordDataModel
): Observable<TranscriptionResponseModel> {
  const blob = this.convertBase64ToBlob(
    microphoneRecordData.base64String,
    microphoneRecordData.mimeType
  );
  const formData = new FormData();
  formData.append('file', blob, `audio${ microphoneRecordData.format}`);
  formData.append('model', 'whisper-1');
  formData.append('language', 'en');
  return this.httpClient.post<TranscriptionResponseModel>(
    'audio/transcriptions',
    formData
  );
}
```

重新調整錄音按鈕元件：

最後將 OpenAI API 服務注入到錄音按鈕元件中，並將原本的 HttpClient 改為使用 OpenAI API 服務的 createAudioTranscription 方法就完成了：

```
// 注入 OpenAI API 服務
constructor(
  ...
  private openaiApiService: OpenaiApiService
) { ... }
// 串接 Audio API
sendAudio(audioRecording: AudioRecording) {
  this.openaiApiService
    .createAudioTranscription({
      base64String: audioRecording.base64String ?? '',
      mimeType: audioRecording.mimeType ?? 'audio/aac',
      format: audioRecording.format ?? '.m4a',
    })
    .subscribe((response) => {
      alert(response.text);
    });
}
```

取得選中的聊天室 Id

這個章節的最後，我們還需要取得當前所選中的聊天室 Id，同時這也是後續章節與 Assistants API 互動時不可或缺的資料。在前面章節中，我們使用 Angular Signals 來儲存聊天室選單的資料，因此，我們可以直接透過「computed」方法來註冊並追蹤聊天室選單資料的變更。這樣，每當有新的資料進來後，我們就可以在更新的同時，找出資料中選中（isSelected=True）的聊天室 Id：

```
// 取得選中的聊天室 ID
public selectChatRoomId = computed(() => {
  return this.chatRoomList().find((chatRoom) => chatRoom.isSelected)
    ?.chatRoomId;
});
```

4-4 小節範例程式碼：

https://mochenism.pse.is/6fmhty

4-5 

實現對話功能 - Assistants API 實戰 2：串接 Run API

在 Thread 中新增 Message 物件

定義基礎的資料模型：

當我們準備好 Thread 物件之後，就可以在該 Thread 中新增一個 Message 物件。首先，我們需要先將 Thread 和 Message 物件會共用到的屬性都整理出來，並建立出一個可以共用的基礎模型，這樣後續就可以使用繼承的方式來避免重複建立相同的屬性：

```
// 共用的基礎模型
export interface BaseObjectModel {
  id: string;
  object: string;
  created_at: number;
  metadata: any;
}
// Thread 物件模型
export interface ThreadObjectModel extends BaseObjectModel {
  tool_resources: any;
}
```

定義 Message 物件資料模型：

```
// 對話內容模型
export interface ContentModel {
  type: string;
  text: {
    value: string;
    annotations: any[];
  };
}
// Message 物件模型
export interface MessageObjectModel extends BaseObjectModel {
  thread_id: string;
  role: string;
  content: ContentModel[];
  assistant_id: string | null;
  run_id: string | null;
  attachments: any[]| null;
}
```

加入建立 Message 物件 API 的方法：

在 OpenAI API 服務中，加入建立 Message 物件的 API 方法，這樣就完成建立 Message 物件的所有步驟：

```
// 建立 Message 物件到指定的 Thread 物件中
public createThreadMessage(
  message: string,
  threadId: string
): Observable<MessageObjectModel> {
  return this.httpClient.post<MessageObjectModel>(
    `threads/${threadId}/messages`,
    {
      role: 'user',
      content: message,
    }
  );
}
```

貼心小提醒

讀者可能會問：為什麼不直接在 OpenAI API 的服務中注入 SQLiteDB 服務，然後直接使用 selectChatRoomId 的 Signal 物件以取得 Thread Id 呢？主要是因為在撰寫 Angular 服務時，如果開發時沒有注意服務之間的依賴，很容易就會發生互相注入導致循環依賴發生。所以開發服務時，我們就儘可能的遵循單一職責原則（Single Responsibility Principle）。

啟動 Run 物件

到這裡我們已經有 Assistant 物件也有 Thread 物件也在這個 Thread 物件中加入了一個 Message 物件了，接著就是啟動一個新的 Run 物件讓 Assistants API 執行對話的生成工作。

定義 Run 物件的狀態型別：

Run 物件本身帶有多種狀態，為了方便後續在程式碼中對 Run 物件進行狀態判斷，我們使用 TypeScript 的聯合類型（Union Type）來定義各種可能的狀態類型：

```
// Run 物件狀態類型
export type RunStatusType =
  | 'queued'
  | 'in_progress'
  | 'completed'
  | 'failed'
  | 'cancelling'
  | 'cancelled'
  | 'incomplete'
  | 'expired'
  | 'requires_action';
```

定義 Run 物件資料模型：

Run 物件的屬性有非常多，因為篇幅的關係，讀者們若要查看完整的物件屬性可以參考 OpenAI API 的官方文件，或到 GitHub 程式碼中查看完整的程式碼。本書中會使用到的只有「runId（就是 BaseObjectModel 中的 id）」和「status」兩個屬性：

```
// Run 物件模型
export interface RunObjectModel extends BaseObjectModel {
  assistant_id: string;
  thread_id: string;
  status: RunStatusType;
  started_at: number;
  expires_at: number | null;
```

```
  cancelled_at: number | null;
  failed_at: number | null;
  completed_at: number | null;
  ...
}
```

OpenAI API Run 物件的官方文件：

https://platform.openai.com/docs/api-reference/runs/object

加入啟動 Run 物件的 API 方法：

這個方法一樣在是加在 OpenAI API 服務中，剛啟動的 Run 物件，回傳的「status」狀態都會是「queued」。啟動 Run 物件時需要傳遞一個 Assistant Id：

```
// 在指定的 Thread 物件中啟動 Run 物件
public createThreadRun(threadId: string): Observable
<RunObjectModel> {
  return this.httpClient.post<RunObjectModel>(`threads/
${threadId}/runs`, {
    assistant_id: environment.assistandId,
  });
}
```

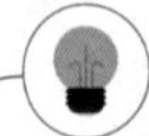

貼心小提醒

Assistant Id 通常建立後就不會再改變，因此我們可以直接將它設定在環境變數中。

查詢 Run 物件狀態－輪詢實作

由於我們建立的 Run 物件並沒有開啟串流功能，因此在啟動 Run 物件後，我們需要使用「輪詢（Polling）」的方式，定期查詢 Run 物件當前的狀態，直到狀態不是「queued」或「in_progress」為止。

用 RxJS 建立一個輪詢 Run 物件的方法：

```
// 輪詢 Run 物件，直到 Run 物件的狀態不是 in_progress 或 queued
public getRunAndPolling(
  threadId: string,
  runId: string
): Observable<RunObjectModel> {
  return timer(0, 100).pipe(
    concatMap(() =>
      this.httpClient.get<RunObjectModel>(`threads/${threadId}/runs/${runId}`)
    ),
    tap((response) => console.log('Run polling result:', response)),
    takeWhile(
      (response) =>
        response.status === 'in_progress' || response.status === 'queued',
      true
    ),
    filter(
      (response) =>
        response.status !== 'in_progress' && response.status !== 'queued'
    )
  );
}
```

Timer Function：

在這個輪詢功能中，我們利用 Timer Function 來實現輪詢效果。當 Timer 有設定第一個參數時，設定「0」表示會在第一次執行時就發送事件。第二個參數必須設定，這樣才能在接下來的每 100 毫秒持續發送事件。

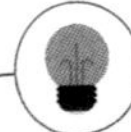

貼心小提醒

除了 Timer 也可以使用「Interval」，不過使用 Interval 時，必須先等待指定的時間後，才會發送事件。

ConcatMap Operator：

接下來，我們會在 Timer 的管道（Pipe）中接上一個「concatMap」。它的功能是在 Timer 發送新的值時，如果當前的內部 Observable 還沒有完成，新的值將依序排隊，並等待當前的內部 Observable 完成後，才會再開始執行下一個。例如，如果 Timer 每 100 毫秒發出一個值，但 HTTP 請求需要 200~300 毫秒才會完成，因此這段時間 Timer 發送的值所觸發的請求會直接進入排隊等待的狀態，只有當前一個請求完成後，才會依序處理下一個。這樣就可以確保一次只會有一個請求被執行，避免請求重疊或被取消造成的問題。

貼心小提醒

當 TakeWhile 條件達成後，在 concatMap 中所累加的這些剩餘的排隊請求全部都會被取消不執行。

除了 concatMap 之外，還有一個「exhaustMap」也可以使用，但效果和 concatMap 不太一樣。使用它時，在 Timer 發送新的值時，如果當前的內部 Observable 還沒有完成，新的值將會被忽略。例如，如果 Timer 每 100 毫秒發出一個值，但 HTTP 請求需要 200~300 毫秒才會完成，因此只有第一個請求會被執行。在這 200~300 毫秒內的其他 Timer 值會被忽略，直到當前的請求完成後，才會繼續接受新的 Timer 值並處理下一個請求。和 concatMap 一樣的好處是可以確保一次只會有一個請求被執行。

最後，再提一個「switchMap」，當 Timer 發送新的值時，它會取消當前的內部 Observable，並開始新的內部 Observable。但因為這裡輪詢的 Timer 時間設定很短，導致每次發送的 Timer 會取消前一次的請求，造成無窮迴圈。有一個解決方式，就是拉長 Timer 的時間，但我們不能確保每次 HTTP 請求的回應時間都在這個 Timer 時間的範圍內，因此這不是一個好的方法。

綜合以上，最適合拿來做輪詢的是「cancatMap」和「exhaustMap」，而 switchMap 則不適合。

TakeWhile Operator：

由於 Timer 是一個可以持續發送值的 Observable，因此，我們可以使用 TakeWhile 來讓 Timer 停止，否則這個 Timer 是不會停止的。TakeWhile 會觀察每次發送的值，並根據我們設定的條件決定是否發送。如果條件不成立，TakeWhile 就會讓 Timer 完成並停止發送後續的值。這裡我們的判斷條件是當 Run 物件的狀態是「in_progress」或「queued」時，就繼續發送。

TakeWhile Operator 的第二個參數「inclusive」預設為「false」。若設定為 true，TakeWhile 第一次「不滿足條件的值」才會發送出去並完成 Timer；若為 false，則第一次「不滿足條件的值」不會被發送就完成 Timer。也就是說，我們這裡需要設定為「true」，當 Run 物件的狀態不再是 in_progress 或 queued 時的請求回應才可以正確的發送出去，讓接下來的 Filter Operator 資料流中，才有 Run 物件的資料可以進行過濾和判斷。

貼心小提醒

建議讀者們可以實際嘗試將 inclusive 設定為 false，然後看看會發生什麼事情哦！

Filter Operator：

最後，我們使用 Filter Operator 來過濾掉滿足 TakeWhile 條件的值。也就是說，如果 Run 物件的狀態是 in_progress 或 queued，就會被過濾，不會發送出去。這樣可以防止資料流繼續往下跑，直到 Run 物件的狀態不再是 in_progress 或 queued，才會將值發送出去。

從 Thread 中查詢最新的 Message 物件

定義列表物件模型：

當使用輪詢查詢 Run 物件的狀態並確定完成後，我們就可以在該 Thread 物件中查詢最新的 Message 物件。在 Assistants API 中，大部分的查詢，例如 Assistant、Message、Run 物件，都是回傳包含這些物件型別的 List 資料。所以，我們在定義模型時，可以使用泛型的方式，這樣當我們需要查詢不同的物件時，不必重新定義一個新的資料結構。這裡我們就暫時稱它為列表物件模型：

```
// 列表物件模型
export interface ListofObjectModel<T> {
  object: string;
  data: T[];
  first_id: string;
  last_id: string;
  has_more: boolean;
}
```

加入查詢最新 Message 物件的 API 方法：

由於我們只需要取得最新的 Message 物件，因此需要指定「run_id」的查詢參數（Query Parameter）以找出最新的對話內容：

```
// 取得指定 Thread 物件中的最新 Message 物件
public getThreadMessage(threadId: string, runId: string):
Observable<string> {
  return this.httpClient
    .get<ListofObjectModel<MessageObjectModel>>(
      `threads/${threadId}/messages?run_id=${runId}`
    )
    .pipe(
      tap((res) => console.log('Get Thread Message:', res)),
      map((res) => res.data[0].content[0].text.value)
    );
}
```

貼心小提醒

再次提醒！Thread 物件中的對話數量並無任何限制，系統會自動截斷超出的 Token，並將這些超出的對話刪除。因此，在程式碼中，我們只需要取得最新的 Message 物件，不需要再費心去管理上下文對話的數量。

實現對話功能

調整錄音完成事件：

接著，我們先將錄音的結果轉成一個「MicrophoneRecordDataModel」的物件，並在這裡先取得選中的聊天室 Id：

```
constructor(
  private openaiApiService: OpenaiApiService,
  private sqlitedbService: SqlitedbService
) {}
public onVoiceRecordFinished(audioRecording: AudioRecording) {
```

```
  const microphoneRecordData: MicrophoneRecordDataModel = {
    base64String: audioRecording.base64String ?? '',
    mimeType: audioRecording.mimeType ?? 'audio/aac',
    format: audioRecording.format ?? '.m4a',
  };
  const threadId = this.sqlitedbService.selectChatRoomId() ?? '';
}
```

組合所有的方法：

接著，將原本的 Audio API 和前面建立的所有 Assistants API 方法組合在一起，順序為：

1. 使用 Audio API 將錄音檔案轉換為文字。
2. 在 Thread 物件中新增一個 Message 物件。
3. 啟動 Run 物件來處理這些資料。
4. 輪詢等待 Run 物件執行完畢。
5. 從 Thread 物件中取得最新的 Message 物件結果，並顯示給使用者。

組合完後，就可以將剛才建立的 MicrophoneRecordDataModel 物件作為整個管道（Pipe）中的起始資料，而 Run Id 則是在啟動 Run 物件後，透過管道（Pipe）之間的資料流依序傳遞下去。

最後，我們在訂閱中，使用「alert」方法顯示 Assistants API 最終生成的對話結果，到這裡 AI 英語口說導師的核心對話功能就完成囉：

```
public onVoiceRecordFinished(audioRecording: AudioRecording) {
  ...
  // 執行完整對話
  this.openaiApiService
    .createAudioTranscription(microphoneRecordData)
```

```
    .pipe(
      switchMap((transcriptionObject) =>
        this.openaiApiService.createThreadMessage(
          transcriptionObject.text,
          threadId
        )
      ),
      switchMap(() => this.openaiApiService.createThreadRun(threadId)),
      switchMap((runObject) =>
        this.openaiApiService.getRunAndPolling(threadId, runObject.id)
      ),
      switchMap((runObject) =>
        this.openaiApiService.getThreadMessage(threadId, runObject.id)
      )
    )
    .subscribe((response) => {
      alert(response);
    });
}
```

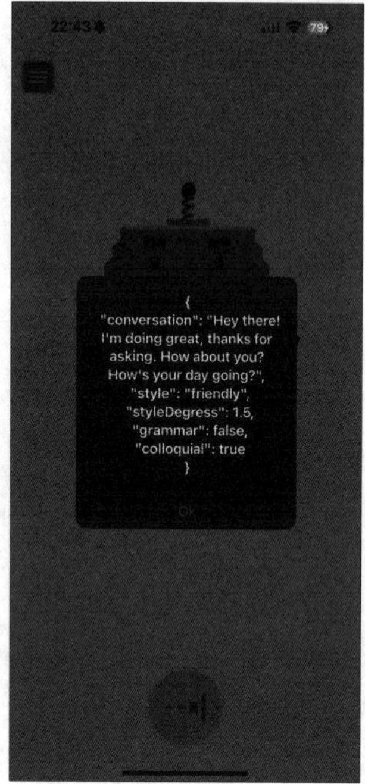

圖 4-12

4-5 小節範例程式碼：

https://mochenism.pse.is/6fmhuw

4-6 

實現語音功能 –Azure AI Services 實戰：將文字轉語音

將文字轉為語音

在進行文字轉語音之前，我們需要先將 Message 物件所回覆的對話內容轉成物件，方便後續我們取得對話中的說話風格和說話風格強度以進行 SSML 的組合。

建立 AI 英語口說導師回覆模型：

```
// AI 英語口說導師回覆模型
export interface AIConversationResponseModel {
  conversation: string;
  style: string;
  styleDegress: number;
  grammar: boolean;
  colloquial: boolean;
}
```

調整 getThreadMessage 方法：

將 Thread 物件中取得的回覆文字透過「JSON.parse」方法轉成物件：

```
// 取得指定的 Thread 物件的最新 Message 物件
public getThreadMessage(
  threadId: string,
  runId: string
```

```
): Observable<AIConversationResponseModel> {
  return this.httpClient
    .get<ListofObjectModel<MessageObjectModel>>(
      `threads/${threadId}/messages?run_id=${runId}`
    )
    .pipe(
      tap((res) => console.log('Get Thread Message:', res)),
      map((res) => {
        const textValue = res.data[0].content[0].text.value;
        try {
          const resultValue: AIConversationResponseModel =
            JSON.parse(textValue);
          return resultValue;
        } catch (error) {
          throw new Error('No text value in response');
        }
      })
    );
}
```

用 Ionic CLI 建立服務（Service）：

```
ionic g s azure-tts
```

加入文字轉語音的 API 方法：

在這個方法中，需要從外部傳遞說話的內容、說話風格和說話風格強度，然後將它們組裝成 SSML。另外，當我們要使用 HttpClient 下載檔案時，請直接將 responseType 設定為「blob」，預設回傳的就會是「Observable <Blob>」：

```
public textToSpeech(
  content: string,
  style: string,
  styleDegree: number
): Observable<Blob> {
  const ssmlData = `<speak xmlns="http://www.w3.org/2001/10/synthesis" xmlns:mstts="http://www.w3.org/2001/mstts" version="1.0" xml:lang="en-US"><voice name="en-US-GuyNeural"><mstts:express-as style="${style}" styledegree="${styleDegree}">${content}</mstts:express-as></voice></speak>`;
  return this.httpClient.post(
    'https://eastasia.tts.speech.microsoft.com/cognitiveservices/v1',
    ssmlData,
    {
      headers: {
        'Ocp-Apim-Subscription-Key': environment.azureTTSKey,
        'Content-Type': 'application/ssml+xml',
        'X-Microsoft-OutputFormat': 'audio-16khz-128kbitrate-mono-mp3',
        'User-Agent': 'AI-Conversation',
      },
      responseType: 'blob',
    }
  );
}
```

用 HttpContext 跳過部分的 HttpInterceptor

我們先回想一下前面章節中所設定的一系列 HttpInterceptor 功能，很實用也很方便，但在實際的開發過程中，一定會遇到需要跳過這些 HttpInterceptor 的時候，例如使用 i18n 時、錯誤攔截、關閉讀取等等。由於我們串接的是

Azure的服務，它並不屬於OpenAI的一部分，因此當使用HttpClient發送請求時，如果HttpInterceptor不做任何跳過設定的動作，勢必會有問題。

而在Angular中，我們可以使用「HttpContext」，它是一個用來在HttpClient的請求中附加資料的容器。我們可以利用它來傳送是否要開啟或關閉這些HttpInterceptor的設定。這樣我們就可以靈活的控制HttpInterceptor的行為，確保在不同情境和需求下都能運作順利。

定義 HttpContextToken：

在使用HttpContext時，我們需要使用「HttpContextToken」來定義，它是用來操作和存取儲存在HttpContext中的值的Token。使用它，除了可以確保設定值的時候是強型別外，也可以確保在我們取得HttpContext中的值時，不會因為名稱錯誤而發生取錯的問題。因此，第一步，我們需要先定義一系列用來跳過「自動加入API Key」、「自訂Header」和「統一處理API的Base URL」的HttpContextToken：

```
/**
 * 用於跳過自動加入Bearer Token Auth Header的HttpContextToken
 * @type {HttpContextToken<boolean>}
 */
export const SKIP_ADD_BEARER_TOKEN_AUTH_HEADER: HttpContextToken<boolean> =
  new HttpContextToken<boolean>(() => false);
/**
 * 用於跳過自動加入 OpenAI Beta Header 的 HttpContextToken
 * @type {HttpContextToken<boolean>}
 */
export const SKIP_ADD_OPENAI_BETA_HEADER: HttpContextToken<boolean> =
  new HttpContextToken<boolean>(() => false);
```

```
/**
 * 用於跳過自動加入 OpenAI BaseUrl 的 HttpContextToken
 * @type {HttpContextToken<boolean>}
 */
export const SKIP_ADD_OPENAI_BASE_URL: HttpContextToken<boolean> =
  new HttpContextToken<boolean>(() => false);
```

在 HttpInterceptor 中取得 HttpContext：

我們可以在這些自訂的 HttpInterceptor 中，使用 HttpRequest 來取得請求時所設定的 HttpContext，然後使用「get」方法並傳遞我們定義好的 HttpContextToken 就可以得到值並進行邏輯的判斷：

```
export const openAIBetaHeaderHttpInterceptor: HttpInterceptorFn = (
  req: HttpRequest<unknown>,
  next: HttpHandlerFn
): Observable<HttpEvent<unknown>> => {
  // 如果有設定 SKIP_ADD_OPENAI_BETA_HEADER，則跳過
  if (req.context.get(SKIP_ADD_OPENAI_BETA_HEADER)) {
    return next(req);
  }
  ...
};
```

在 HttpClient 中設定 HttpContext：

接下來，當我們要請求 OpenAI 以外的 API 方法時，就可以在該 HttpClient 中建立新的 HttpContext，並使用定義好的 HttpContextToken 和新的值，就可以順利跳過這些 HttpInterceptor：

```
return this.httpClient.post(
  'https://eastasia.tts.speech.microsoft.com/cognitiveservices/v1',
  ssmlData,
  {
    headers: {
      'Ocp-Apim-Subscription-Key': '{Key}',
      'Content-Type': 'application/ssml+xml',
      'X-Microsoft-OutputFormat': 'audio-16khz-128kbitrate-mono-mp3',
      'User-Agent': 'AI-Conversation',
    },
    responseType: 'blob',
    context: new HttpContext()
      .set(SKIP_ADD_BEARER_TOKEN_AUTH_HEADER, true)
      .set(SKIP_ADD_OPENAI_BETA_HEADER, true)
      .set(SKIP_ADD_OPENAI_BASE_URL, true),
  }
);
```

貼心小提醒

使用 HttpContextToken 時，如果沒有指定新的值，就會預設使用 Callback Function 中的值。

組合文字轉語音

接著，將建立好的文字轉語音方法加到前面組合好的方法中，新的順序就是：

1. 使用 Audio API 將錄音檔案轉換為文字。

2. 在 Thread 物件中新增一個 Message 物件。

3. 啟動 Run 物件來處理這些資料。

4. 輪詢等待 Run 物件執行完畢。

5. 從 Thread 物件中取得最新的 Message 物件結果，並將結果中的文字轉成物件。

6. 將對話內容、說話風格和說話風格強度組合成 SSML，最後將這些文字轉成語音。

最終在這個 RxJS 的訂閱中得到的，就會是 Azure AI Services 語音服務的文字轉語音所轉出來的語音檔案囉：

```
this.openaiApiService
    .createAudioTranscription(microphoneRecordData)
    .pipe(
      switchMap((transcriptionObject) =>
        this.openaiApiService.createThreadMessage(
          transcriptionObject.text,
          threadId
        )
      ),
      switchMap(() => this.openaiApiService.createThreadRun(threadId)),
      switchMap((runObject) =>
        this.openaiApiService.getRunAndPolling(threadId, runObject.id)
      ),
      switchMap((runObject) =>
        this.openaiApiService.getThreadMessage(threadId, runObject.id)
      ),
      switchMap((aiConversationResponseObject) =>
```

```
    this.azureTtsService.textToSpeech(
      aiConversationResponseObject.conversation,
      aiConversationResponseObject.style,
      aiConversationResponseObject.styleDegress
    )
  )
)
.subscribe((response) => { });
```

建立播放狀態並播放語音

當語音檔案從訂閱中取得後，接下來的步驟就是播放語音。在播放語音的過程中，我們會先在錄音按鈕上加上播放動畫，以提升使用者體驗。首先，我們需要先建立播放狀態，並管理播放過程中的各種行為，以確保語音播放過程順暢，也能夠帶給使用者更好的互動體驗。

用 Angular Signal 來管理播放的狀態：

在狀態管理服務中，我們一樣可以使用 Angular Signals 來管理播放的狀態，並對外公開一個只能讀取的 Readonly Signal 供使用：

```
// 播放狀態
Private audioPlaying = signal<boolean>(false);
// ReadOnly 的播放狀態
public audioPlayingState = this.audioPlaying.asReadonly();
public startPlayingAudio() {
  this.audioPlaying.update((oldValue) => true);
}
public stopPlayingAudio() {
  this.audioPlaying.update((oldValue) => false);
}
```

在錄音按鈕中新增播放狀態並根據狀態開關手勢：

當語音在播放時，我們需要防止錄音按鈕被按到。因此，在「effect」方法中加入播放狀態的判斷，根據播放狀態來開啟或關閉手勢功能。這樣就可以確保在播放語音時，不會誤觸錄音按鈕：

```
// 播放狀態
public audioPlayingState = this.statusService.audioPlayingState;
...
effect(() => {
  if (this.loadingState() || this.audioPlayingState()) {
    this.longPressGesture?.enable(false);
  } else {
    this.longPressGesture?.enable();
  }
});
```

顯示播放動畫：

```
@if(audioPlayingState()) {
  <div class="ripple">
    <div
      class="rounded-full bg-gradient-to-br from-purple-500 to-blue-400 border-4 border-gray-300 flex items-center p-5 z-10"
    >
      <ion-icon
        class="text-5xl text-white"
        name="volume-high-outline"
      ></ion-icon>
    </div>
    <span style="--i: 1"></span>
```

```
      <span style="--i: 2"></span>
    </div>
} @else {
}
```

貼心小提醒

CSS 動畫因為篇幅的關係，就不呈現完整的程式碼，有興趣的讀者們可以直接到 GitHub 上的專案中查看。

建立播放語音的方法：

接下來，要實作播放語音的功能，播放語音的方式有兩種，一種是使用 HTML 的「audio」標籤，另一種是直接在 JavaScript 中建立一個 Audio 物件，兩種方式都可以達到語音的播放功能。但無論使用哪種方式，我們都要確保在播放開始和結束時，更新播放的狀態：

```
private playAudio(audioBlob: Blob) {
  this.statusService.startPlayingAudio();
  let url = URL.createObjectURL(audioBlob);
  const audio = new Audio(url);
  audio.load();
  audio.onended = () => {
    this.statusService.stopPlayingAudio();
  };
  audio.play();
}
...
.subscribe((response) => {
  this.playAudio(response);
});
```

這樣就完成了語音播放的功能，且播放狀態動畫也透過 Angular Signals 直接反應在 UI 上（如圖 4-13 所示），同時防止了不必要的操作干擾整個播放的過程！

圖 4-13

4-6 小節範例程式碼：

https://mochenism.pse.is/6fmhvn

4-7 

語音重播和 3D 動畫切換 - 解決 Angular Signals 的 NG0600 問題

語音重播

在每一次播放語音時，筆者有時候會因為速度太快，或是聽不懂或沒聽清楚的情況發生。語音一旦播放完成後，就沒機會重複聽 AI 英語口說導師說了什麼。因此，這個章節中，我們就來加入一個可以重播的按鈕吧！

用 Ionic CLI 建立元件（Component）：

首先，建立一個使用重播按鈕元件。直接使用以下 Ionic CLI 來建立：

```
ionic g c replayaudio --standalone
```

在元件中取得錄音狀態和讀取狀態

在這個元件中，我們需要取得錄音和播放的狀態來控制重播按鈕的樣式。我們可以透過「StatusService」來取得這些狀態：

```
1.  public loadingState = this.statusService.loadingState;
2.  public audioPlayingState = this.statusService.audioPlayingState;
3.  constructor(private statusService: StatusService) { }
```

用 Signal Inputs 來取得語音檔案：

在重播按鈕元件中，需要設定一個屬性提供父元件做屬性繫結（Property Binding）。我們可以使用「input」方法來讓外部傳遞一個語音檔案進來：

```
audioFile = input<Blob | null>(null);
```

建立重播按鈕元件的 HTML 樣板：

當正在讀取時、播放語音時或尚未設定語音檔案時，重播按鈕都應該設為不可按的狀態，避免使用者不小心按到重播按鈕：

```
<div class="flex flex-row items-center">
  @if(loadingState() || audioPlayingState() || !audioFile()) {
  <div class="w-full h-full flex flex-col items-center rounded-full mt-5">
    <div
      class="rounded-full bg-gradient-to-br from-gray-300 to-gray-200 border-4 border-gray-100 flex items-center p-3"
    >
      <ion-icon class="text-3xl text-white" name="ear-outline"></ion-icon>
    </div>
  </div>
  } @else {
  <div class="w-full h-full flex flex-col items-center rounded-full mt-5">
    <div
      class="ion-activatable relative overflow-hidden rounded-full bg-gradient-to-br from-purple-500 to-orange-300 border-2 border-gray-300 flex items-center p-3"
      (click)="onReplayAudio()"
    >
      <ion-icon class="text-3xl text-white" name="ear-outline"></ion-icon>
      <ion-ripple-effect></ion-ripple-effect>
    </div>
```

```
  </div>
  }
</div>
```

將播放語音的功能搬進重播按鈕元件內：

我們直接將原本的「audioPlay」方法整組搬到重播元件之中：

```
private playAudio(audioBlob: Blob) {
  this.statusService.startPlayingAudio();
  let url = URL.createObjectURL(audioBlob);
  const audio = new Audio(url);
  audio.load();
  audio.onended = () => {
    this.statusService.stopPlayingAudio();
  };
  audio.play();
}
// 重新播放事件
onReplayAudio() {
  if (this.audioFile()) {
    this.audioPlay(this.audioFile()!);
  }
}
```

用 Signal Effect 來註冊並追蹤變更：

從外部傳遞進元件中的語音檔案是一個 Signal 物件，因此，我們可以直接使用「effect」方法來註冊和追蹤 Signal 物件的變更，並在發生變更時執行語音的播放：

```
constructor(private statusService: StatusService) {
  effect(() => {
    if (this.audioFile()) {
      this.audioPlay(this.audioFile()!);
    }
  });
}
```

這時候，如果讀者如果去執行程式碼會發現，程式竟然發生「NG0600」的錯誤，錯誤內容說明：「不允許在 computed 或 effect 中執行 Signal 物件更新的動作」。

```
▶ ERROR                                           src_app_home_home_page_ts.js:1
Error: NG0600: Writing to signals is not allowed in a `computed`
or an `effect` by default. Use `allowSignalWrites` in the
`CreateEffectOptions` to enable this inside effects.
    at core.mjs:31242:15
    at throwInvalidWriteToSignalError (signals.mjs:407:5)
    at signalUpdateFn (signals.mjs:453:9)
    at signalFn.update (core.mjs:16944:53)
    at StatusService.startPlayingAudio (status.service.ts:25:23)
    at EffectHandle.effectFn (replayaudio.component.ts:24:26)
    at EffectHandle.runEffect (core.mjs:36241:18)
    at Object.fn (core.mjs:36236:58)
    at Object.run (signals.mjs:514:18)
    at EffectHandle.run (core.mjs:36251:22)
```

圖 4-14

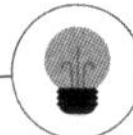

貼心小提醒

只要 Signal 物件執行「set」和「update」的方法，都算是更新的動作。

會發生「NG0600」問題，主要是因為我們在 startPlayingAudio 方法中，執行了 Signal 物件的「update」方法：

```
public startPlayingAudio() {
  this.audioPlaying.update((oldValue) => true);
}
```

讀者們可能會問，明明沒有在 effect 方法中，明確註冊要追蹤的 Signal 物件，卻仍然偵測到了這個 Signal 物件和 NG0600 錯誤呢？就如同前面章節中說到的，effect 方法會在第一次程式執行並進行初始化時，將方法中的「所有 Signal 物件」和「所有被呼叫的方法中的 Signal 物件」都進行註冊和追蹤，也因此在 effect 方法中系統會知道我們有更新 Signal 物件。

而在預設情況下，Angular 是不允許我們在 effect 方法中更改 Signal 物件的值，包括方法中所有可能更改 Signal 物件的動作。如果允許開發者在 effect 方法中更新資料，會因為初始化時註冊的關係，這些更新動作會再次觸發相同的 effect，此時不做任何防護，就會出現難以管理和一連串的變化連鎖反應，同時也產生了難以維護的程式碼和循環依賴。

為了解決這個問題，effect 方法中保留讓使用者自行傳遞 CreateEffect Options 的「allowSignalWrites」屬性。透過這個屬性，系統就允許我們在 effect 方法中執行 Signal 物件的更新：

```
constructor(private statusService: StatusService) {
  effect(
    () => {
      if (this.audioFile()) {
        this.audioPlay(this.audioFile()!);
      }
    },
    { allowSignalWrites: true }
  );
}
```

貼心小提醒

透過設定 CreateEffectOptions 的 allowSignalWrites 屬性，就可以阻止 effect 方法中更新 Signal 物件後，再次觸發相同的 effect 方法進而產生無限循環和一連串的問題。然而，這個屬性應該謹慎使用，只有在讀者們充分瞭解其可能的影響和副作用時才考慮使用哦！

而另外一種解決方式，就是在 Audio 物件的「onplay」播放事件中，才執行播放狀態的更新。這樣就可以避免 effect 方法在第一次執行綁定時，和播放狀態的 Signal 物件產生依賴，從而解決 NG0600 的問題：

```
private audioPlay(audioBlob: Blob) {
  let url = URL.createObjectURL(audioBlob);
  const audio = new Audio(url);
  audio.load();
  audio.onplay = () => {
    this.statusService.startPlayingAudio();
  };
  audio.onended = () => {
    this.statusService.stopPlayingAudio();
  };
  audio.play();
}
```

將重播元件加到主頁面中：

最後，在主頁面中，我們可以將從 Azure AI Services 語音服務取得的文字轉語音後的檔案，透過屬性繫結（Property Binding）的方式，傳遞進重播元件以進行播放。如此一來，當有重播語音的需求時，就能直接從屬性中取得語音檔案，進行無限次的語音播放囉：

```
<div
  class="flex-none flex flex-row justify-between items-center pb-10 relative"
>
  <div class="flex-grow">
    <!-- 重播按鈕 -->
    <app-replayaudio [audioFile]="audioFile"></app-replayaudio>
  </div>
  <div class="flex-grow">
    <!-- 錄音按鈕 -->
    ...
  </div>
</div>
```

圖 4-15

圖 4-16

依照說話風格切換動畫

當我們將文字轉成語音時，可以透過設定說話風格來改變語調，使每次生成的語音都有所不同。除了改變語調，我們還可以將它應用在調整 3D 機器人的動畫中。這樣，語音和 3D 機器人的動作都會依據不同的說話風格進行變化，使整個應用程式更加生動有趣！

我們在第二章節所建立的 Assistants API 提示中，總共設定了四種說話風格：「friendly」、「hopeful」、「cheerful」和「excited」。接下來，我們將依據這四種風格，來設定和控制 3D 機器人的動畫。

用 Angular Signal 來管理當前的說話風格：

在 StatusService 中，使用 Signal 物件來儲存說話風格的字串。這裡我們直接使用「friendly」字串當作初始的風格：

```
// 當前說話風格
private style = signal<string>('friendly');
// ReadOnly 的說話風格
public styleState = this.style.asReadonly();
public setStyle(style: string) {
  this.style.update(() => style);
}
```

取得 3D 模型中的動畫以及儲存說話風格對應的動畫：

在本書中使用的 3D 模型，每個動作是由多個動畫所組成。為了能夠對應不同的說話風格，儲存動畫的物件必須是以下的陣列資料結構（每個說話風格對應多組動畫）：

```
[
  {
```

```
      "name": "friendly",
      "action": [
        "animation1",
        "animation2",
        "animation3"
      ]
    },
    {
      "name": "excited",
      "action": [
        "animation4",
        "animation6",
        "animation8"
      ]
    },
    ...
]
```

貼心小提醒

每個 3D 模型的設定都不同，例如筆者在鐵人賽使用的 3D 模型是一個動作對應一個動畫，而本書中所使用的 3D 動畫則是一個動作對應多個動畫。因此，讀者們可以依照實際的 3D 模型來進行設定。

依照上面的資料結構，我們就可以在 3D 機器人元件中，準備一個 Signal 物件來儲存這些資料：

```
// 用 Signal 儲存所有動畫
private animationList = signal<
  {
    name: string;
    action: THREE.AnimationAction[];
```

```
  }[]
>([]);
```

組合 3D 動畫和說話風格：

由於 3D 動畫的實際名稱和我們在 Assistants API 提示中設定的說話風格不一致，因此我們需要先將想要對應說話風格的動畫一一篩選出來。例如，「hi」開頭的動畫都是屬於「friendly」的說話風格，以此類推。然後，將這些資料更新到 Signal 物件中，後續就可以根據說話風格，得到對應的動畫陣列，並將它們全部播放：

```
// 過濾和新增動畫
private filterAndCreateActions(
  namePattern: RegExp,
  animationName: string,
  animationClipList: THREE.AnimationClip[]
) {
  return {
    name: animationName,
    action: animationClipList
      .filter((clip: THREE.AnimationClip) => namePattern.test(clip.name))
      .map((clip) => this.mixer.clipAction(clip)),
  };
}
// 將動畫加入到動畫列表中
this.animationList.update((list) => {
  list.push(
    this.filterAndCreateActions(/^hi_/, 'friendly', gltf.animations)
  );
  list.push(
```

```
    this.filterAndCreateActions(/^wow_/, 'excited', gltf.animations)
  );
  list.push(
    this.filterAndCreateActions(/^shy_/, 'cheerful', gltf.animations)
  );
  list.push(
    this.filterAndCreateActions(/^like_/, 'hopeful', gltf.animations)
  );

  return list.map((item) => ({
    name: item.name,
    action: item.action.map((action) => action),
  }));
});
```

在 effect 方法中註冊並追蹤變更：

接著，在effect方法中，我們同時註冊並追蹤「animationList」和「styleState」兩個 Signal 物件。這樣，只要有其中一個 Signal 物件變更時，這個 effect 方法就會做出相對應的反應，這樣就可以達到即時更換不同動畫的效果：

```
effect(() => {
  let animation = this.animationList().find(
    (item) => item.name === this.statusService.styleState()
  );
  if (animation) {
    this.stopAllAnimations(); // 停止所有當前播放的動畫
    animation.action.forEach((action) => {
      action.play();
```

```
    });
  }
});
// 停止所有動畫
private stopAllAnimations() {
  // 遍歷所有動畫列表中的動畫
  this.animationList().forEach((animationGroup) => {
    // 每個群組可能包含多個動畫 Action
    animationGroup.action.forEach((action) => {
      action.stop(); // 停止動畫播放
    });
  });
}
```

重新調整 RxJS 管道中回傳的資料：

在 onVoiceRecordFinished 方法中的 RxJS 訂閱中，最終得到的是一個語音檔案。除了語音檔案外，還需要附帶一個說話風格的資料。因此，在 azureTtsService 的最後，需要使用 RxJS 的「map operator」來改變語音服務的輸出結果。這樣在訂閱中，得到的就是包含語音檔案和說話風格的資料，然後就可以透過「setStyle」方法將說話風格設定到 StatusService 中。最後，3D 機器人就會依照 Assistants API 傳回的不同說話風格，再透過 Angular Signals 達到動畫的切換：

```
public onVoiceRecordFinished(audioRecording: AudioRecording) {
  ...
  this.openaiApiService
    .createAudioTranscription(microphoneRecordData)
    .pipe(
      ...
      switchMap(
```

```
        (aiConversationResponseObject) =>
          this.azureTtsService
            .textToSpeech(
              aiConversationResponseObject.conversation,
              aiConversationResponseObject.style,
              aiConversationResponseObject.styleDegress
            )
            .pipe(
              map((blob: Blob) => ({
                audioFile: blob,
                style: aiConversationResponseObject.style,
              }))
            )
      )
    )
    .subscribe((response) => {
      this.audioFile = response.audioFile;
      this.statusService.setStyle(response.style);
    });
}
```

4-7 小節範例程式碼：

https://mochenism.pse.is/6fmhvx

圖 4-17

圖 4-18

4-8 儲存歷史訊息 - Capacitor SQLite 實戰 2

查看歷史訊息的方法

接下來，我們要實作一個查看歷史訊息的操作介面，而在這之前我們必須先取得所有的歷史訊息。使用 Assistants API 的好處就是有一個 Thread 物件負責儲存所有的 Message 物件和對應的對話內容，我們可以透過 Message API 提供的「limit」和「after」參數，來快速查看指定的 Thread 物件中的所有歷史訊息。

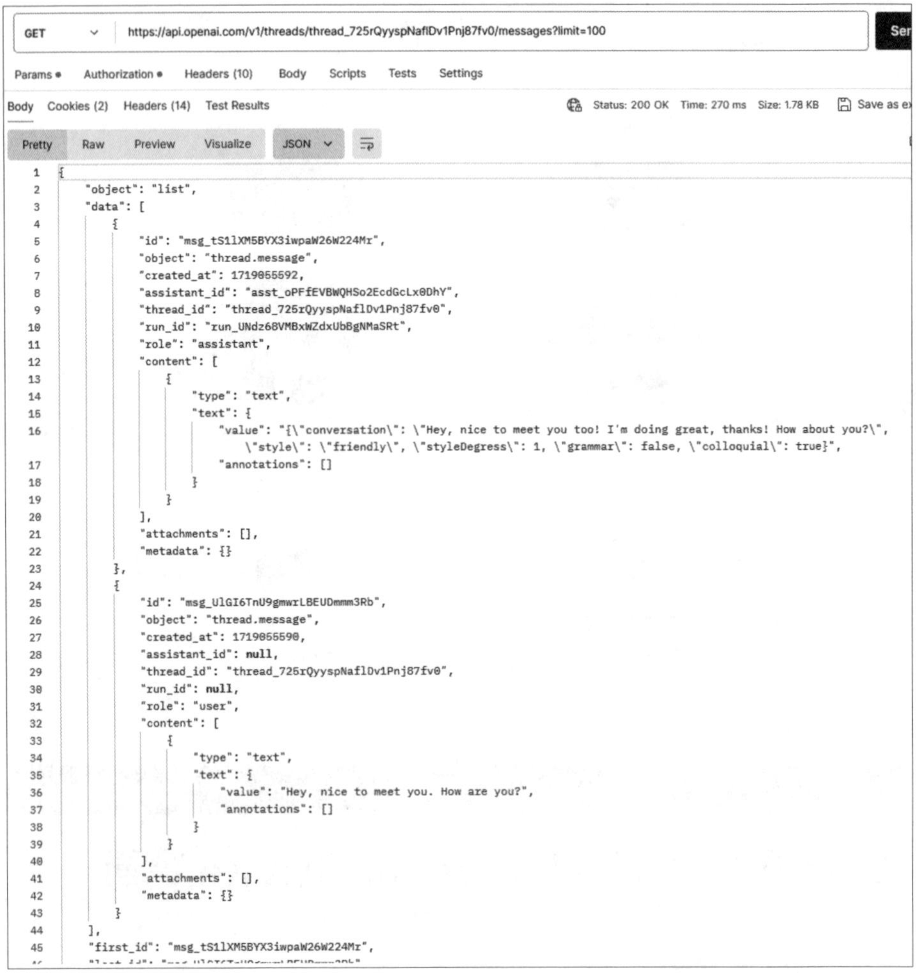

GET https://api.openai.com/v1/threads/thread_725rQyyspNaflDv1Pnj87fv0/messages?limit=100

Params • Authorization • Headers (10) Body Scripts Tests Settings

Body Cookies (2) Headers (14) Test Results Status: 200 OK Time: 270 ms Size: 1.78 KB

Pretty Raw Preview Visualize JSON


```json
{
    "object": "list",
    "data": [
        {
            "id": "msg_tS1lXM5BYX3iwpaW26W224Mr",
            "object": "thread.message",
            "created_at": 1719055592,
            "assistant_id": "asst_oPFfEVBWQHSo2EcdGcLx0DhY",
            "thread_id": "thread_725rQyyspNaflDv1Pnj87fv0",
            "run_id": "run_UNdz68VMBxWZdxUbBgNMaSRt",
            "role": "assistant",
            "content": [
                {
                    "type": "text",
                    "text": {
                        "value": "{\"conversation\": \"Hey, nice to meet you too! I'm doing great, thanks! How about you?\",
                            \"style\": \"friendly\", \"styleDegress\": 1, \"grammar\": false, \"colloquial\": true}",
                        "annotations": []
                    }
                }
            ],
            "attachments": [],
            "metadata": {}
        },
        {
            "id": "msg_UlGI6TnU9gmwrLBEUDmmm3Rb",
            "object": "thread.message",
            "created_at": 1719055590,
            "assistant_id": null,
            "thread_id": "thread_725rQyyspNaflDv1Pnj87fv0",
            "run_id": null,
            "role": "user",
            "content": [
                {
                    "type": "text",
                    "text": {
                        "value": "Hey, nice to meet you. How are you?",
                        "annotations": []
                    }
                }
            ],
            "attachments": [],
            "metadata": {}
        }
    ],
    "first_id": "msg_tS1lXM5BYX3iwpaW26W224Mr",
```


圖 4-19

不過因為儲存在 Thread 物件中的 Message 物件中的對話內容並沒有經過處理（對話內容是一個 JSON 字串，使用前必須先將字串轉為實際的物件），因此在使用上不是那麼方便。所以在這個章節中，打算直接在每一次對話時就用 SQLite 把所有的對話內容經過處理後儲存下來，方便我們後續的使用。這樣就可以讓我們能用更輕鬆的方式查詢和管理歷史對話內容。

在 SQLite 中儲存歷史訊息

在這些歷史訊息中，我們需要儲存的資料有「聊天室 Id」、「角色」、「對話內容」、「文法」和「口語」。其中，聊天室 Id 就是當前選中對應的聊天室 Id，之後可以依照資料庫關聯找出不同的聊天室 Id 所對應的歷史訊息資料。儲存角色的目的則是用於分辨此對話內容是「使用者（User）」還是「AI 英語口說導師（Assistant）」。而文法和口語則是為了後續的其它功能做準備。

定義 SQLite 歷史訊息的資料結構：

聊天室 Id 我們會將它設定為外來鍵（Foreign Key）和聊天室選單做關聯，方便後續資料庫的維護：

```
// 定義歷史訊息的資料結構
const CHATHISTORY_SCHEMA = `
CREATE TABLE IF NOT EXISTS CHATHISTORY (
  chatHistoryId INTEGER PRIMARY KEY AUTOINCREMENT,
  chatRoomId TEXT NOT NULL,
  role TEXT NOT NULL,
  content TEXT NOT NULL,
  grammar INTEGER DEFAULT 0,
  colloquial INTEGER DEFAULT 0,
  timestamp DATETIME DEFAULT CURRENT_TIMESTAMP,
  FOREIGN KEY(chatRoomId) REFERENCES CHATROOM(chatRoomId)
);
`;
```

在建立連線和初始化資料的方法加上歷史訊息的資料結構：

```
public async openSQLiteDBAndDoInitializeAsync() {
  try {
```

```
    ...
    // 執行聊天室選單資料表的建立
    await this.db.execute(CHATROOM_SCHEMA);
    // 執行歷史訊息資料表的建立
    await this.db.execute(CHATHISTORY_SCHEMA);
  } catch (error) {
    console.error('Error initializing plugin:', error);
  }
}
```

刪除聊天室時的資料關聯：

因為使用了外來鍵（Foreign Key），因此當我們執行聊天室刪除時，應該要先刪除聊天室所有關聯的歷史訊息，避免因為外來鍵的約束而導致的刪除失敗：

```
public async deleteChatRoomAsync(chatRoomId: string) {
  try {
    // 刪除聊天室的歷史訊息
    const deleteChatHistoryQuery =
      'DELETE FROM CHATHISTORY WHERE chatRoomId = ?';
    await this.db.run(deleteChatHistoryQuery, [chatRoomId]);
    // 刪除聊天室
    const deleteChatRoomQuery = 'DELETE FROM CHATROOM WHERE chatRoomId = ?';
    ...
  } catch (error) {
    ...
  }
}
```

定義歷史訊息物件模型：

```
export interface ChatHistoryModel {
  chatHistoryId: number;
  chatRoomId: string;
  role: string;
  content: string;
  grammar: boolean;
  colloquial: boolean;
  timestamp: Date;
}
```

儲存歷史訊息：

接著，準備一個用於儲存歷史訊息的 Signal 物件，我們一樣提供一個 Readonly Signal 供外部使用。而在讀取歷史訊息時，則可以使用 JOIN 的方式取得選中的聊天室中所有的歷史訊息資料：

```
  // 儲存歷史訊息的 Signal
  private chatHistoryList = signal<ChatHistoryModel[]>([]);
  // Readonly 的 Signal
  public chatHistoryListReadOnly = this.chatHistoryList.
asReadonly();
...
private async loadChatHistoryDataAsync() {
  try {
    // 只讀取當前選中的聊天室的歷史訊息資料
    const chatHistoryDbData = await this.db.query(
      'SELECT CHATHISTORY.* FROM CHATHISTORY JOIN CHATROOM
ON CHATHISTORY.chatRoomId = CHATROOM.chatRoomId WHERE
CHATROOM.isSelected = 1 ORDER BY CHATHISTORY.timestamp'
    );
```

```
      this.chatHistoryList.set(chatHistoryDbData.values ?? []);
    } catch (error) {
      console.error('Error loading chat history data:', error);
    }
}
```

新增使用者的歷史訊息資料：

這個方法專門用來給使用者在錄音後透過 Audio API 轉成文字後的結果儲存起來，而使用者的文法和口語固定都設為 false 即可。另外，該方法是一個「Promise」，為了可以在 RxJS 的管道（Pipe）中使用，我們還要額外準備一個「Observable」方法。在這個方法中使用 RxJS 的「from」方法將 Promise 轉為 Observable：

```
// Promise
public async addUserChatHistoryAsync(userContent: string) {
  try {
    //新增使用者的歷史訊息
    const query =
      'INSERT INTO CHATHISTORY (chatRoomId, role, content, grammar, colloquial) VALUES (?, ?, ?, ?, ?)';
    const values = [this.selectChatRoomId(), 'user', userContent, 0, 0];
    await this.db.run(query, values);
    await this.loadChatHistoryDataAsync();
  } catch (error) {
    console.error(
      `Error adding chat history with chatRoomId: ${this.selectChatRoomId()}:`,
      error
    );
```

```
  }
}
// Observable
public addUserChatHistory(userContent: string): Observable<void> {
  return from(this.addUserChatHistoryAsync(userContent));
}
```

新增 AI 英語口說導師的歷史訊息資料：

這個方法就是專門用來儲存 AI 英語口說導師回覆的結果，該方法也是一個 Promise，因此也需要額外提供一個 RxJS 的 Observable：

```
// Promise
public async addAssistantChatHistoryAsync(
  assistantContent: string,
  grammer: boolean,
  colloquial: boolean
) {
  try {
    // 新增 AI 英語口說導師的歷史訊息
    const query =
      'INSERT INTO CHATHISTORY (chatRoomId, role, content, grammar, colloquial) VALUES (?, ?, ?, ?, ?)';
    const values = [
      this.selectChatRoomId(),
      'assistant',
      assistantContent,
      grammer ? 1 : 0,
      colloquial ? 1 : 0,
    ];
    await this.db.run(query, values);
```

```
      await this.loadChatHistoryDataAsync();
    } catch (error) {
      console.error(
        `Error adding chat history with chatRoomId: ${this.selectChatRoomId()}:`,
        error
      );
    }
}
// Observable
public addAssistantChatHistory(
  assistantContent: string,
  grammer: boolean,
  colloquial: boolean
): Observable<void> {
  return from(
    this.addAssistantChatHistoryAsync(assistantContent, grammer, colloquial)
  );
}
```

將儲存訊息組合到 RxJS 的管道（Pipe）中

加入儲存使用者歷史訊息的 Observable：

在錄音轉成文字後，原本是只有建立 Message 物件，現在我們將它改成建立完 Message 物件後，再儲存使用者的歷史訊息。這樣的順序可以確保 Message 物件成功建立後，才儲存歷史訊息到 SQLite 中：

```
...
switchMap((audioTranscriptionObject) =>
  this.openaiApiService.createThreadMessage(
```

```
      audioTranscriptionObject.text,
      threadId
    ).pipe(
      switchMap(() => this.sqlitedbService.addUserChatHistory(audioTranscriptionObject.text))
    )
  ),
...
```

加入儲存 AI 英語口說導師歷史訊息的 Observable：

儲存 AI 英語口說導師歷史訊息的時間點則是在我們得到回覆的 Message 物件後，原本是直接將對話內容轉成語音，現在重新調整成在將文字轉語音之前，先將這些歷史訊息儲存到 SQLite 中，以確保所有的對話內容都有被正確儲存：

```
...
switchMap((aiConversationResponseObject) =>
  this.sqlitedbService
    .addAssistantChatHistory(
      aiConversationResponseObject.conversation,
      aiConversationResponseObject.grammar,
      aiConversationResponseObject.colloquial
    )
    .pipe(
      switchMap(() =>
        this.azureTtsService.textToSpeech(
          aiConversationResponseObject.conversation,
          aiConversationResponseObject.style,
          aiConversationResponseObject.styleDegress
        )
      ),
```

```
      map((blob: Blob) => ({
        audioFile: blob,
        style: aiConversationResponseObject.style,
      }))
    )
)
...
```

驗證儲存結果

最後，由於還沒有實作出可以查看歷史對話的操作介面，因此，如果要驗證是否有成功儲存歷史對話，我們可以在「loadChatHistoryDataAsync」方法中加上「console.log」來查看讀取出來的歷史訊息資料，藉此來驗證功能是否正常運作：

```
private async loadChatHistoryDataAsync() {
  try {
    //只讀取當前選中的聊天室的歷史訊息資料
    const chatHistoryDbData = await this.db.query(
      'SELECT CHATHISTORY.* FROM CHATHISTORY JOIN CHATROOM ON CHATHISTORY.chatRoomId = CHATROOM.chatRoomId WHERE CHATROOM.isSelected = 1 ORDER BY CHATHISTORY.timestamp'
    );
    this.chatHistoryList.set(chatHistoryDbData.values ?? []);
    console.log('chatHistoryDbData:', chatHistoryDbData.values ?? []);
  } catch (error) {
    console.error('Error loading chat history data:', error);
  }
}
```

```
[log] - chatHistoryDbData:
[
{"chatHistoryId":7,"chatRoomId":"thread_725rQyyspNaflDv1Pnj87fv0","role":"user"
,"content":"Hey, nice to meet you. How are
you?","grammar":0,"colloquial":0,"timestamp":"2024-06-22
11:26:30"},
{"chatHistoryId":8,"chatRoomId":"thread_725rQyyspNaflDv1Pnj87fv0","role":"assistant"
,"content":"Hey, nice to meet you too! I'm doing great, thanks! How about
you?","grammar":0,"colloquial":1,"timestamp":"2024-06-22 11:26:33"}]
```

圖 4-20

4-8 小節範例程式碼：

https://mochenism.pse.is/6fmhwb

MEMO

CHAPTER

5

AI 英語口說導師進階功能實現

5-1 瀏覽歷史訊息 - Ionic Angular Navigation

什麼是 Ionic Angular Navigation？

Navigation 顧名思義就是導航，是用來管理應用程式中的各個頁面及其生命週期。而在 Ionic 使用 Angular 框架進行開發時，我們可以沿用 Angular Routing 的導航功能。不過要注意，在 Ionic 中所使用的路由元件和 Angular 有所不同。

在 Angular 中，我們會使用以下標籤：

```
1.  <router-outlet></router-outlet>
```

在 Ionic 中，則是使用以下標籤：

```
1.  <ion-router-outlet></ion-router-outlet>
```

此路由元件是特別為了在行動裝置上使用而進行的優化版本，除了繼承 Angular Routing 中所有功能外，還額外擴充了以下功能：

導航堆疊：

在 Ionic Navigation 中，使用堆疊的方式來管理頁面。每當導航到新的頁面時，該頁面會以推入的方式呈現（頁面會直接堆疊在原本的頁面中）。當我們回到上一頁時，堆疊的頁面就會以彈出的方式被關閉。這其實是在模擬大多數原生應用程式的頁面導航功能。

轉場動畫設定：

使用 Ionic Navigation 時，我們可以自行設定不同的轉場動畫。例如，導航時預設是使用推入彈出的動畫，我們可以根據需求將其設定為淡入淡出或其它的動畫方式。

狀態保持：

當談到 Ionic Navigation 時，勢必會談到 Ionic 頁面獨有的生命週期。關於生命週期在第一章節中已經提到過，這裡就不再說明。由於生命週期與導航的關係，當我們導航到新頁面時，原本的頁面並不會被摧毀。因此，當我們再次導航回上一頁時，可以直接顯示原本的頁面，進而達到狀態保持的效果。

導航的使用方式

要在 Ionic 中使用導航有兩種方式:「Angular Router」和「NavController」。以上兩種方式除了各自單獨使用外，也可以合在一起使用，在使用上可以說非常彈性哦！

Angular Router：

Angular Router 對於 Angular 開發者來說，已經是家常便飯的功能，完全不用花費額外的學習時間，開箱即用。我們可以直接在元件中注入 Router 服務，就可以使用導航功能切換到別的頁面：

```
constructor(private router: Router) { }
this.router.navigateByUrl('/gotopage1);
```

NavController：

NavController 是 Ionic 提供的導航物件，它包含著不同於 Angular Router 的導航的功能。雖然使用時的效果和 Angular Router 幾乎一模一樣，不過在

NavController 中的導航方法中則多了明確指定導航頁面的方式，例如我們可以指定「下一頁（forward，也可以稱前進）」、「上一頁（back）」和「根頁面（root）」。

貼心小提醒

「根頁面（root）」這個功能比較特殊，它會將導航堆疊中的所有頁面移除，只保留指定的頁面作為新的根頁面。簡單來說，就是它會重置應用程式中的導航狀態，並將新設定的頁面當作目前唯一的主頁面。

NavController 除了導航功能，還可以額外設定「NavigationOptions」。它繼承了原本 Angular Router 中的「NavigationBehaviorOptions」，並額外擴充了「AnimationOptions」，它可以用來設定導航時不同的轉場動畫。整體來說，在使用 NavController 時，客製化的導航功能會比 Angular Router 更為豐富。

以下是 NavController 的常用方法介紹：

方法	功能描述
navigateForward(url: string | UrlTree | any[], options?: NavigationOptions): Promise<boolean>	這個方法會使用「下一頁（forward）」的方式進行頁面導航。該方法等同於使用 Angular Router 的「this.router.navigateByUrl('/gotopage1')」，只差在 navigateForward 有明確指出導航的方式。
navigateBack(url: string | UrlTree | any[], options?: NavigationOptions): Promise<boolean>	這個方法會使用「上一頁（back）」的方式進行頁面導航。該方法等同於使用「this.navController.setDirection('back')」加「this.router.navigateByUrl('/gotopage1')」。

方法	功能描述
back(options?: AnimationOptions): void	這個方法等同於 Angular Location 服務中的「back()」方法。預設是使用「上一頁（back）」的動畫。
pop(): Promise<boolean>	這個方法也是「回到上一頁」。和 navigateBack 的差別在於我們不需要指定上一頁的頁面。該方法會自動找出堆疊中最後一次的頁面並返回該頁面。
setDirection(direction: RouterDirection, animated?: boolean, animationDirection?: 'forward' | 'back', animationBuilder?: AnimationBuilder): void	這個方法本身不會觸發任何導航功能，它只是用來設定下一次導航的方式。基本上使用時會搭配 this.router.navigateByUrl，但這樣要寫兩行程式碼。而且其實有更直接的方法「navigateForward」、「navigateBack」和「pop」，在維護上也會比使用 setDirection 更簡單。

建立瀏覽歷史訊息的頁面

用 Ionic CLI 建立頁面（Page）：

接著我們來建立一個可以瀏覽歷史訊息的頁面，這次使用 ionic generate 指令中的 page 來建立「頁面」而不是之前建立的「元件」。建立頁面的指令為以下：

```
ionic g page chathistory --standalone
```

基本上，使用 page 建立頁面和使用 component 建立元件，結果是完全一樣的。不同之處在於，使用 page 建立出來的 HTML 中會有預設的模板，另外，Ionic CLI 也會幫我們直接在 app router 中加入新頁面的路由。不過，由於預設加上新頁面的路由是靠指令自動往下加的，因此讀者們使用時，記得要檢查並重新調整一下正確的路由順序：

```
export const routes: Routes = [
  {
    path: 'home',
    loadComponent: () => import('./home/home.page').then((m) => m.HomePage),
  },
  {
    path: 'chathistory',
    loadComponent: () =>
      import('./chathistory/chathistory.page').then((m) => m.ChathistoryPage),
  },
  {
    path: '',
    redirectTo: 'home',
    pathMatch: 'full',
  },
];
```

貼心小提醒

當我們使用 ionic g page 指令建立頁面時，會自動在 Routes 中加上路由，這些路由預設就是使用延遲載入（Lazy Loading）的方式哦！

取得歷史訊息：

我們需要在此頁面中顯示對應聊天室的歷史訊息，可以透過注入 SqlitedbService 來取得 chatHistoryListReadOnly 的 Signal 物件中，當前聊天室的歷史訊息資料：

```
chatHistoryListReadOnly = this.sqlitedbService.
chatHistoryListReadOnly;
constructor(private sqlitedbService: SqlitedbService) { }
```

建立歷史訊息頁面的 HTML 樣板：

在此頁面的 HTML 樣板中，我們會在 ion-header 元件中加上一個 Ionic 的「ion-back-button」元件，這個元件內建使用 NavController 中的「pop」方法來回到上一頁。加上這個元件後，我們就不用額外撰寫回到上一頁的程式碼。

另外，我們還需要在 ion-content 元件上，宣告樣板引用變數（Template Reference Variables），後續會使用到它：

```
<ion-header>
  <ion-toolbar>
    <ion-buttons slot="start">
      <ion-back-button text=" 返回 "></ion-back-button>
    </ion-buttons>
    <ion-title> 歷史訊息 </ion-title>
  </ion-toolbar>
</ion-header>

<ion-content #ionContent>
  <div class="flex flex-col space-y-6 m-2 mb-5">
    @for(item of chatHistoryListReadOnly(); track item.
chatHistoryId) {
```

```
    @if(item.role === 'user' && item.content !== '') {
    <div class="flex flex-row items-start justify-start self-end">
      <!-- User 對話框 -->
      <div
        class="flex-1 bg-gradient-to-br from-purple-500 to-blue-400 rounded-2xl px-3 py-2 text-white max-w-xxs"
      >
        <p>{{ item.content }}</p>
      </div>
    </div>
    } @else {
    <div class="flex flex-row items-start justify-start self-start">
      <!-- AI 頭像 -->
      <img
        class="flex-none w-8 h-8 rounded-full bg-gradient-to-br from-purple-300 to-orange-200 mr-3 flex items-center justify-center"
        src="assets/robot3DModel/screen.png"
      />
      <!-- AI 對話框 -->
      <div class="flex-1 flex flex-col xl:max-w-4xl max-w-xxs">
        <span class="text-purple-600 text-xs font-bold mb-1"
          >AI 英語口說導師</span
        >
        <div
          class="bg-gradient-to-br from-purple-500 to-orange-400 rounded-2xl px-3 py-2 text-white"
        >
          <p>{{ item.content }}</p>
        </div>
      </div>
```

```
    </div>
    } } @empty {
    <!-- 無訊息 -->
    <div
      class="flex flex-col items-center justify-center font-bold text-purple-500"
    >
      <ion-icon class="text-4xl mb-2" name="alert-circle-outline"></ion-icon
      ><span>目前無歷史訊息</span>
    </div>
    }
  </div>
</ion-content>
```

將畫面移動到最底部以顯示最新的歷史訊息

當我們每次進入頁面時，畫面預設都是顯示在 ion-content 元件的最頂部（Top），通常顯示的是較舊的歷史訊息。此時如果資料很多，使用者就需要手動向下滾動很久才能看到最新的訊息，這不是一個很好的使用者體驗。因此，為了提升使用者體驗，我們應該在 ion-content 元件渲染完成後，自動將畫面滑動到最底部（Bottom），以顯示最新的歷史訊息。

用 Signal Queries 的 viewChild 取得 ion-content 元件：

和前面章節中取得元素參考（ElementRef）的方式不同，這次是在 viewChild 的泛型設定中直接設定「ion-content 元件的物件型別」，這樣取得的 Signal 物件就可以直接使用 ion-content 元件中的屬性和方法：

```
ionContent = viewChild<IonContent>('ionContent');
```

自動將畫面滑動到底部：

我們直接在 effect 方法中註冊並追蹤 ion-content 元件，確保 ion-content 元件取得後再執行滑動到底部的方法。這樣每次進入歷史訊息的頁面後，都會自動滑動到畫面的最底部並顯示最新的歷史訊息：

```
constructor(private sqlitedbService: SqlitedbService) {
  effect(() => {
    if (this.ionContent()) {
      this.ionContent()?.scrollToBottom();
    }
  });
}
```

建立歷史訊息按鈕元件

接下來，我們需要建立一個按鈕元件，這個按鈕元件會提供導航功能，讓我們可以從主頁面切換到歷史訊息頁面中。

用 Ionic CLI 建立元件（Component）：

```
ionic g c chathistorybutton --standalone
```

建立歷史訊息按鈕元件的 HTML 樣板：

```
<div class="flex items-center justify-center">
  <div
    class="w-full h-full flex flex-col items-center rounded-
full mt-5"
    (click)="onChatHistoryClick()"
  >
```

```
    <div
      class="ion-activatable relative overflow-hidden rounded-full bg-gradient-to-br from-purple-500 to-orange-300 border-2 border-gray-300 flex items-center p-3"
    >
      <ion-icon
        class="text-3xl text-white"
        name="chatbubbles-outline"
      ></ion-icon>
      <ion-ripple-effect></ion-ripple-effect>
    </div>
  </div>
</div>
```

將歷史訊息按鈕元件加到主頁面中：

```
<div class="flex-grow">
  <!-- 重播按鈕 -->
  <app-replayaudio [audioFile]="audioFile"></app-replayaudio>
</div>
<div class="flex-grow">
  <!-- 錄音按鈕 -->
  <app-voicerecording
    (voiceRecordFinished)="onVoiceRecordFinished($event)"
  ></app-voicerecording>
</div>
<div class="flex-grow">
  <!-- 歷史訊息按鈕 -->
  <app-chathistorybutton></app-chathistorybutton>
</div>
```

加上導航功能：

在按鈕的事件中，視需求而定，可以使用 Angular Router 或 NavController 來進行導航。這裡我們用最簡單的 Angular Router 來進行頁面的導航：

```
constructor(private router: Router) { }
public onChatHistoryClick() {
  this.router.navigateByUrl('/chathistory');
}
```

最後，讀者們可以自行嘗試進行對話或切換不同的聊天室，此時歷史訊息的內容也會隨之改變哦！

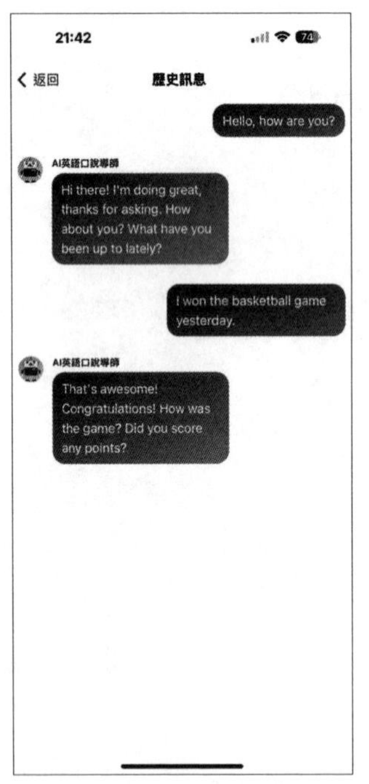

圖 5-1

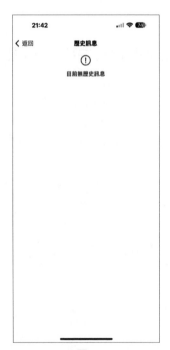

圖 5-2

5-1 小節範例程式碼：

https://mochenism.pse.is/6fmhwt

5-2

下拉讀取功能實作 - Ionic Infinite Scroll 元件介紹

什麼是 Ionic Infinite Scroll？

首先，無限滾動（Infinite Scrolling）其實也是延遲載入（Lazy Loading）的一種方式，同時也是一種使用者互動的設計模式。其核心理念是，不一次性顯示所有資料，而是根據使用者的滾動動作逐步讀取新的資料。這樣做的好處是可以避免一次性讀取大量資料所帶來的長時間等待，從而加快應用程式的讀取速度。

這種設計常見於現代社交媒體平台的行動應用程式中，例如：Facebook、X（Twitter）、Instagram 和 Threads。這些應用程式會在使用者快要滾動到頁面的底部時，預先在背景讀取資料並將這些新的資料接續顯示下去，因此在使用者體驗上，就感覺好像永遠都滑不完，所以才會稱為無限滾動（Infinite Scrolling）。

在 Ionic 中，我們可以直接使用 Ionic Infinite Scroll 元件，用最少的程式碼、最簡單的方式，快速實現無限滾動（Infinite Scrolling）。

Ionic Infinite Scroll 的使用方式

ion-infinite-scroll 元件：

使用 ion-infinite-scroll 元件時需要注意，該元件必須包含在「ion-content」元件之內，否則會沒有效果。在使用時我們可以依照需求決定擺放的位置並設定「position」屬性。簡單來說，若要實現下拉讀取，該元件就需要擺放在列表清單的下方，若要實現上拉讀取則反之：

```
<ion-content>
  <!-- 下拉讀取時，資料列表的擺放位置 -->
  <ion-infinite-scroll position="<top | bottom>" (ionInfinite)="onIonInfinite($event)">
    <ion-infinite-scroll-content></ion-infinite-scroll-content>
  </ion-infinite-scroll>
  <!-- 上拉讀取時，資料列表擺放的位置 -->
</ion-content>
```

以下是 Ionic Infinite Scroll 元件的屬性、事件和方法介紹：

屬性	功能描述
disabled	用來開啟和關閉無限滾動，預設是「false」。如果設定為「true」，則會關閉無限滾動的功能，這包括所有的事件。通常是在所有資料都讀取和顯示完畢後，將它關閉，以防止讀取事件繼續觸發。
position	設定無限滾動觸發的位置。可以是「top」和「bottom」，預設是「bottom」。
threshold	啟動無限滾動的位置或距離。可以設定百分比，例如 15%，或是以 px 為單位，例如 100px，預設是「15%」。

事件	功能描述
ionInfinite: EventEmitter<CustomEvent<void>>;	當無限滾動觸發時，會發送這個事件，我們可以將任何讀取資料的動作寫在這個事件中。參數 CustomEvent 的實體是 InfiniteScrollCustomEvent，該事件裡有一個 target 屬性，可以取得 ion-infinite-scroll 元件的實體。當讀取資料完成後，就會使用它來呼叫「complete」方法。

方法	功能描述
complete: () => Promise<void>;	當讀取資料完成後，我們需要呼叫此方法表示讀取完成，呼叫此方法後才會將無限滾動的狀態從 loading 改為 enabled。

ion-infinite-scroll-content 元件：

此元件也需要包含在「ion-infinite-scroll」元件中，無法單獨使用。該元件單純是用來顯示讀取時的讀取動畫和提示文字。使用時我們可以依照需求替換預設的樣式，但如果預設樣式不滿意，我們也可以不使用它，然後自行客製化讀取動畫和提示文字，但要記得它必須要包在「ion-infinite-scroll」元件內才有效果哦！

以下是 ion-infinite-scroll-content 元件的屬性介紹：

屬性	功能描述
loadingSpinner	設定讀取動畫樣式。有「bubbles」、「circles」、「circular」、「crescent」、「dots」、「lines」、「lines-sharp」、「lines-sharp-small」、「lines-small」、「null」 和「undefined」，預設是「undefined」。

屬性	功能描述
loadingText	設定讀取時的提示文字。可以是純文字也可以是 HTML 字串，預設是「undefined」。

調整 SqlitedbService 讀取歷史訊息資料的方式

在每次切換聊天室時，系統都會重新讀取所有的歷史訊息。當資料量變多時，讀取速度會越來越慢。而且，即使沒有進入瀏覽歷史訊息的頁面，系統也會讀取這些資料，增加使用者等待讀取的時間。為了有效解決這些問題，接下來，我們需要重新調整 SqlitedbService 中讀取資料的方式。

切換聊天室時不再重新讀取歷史訊息資料：

首先，原本在切換聊天室時都會讀取歷史訊息資料，我們將其移除，改成「進入瀏覽歷史訊息的頁面後」才讀取這些資料，以減少每次切換聊天室時使用者等待的時間：

```
public async loadChatRoomDataAsync() {
  try {
    // 讀取所有聊天室選單資料
    ...
    // 不再重新讀取歷史訊息資料
    // await this.loadChatHistoryDataAsync();
    this.defaultChatHistoryData();
  } catch (error) {
    ...
  }
}
```

新增時不再重新讀取歷史訊息資料：

由於每次與 AI 英語口説導師對話時，不管是新增訊息還是讀取 AI 英語口説導師的歷史訊息資料，都會執行資料讀取。這意味著，每次一來一回的對話中，都會歷經兩次資料讀取，而且每次都是重新讀取全部資料。當未來聊天室中的資料量變多時，使用者等待的時間只會越來越長。因此，首先我們要做的就是將新增訊息時讀取資料的功能全數移除：

```
public async addUserChatHistoryAsync(userContent: string) {
  try {
    // 新增使用者的歷史訊息
    ...
    // 新增時不再重新讀取歷史訊息資料
    // await this.loadChatHistoryDataAsync();
  } catch (error) {
    ...
  }
}
.
public async addAssistantChatHistoryAsync(
  assistantContent: string,
  grammer: boolean,
  colloquial: boolean
) {
  try {
    // 新增 AI 英語口說導師的歷史訊息
    ...
    // 新增時不再重新讀取歷史訊息資料
    // await this.loadChatHistoryDataAsync();
  } catch (error) {
    ...
  }
}
```

新增分頁變數和初始化方法：

接著我們要實現分頁功能，讓每次讀取的資料量能夠控制在固定的數量。在 SqlitedbService 中，需要增加兩個變數用來記錄當前的頁面以及每頁所顯示的預設資料量。然後再建立一個 defaultChatHistoryData 方法用於初始化：

```
// 當前頁面
private currentPage = 0;
// 每頁顯示的資料筆數
private pageSize = 20;
...
public defaultChatHistoryData() {
  this.chatHistoryList.set([]);
  this.currentPage = 0;
  this.pageSize = 10;
}
```

實現分頁讀取：

接下來，我們需要把分頁功能加進讀取資料的方法中。原本是一口氣將所有資料讀取出來，現在我們要改成以分頁讀取。在使用 SQLite 進行資料查詢時，為了實現分頁功能，我們可以利用「LIMIT」和「OFFSET」這兩個子句。這些子句讓我們能夠指定每次查詢的資料筆數以及從哪一筆資料開始查詢。

例如，我們有一個資料表 A，其中包含 20 筆資料。我們希望每頁只顯示 10 筆資料，並且能夠透過分頁查看所有資料。這時，我們可以使用以下 SQLite 語法來實現分頁：

```
SELECT * FROM A LIMIT 10 OFFSET 0;
```

確定可以取得分頁資料後，我們還需要確保每次進入頁面時顯示的都是最新的歷史訊息。所以在 ORDER BY 子句中，我們需要使用遞減排序（DESC）進行排序：

```
SELECT * FROM A ORDER BY A.timestamp DESC LIMIT 10 OFFSET 0;
```

貼心小提醒

分頁時為什麼要改成遞減排序（DESC）？這是因為，當我們一口氣顯示全部歷史訊息資料時，資料是由上到下，從舊到新，所以 ORDER BY 子句可以使用遞增排序（ASC，ORDER BY 預設也是 ASC）的方式進行。但是在使用分頁時，如果維持遞增排序（ASC），第一頁讀取出來的資料就會是最舊的歷史訊息，而不是我們要的最新歷史訊息資料。

給讀者們花 1 分鐘思考：改成遞減排序（DESC）後，資料的顯示會不會有問題呢？如果有，是什麼問題呢？

重新調整讀取歷史訊息資料的方法：

確定實現分頁的方式後，就可以來實作看看了。首先，我們需要取得資料的總數，並使用每頁顯示的資料筆數來計算出當前資料的「總頁數」。這樣當觸發無限滾動並執行資料讀取時，就可以確定當前讀取的頁數是否為最後一頁：

```
// 查詢總記錄數
const totalRecordsData = await this.db.query(
  'SELECT COUNT(*) as total FROM CHATHISTORY JOIN CHATROOM ON CHATHISTORY.chatRoomId = CHATROOM.chatRoomId WHERE CHATROOM.isSelected = 1'
);
const totalRecords = totalRecordsData.values
  ? totalRecordsData.values[0].total
```

```
    : 0;
  const totalPages = Math.ceil(totalRecords / this.pageSize);
  ...
  // 檢查是否已經到達最後一頁
  if (this.currentPage >= totalPages - 1) {
    return true;
  } else {
    this.currentPage++;
    return false;
  }
```

接下來，我們使用 Signal 物件的「update」方法來更新資料。由於我們前面使用遞減排序（DESC），每次讀取到的資料都會比原本顯示的資料更舊。因此，在進行陣列重組時，新讀取到的資料必須擺放在原本資料的前面：

```
// 只讀取當前選中的聊天室的歷史訊息資料
const offset = this.currentPage * this.pageSize;
// 查詢當前頁面的歷史訊息
const chatHistoryDbData = await this.db.query(
  'SELECT CHATHISTORY.* FROM CHATHISTORY JOIN CHATROOM ON CHATHISTORY.chatRoomId = CHATROOM.chatRoomId WHERE CHATROOM.isSelected = 1 ORDER BY CHATHISTORY.timestamp DESC LIMIT ? OFFSET ?',
  [this.pageSize, offset]
);
const newRecords = chatHistoryDbData.values ?? [];
// 將新的歷史訊息加入到原有的歷史訊息列表中
this.chatHistoryList.update((oldList) => {
  return [...newRecords, ...oldList];
});
```

還記得前面有讓讀者們思考的問題：「改成遞減排序（DESC）後，資料的顯示會不會有問題呢？如果有，是什麼問題呢？」我相信聰明的讀者們的答案絕對和我一樣：「有。」遞減排序（DESC）的確會造成資料顯示上的問題。

由於在 HTML 樣板中資料顯示的方式是使用 @for 迴圈遞增來顯示，所以陣列中越前面的資料應該是最舊的資料。然而，因為分頁功能的關係，新讀取出來的資料排序都是遞減的，加上每次進行陣列重組時，新讀取到的資料必須擺放在原本資料的前面，導致顯示的資料排序方式不符合我們的預期。

例如第一次讀取出來的資料因為是遞減排序（DESC），陣列中的資料就是：

```
const chatHistoryList = [
  { id: 10, timestamp: '2024-07-03 10:05' },
  { id: 9, timestamp: '2024-07-03 10:04' },
  { id: 8, timestamp: '2024-07-03 10:03' },
  { id: 7, timestamp: '2024-07-03 10:02' },
  { id: 6, timestamp: '2024-07-03 10:01' },
];
```

第二次讀取出來的資料，組合後就會是：

```
const chatHistoryList = [
  { id: 5, timestamp: '2024-07-03 10:00' },
  { id: 4, timestamp: '2024-07-03 09:59' },
  { id: 3, timestamp: '2024-07-03 09:58' },
  { id: 2, timestamp: '2024-07-03 09:57' },
  { id: 1, timestamp: '2024-07-03 09:56' },
  { id: 10, timestamp: '2024-07-03 10:05' },
  { id: 9, timestamp: '2024-07-03 10:04' },
  { id: 8, timestamp: '2024-07-03 10:03' },
  { id: 7, timestamp: '2024-07-03 10:02' },
  { id: 6, timestamp: '2024-07-03 10:01' },
];
```

實際上若要符合我們預期的顯示方式，陣列中的資料應該要是：

```
const chatHistoryList = [
  { id: 1, timestamp: '2024-07-03 09:56' },
  { id: 2, timestamp: '2024-07-03 09:57' },
  { id: 3, timestamp: '2024-07-03 09:58' },
  { id: 4, timestamp: '2024-07-03 09:59' },
  { id: 5, timestamp: '2024-07-03 10:00' },
  { id: 6, timestamp: '2024-07-03 10:01' },
  { id: 7, timestamp: '2024-07-03 10:02' },
  { id: 8, timestamp: '2024-07-03 10:03' },
  { id: 9, timestamp: '2024-07-03 10:04' },
  { id: 10, timestamp: '2024-07-03 10:05' },
];
```

要解決這個問題，我們只需要在組合陣列資料前，對新加入的資料進行一次反轉操作。要反轉陣列可以透過陣列的「reverse」方法將資料整個反轉，這樣顯示資料時就會符合我們預期的顯示方式：

```
// 將新的歷史訊息加入到原有的歷史訊息列表中
this.chatHistoryList.update((oldList) => {
  return [...newRecords.reverse(), ...oldList];
});
```

以下是 loadChatHistoryDataAsync 方法重新調整後的完整程式碼：

```
public async loadChatHistoryDataAsync() {
  try {
    // 只讀取當前選中的聊天室的歷史訊息資料
    const offset = this.currentPage * this.pageSize;
    // 查詢當前頁面的歷史訊息
    const chatHistoryDbData = await this.db.query(
```

```
      'SELECT CHATHISTORY.* FROM CHATHISTORY JOIN CHATROOM ON CHATHISTORY.chatRoomId = CHATROOM.chatRoomId WHERE CHATROOM.isSelected = 1 ORDER BY CHATHISTORY.timestamp DESC LIMIT ? OFFSET ?',
      [this.pageSize, offset]
    );
    const newRecords = chatHistoryDbData.values ?? [];
    // 將新的歷史訊息加入到原有的歷史訊息列表中
    this.chatHistoryList.update((oldList) => {
      return [...newRecords.reverse(), ...oldList];
    });
    // 查詢總記錄數
    const totalRecordsData = await this.db.query(
      'SELECT COUNT(*) as total FROM CHATHISTORY JOIN CHATROOM ON CHATHISTORY.chatRoomId = CHATROOM.chatRoomId WHERE CHATROOM.isSelected = 1'
    );
    const totalRecords = totalRecordsData.values
      ? totalRecordsData.values[0].total
      : 0;
    const totalPages = Math.ceil(totalRecords / this.pageSize);
    // 檢查是否已經到達最後一頁
    if (this.currentPage >= totalPages - 1) {
      return true;
    } else {
      this.currentPage++;
      return false;
    }
  } catch (error) {
    console.error('Error loading chat history data:', error);
    return true;
  }
}
```

在瀏覽歷史訊息頁面中加上 Ionic Infinite Scroll

初始化分頁和讀取歷史訊息資料：

在前面我們將讀取歷史訊息資料的方法移除了，因此，在進入瀏覽歷史訊息的頁面時，我們要自行實作資料的讀取。這裡我們就在 effect 方法中，等待 ionContent 元件準備好後才執行資料的讀取，以確保資料讀取完後可以使用「scrollToBottom」方法，自動將畫面捲動到最底部。

另外，我們還需要宣告一個「hasMoreData」的 Signal 物件，該 Signal 物件是用於判斷資料是否已全數讀取完畢的布林值：

```
hasMoreData = signal<boolean>(true);
...
constructor(private sqlitedbService: SqlitedbService) {
  addIcons({ alertCircleOutline });
  effect(
    async () => {
      if (this.ionContent()) {
        this.sqlitedbService.defaultChatHistoryData();
        const moreData =
          await this.sqlitedbService.loadChatHistoryDataAsync();
        this.hasMoreData.set(moreData);
        setTimeout(() => {
          this.ionContent()?.scrollToBottom();
        }, 50);
      }
    },
    { allowSignalWrites: true }
  );
}
```

貼心小提醒

這裡之所以會使用「setTimeout」來執行 scrollToBottom 方法，是因為當還有未讀取完的資料時，ion-infinite-scroll 元件會被啟用，而該元件有固定的高度。啟用後會使整個畫面向下推移一點。然而，因為渲染需要時間，如果立即執行 scrollToBottom 方法，可能會因為 ion-infinite-scroll 元件尚未渲染完成而導致其高度沒有被計算在內。因此，使用「setTimeout」可以確保渲染完成後再進行捲動，以達到預期的效果。

實作無限滾動事件：

接著，我們要實作 ion-infinite-scroll 元件的「ionInfinite」事件。在 Ionic 中實作下拉讀取功能時，有一些小問題。當我們觸發資料讀取時，此時捲動的 Y 軸位置接近 0，當資料讀取完畢後，由於滾動位置不會變動，看起來就像直接回到頂部一樣。但實際上，我們應該要回到最後讀取時的資料位置。因此，在這個方法中，我們簡單的實現一個計算捲動高度的算法，並在資料讀取完成後自動捲回上一次觸發資料讀取的位置：

```
public async onIonInfinite(e: InfiniteScrollCustomEvent) {
  const beforeScrollElement = await this.ionContent()?
.getScrollElement();
  this.beforeScrollPosition = beforeScrollElement!
.scrollHeight;
  const moreData = await this.sqlitedbService.
loadChatHistoryDataAsync();
  this.hasMoreData.set(moreData);
  await e.target.complete();

  setTimeout(async () => {
    const afterScrollElement = await this.ionContent()?
.getScrollElement();
```

```
    await this.ionContent()?.scrollToPoint(
      0,
      afterScrollElement!.scrollHeight - this.beforeScrollPosition,
      0
    );
  }, 50);
}
```

在 HTML 樣板中加上 ion-infinite-scroll 標籤：

由於 ion-infinite-scroll 元件的 threshold 屬性預設值為 15%，觸發的範圍有點大（大約顯示 6 條歷史訊息後就會觸發讀取），因此這裡我們將它調整為「50px」以縮小觸發的範圍：

```
<ion-content #ionContent>
  <ion-infinite-scroll
    position="top"
    [disabled]="hasMoreData()"
    threshold="50px"
    (ionInfinite)="onIonInfinite($event)"
  >
    <ion-infinite-scroll-content
      loadingText=" 讀取資料中 ..."
    ></ion-infinite-scroll-content>
  </ion-infinite-scroll>
  ...
</ion-content>
```

加上歷史訊息的時間顯示：

為了方便確認資料顯示時的順序，我們在每個對話框中加上資料寫入的時間。到這邊所有的下拉讀取功能就完成囉：

```
<div class="flex flex-col items-end justify-start self-end">
  <!-- User 對話框 -->
  <div
    class="bg-gradient-to-br from-purple-500 to-blue-400 rounded-2xl px-3 py-2 text-white max-w-56"
  >
    <p>{{ item.content }}</p>
  </div>
  <span class="text-gray-400 text-sm text-right w-full px-1"
    >{{ item.timestamp }}</span
  >
</div>
...
<!-- AI 對話框 -->
<div class="flex-1 flex flex-col xl:max-w-4xl max-w-56">
  <span class="text-purple-600 text-xs font-bold mb-1"
    >AI 英語口說導師 </span
  >
  <div
    class="bg-gradient-to-br from-purple-500 to-orange-400 rounded-2xl px-3 py-2 text-white"
  >
    <p>{{ item.content }}</p>
  </div>
  <span class="text-gray-400 text-sm text-left w-full px-1"
    >{{ item.timestamp }}</span
  >
</div>
```

圖 5-3

5-2 小節範例程式碼：

https://mochenism.pse.is/6fmhxm

5-3 實作文法和口語提示 - Ionic Modal 元件介紹：使用 Sheet Modal

什麼是 Ionic Modal？

Modal 本質上是一種彈出式對話框元素，它會顯示在所有頁面的最前面，並且會讓後面的所有其它元素都無法操作。若要回到原先的頁面，使用者必須先關閉此對話框才能繼續進行其他操作。在功能上 Modal 其實和 Alert（或稱 Dialog）非常相似，目的都是為了顯示某些重要資訊或操作，並且讓使用者的注意力集中在這個畫面上。

而 Ionic Modal 也像是 Ionic Alert 元件的進階版本，只是 Ionic Modal 從原本 Ionic Alert 小小的對話框升級為全螢幕的樣式。由於畫面的變大，能夠呈現的內容更多，設計上也會比 Ionic Alert 更為彈性。

另外，除了預設的 Ionic Modal 功能，還提供了兩種不同的 Modal 模式：「Card Modal」和「Sheet Modal」。

Card Modal：

在 Card Modal 模式下，Modal 畫面會以堆疊的方式疊加在主要畫面上，看起來像是手拿撲克牌的感覺。不過要注意的是，Card Modal 的顯示效果只在 iOS 系統下才有作用，在 Android 系統中則會恢復成預設的 Ionic Modal 顯示方式。

圖 5-4

貼心小提醒

Ionic Modal 的 Card Modal 在功能上就如同 iOS 系統中的 Modal View 哦！

Sheet Modal：

在 Sheet Modal 模式下，Modal 會以部分或完全展開的形式顯示。它具有多段式可調高度的功能，允許使用者依照需求調高或調低顯示範圍，是現代行動應用程式中常見的一種 UI 設計。它的原名叫做「Bottom Sheet」，在很多知名應用程式中都能看到這種設計，例如：YouTube、Uber Eats、Instagram 和 Google Maps 等。在本章節中，我們將會使用 Sheet Modal 作為開發的首選。

圖 5-5

Ionic Modal 和 Sheet Modal 的使用方式

Ionic Modal 之所以可以當作 Ionic Alert 的進階版本，是因為在使用上兩者非常相似，使用上可以選擇在 HTML 樣板中建立或動態建立。在本章節中，我們將會使用「在 HTML 樣板中建立」的方式來建立 Ionic Modal。

在 HTML 樣板中建立（官方建議的方式）：

當使用 Ionic Modal 時，我們可以將要顯示的內容包含在「ion-modal」元件的標籤內。雖然這種方式看起來像是 Ionic Modal 會永久存在於 DOM 中，但實際上，在 DOM 中我們只會看到 Ionic Modal 元件的佔位符。只有在我們打開 Modal 時，才會真正顯示我們定義的模板內容。也就是說，Ionic Modal 的底層會自動幫我們管理這些頁面的生命週期，讓我們可以更專注於頁面的開發：

```
<ion-button id="hello-world-modal">Hello World Click</ion-button>
<ion-modal trigger="hello-world-modal">
  <ng-template>
    <ion-header>你好嗎世界？</ion-header>
    <ion-content>Hello world</ion-content>
  </ng-template>
</ion-modal>
```

透過 ModalController 動態建立：

使用 ModalController 進行動態建立時，也是透過依賴注入（Dependency Injection）的方式，並呼叫「create」方法來進行動態建立。建立時和 Ionic Alert 稍微不同，傳遞的參數為一個「ModalOptions」物件：

```
const helloModal = await this.modalController.create({
  component: HelloWorldComponent,
});
await helloModal.present();
```

使用動態建立的方式建立 Ionic Modal 時，create 方法必須傳遞「ModalOptions」物件中的「component」屬性，該屬性是一個泛型，所以我們必須明確指定傳遞的元件（Component）：

```
export interface ModalOptions<T extends ComponentRef = ComponentRef> {
    component: T;
    …
}
```

另外，如果傳遞的元件（Component）中有「@Input」或是「Signal Inputs」，ModalOptions 還提供了「componentProps」屬性，讓我們可以從這裡設定要傳遞的參數：

```
const helloModal = await this.modalController.create({
  component: HelloWorldComponent,
  componentProps: {
    helloValue: 'Hello World!'
  }
});
await helloModal.present();

@Component({
  selector: 'app-helloworld,
  templateUrl: './helloworld.component.html',
  styleUrls: ['./helloworld.component.scss'],
  standalone: true,
})
export class HelloWorldComponent {
  /* @Input() helloValue; */
  helloValue = signal<string>('');
}
```

貼心小提醒

雖然本章節中不使用 ModalController 來動態建立 Ionic Modal，但因為動態建立 Ionic Modal 時，所傳遞的 ModalOptions 物件有一些有趣且不同於 Ionic Alert 的設定，因此建議讀者們可以嘗試使用看看哦！

開啟 Sheet Modal 模式：

若要開啟 Sheet Modal 模式，有兩個必要屬性要設定：「breakpoints」和「initialBreakpoint」。Sheet Modal 本身帶有多段式可調高度，因此 breakpoints 屬性是用來定義這些高度的「中斷點」，它是一個數字陣列，每個數字代表一個可調的高度比例。而 initialBreakpoint 則是開啟 Ionic Modal 時的「初始高度」：

```
<ion-button id="hello-world-modal">Hello World Click</ion-button>
<ion-modal trigger="hello-world-modal" [breakpoints]="[0, 0.25, 0.5, 1]", [initialBreakpoint]="0.25">
  <ng-template>
    <ion-header>你好嗎世界？</ion-header>
    <ion-content>Hello world</ion-content>
  </ng-template>
</ion-modal>
```

貼心小提醒

當我們設定 initialBreakpoint 的值時，請務必確保這個值「存在於」breakpoints 的數字陣列之中。例如，breakpoints 設定為 [0, 0.25, 0.5, 1]，那麼 initialBreakpoint 應該設定為這個數字陣列的其中一個值，如 0.25 或 0.5。如果將它設定為 0.6，雖然程式不會報錯，而且 Ionic Modal 依然會停留在我們設定的 0.6 高度中，但這樣其實不太合理。因為 0.6 並不在 breakpoints 的陣列中，當使用者調整高度時，就會發現沒有 0.6 這個高度的選項，從而感到混亂和困惑哦！

以下是 Ionic Modal 元件的屬性、事件和方法介紹：

屬性	功能描述
trigger	設定要觸發開啟Ionic Modal的元素的Id，預設是「undefined」。
isOpen	Ionic Modal的開關控制，預設是「false」。一般來説，可以直接透過trigger自動觸發開關，但如果需要透過其他變數、Angular Signals、RxJS做訂閱或其他更精確的方式來控制Ionic Modal的開關，則可以使用此屬性。
backdropDismiss	設定是否可以透過按一下背景來關閉Ionic Modal，預設是「true」。
showbackdrop	設定Ionic Modal顯示時是否要包含背景，預設是「true」。
canDismiss	設定是否可以關閉Ionic Modal，可以為一個布林值或是一個Promise方法，預設是「false」。如果是Promise方法，則會等到Promise回傳true之後才會正式關閉，通常用於非同步的檢查。
breakpoints	開啟Sheet Modal模式時的必要屬性之一，用來設定多段高度的中斷點。該屬性為一個陣列，陣列中的每個值都必須是0到1之間的整數或小數，其中0表示整個畫面關閉，1則表示畫面全開。
InitialBreakpoint	開啟Sheet Modal模式時的必要屬性之一，用來表示開啟Ionic Modal後的初始高度。該屬性必須是0到1之間的整數或小數，並且務必確保該值存在於breakpoints陣列中。
backdropBreakpoint	用來設定Sheet Modal當到達該屬性所指定的高度後才顯示背景。該屬性必須設定為0到1之間的整數或小數。
handle	顯示Sheet Modal中最上方拖拉桿的Icon。當開啟Sheet Modal時，會自動設定為「true」。
handleBehavior	設定按下Sheet Modal中拖拉桿Icon的行為，可以設定為「none」、「cycle」和「undefined」，預設是「none」。當設定為「cycle」後，按下拖拉桿後，會在breakpoints中所設定的每個高度中依序循環。

屬性	功能描述
animated	是否開啟動畫，預設是「true」。
enterAnimation	設定 Ionic Modal 開啟時的動畫，可以搭配 Ionic Animation 元件來建立。
leaveAnimation	設定 Ionic Modal 關閉時的動畫，一樣可以搭配 Ionic Animation 元件來建立。
htmlAttributes	可以設定其它的 HTML 屬性。

事件	功能描述
ionModalDidPresent: EventEmitter<CustomEvent>; 或 didPresent: EventEmitter<CustomEvent>;	Ionic Modal 開啟後的事件，didPresent 為簡寫。
ionModalWillPresent: EventEmitter<CustomEvent>; 或 willPresent: EventEmitter<CustomEvent>;	Ionic Modal 開啟前的事件，willPresent 為簡寫。
ionModalWillDismiss: EventEmitter<CustomEvent>; 或 willDismiss: EventEmitter<CustomEvent>;	Ionic Modal 關閉前的事件，willDismiss 為簡寫。
ionModalDidDismiss: EventEmitter<CustomEvent>; 或 didDismiss: EventEmitter<CustomEvent>;	Ionic Modal 關閉後的事件，didDismiss 為簡寫。
ionBreakpointDidChange: EventEmitter<CustomEvent< ModalBreakpointChangeEventDetail>>;	當啟用 Sheet Modal 模式時，每一次改變高度時的事件。

方法	功能描述
dismiss: (data?: any, role?: string) => Promise<boolean>;	開啟 Ionic Modal 後，如果要關閉可以呼叫此方法。data 參數則是會在與 dismiss 相關的事件中傳送，role 參數則是可以指定關閉時的角色。例如，如果將 Ionic Modal 設計成一個詢問框，當使用者按下確定或取消按鈕時，可以透過 role 參數傳送「confirm」或「cancel」。這樣，外部的元件就能知道使用者按下了哪個按鈕，並根據按鈕的結果進行相應的處理。
getCurrentBreakpoint: () => Promise <number | undefined>;	當啟用 Sheet Modal 模式時，可以取得 Sheet Modal 當前的高度，該高度是我們在 breakpoints 中設定的值。
onDidDismiss: <T = any>() => Promise <OverlayEventDetail<T>>;	該方法是一個 Promise，功能如同 DidDismiss 事件，在 Ionic Modal 關閉後會收到 Promise 的結果。
onWillDismiss: <T = any>() => Promise <OverlayEventDetail<T>>;	該方法是一個 Promise，功能如同 Dismiss 事件，在 Ionic Modal 關閉前會收到這個 Promise 的結果。
present : () => Promise<void>;	當呼叫此方法後，Ionic Modal 底層就會建立元件並顯示出來。
setCurrentBreakpoint: (breakpoint: number) => Promise<void>;	當啟用 Sheet Modal 模式時，可以使用此方法來改變 Sheet Modal 的當前高度，新的高度必須是 breakpoints 中定義的值。

建立燈泡提示按鈕元件

瞭解 Ionic Modal 的用法後，我們可以開始實作文法與口語的錯誤提示。我們將在 3D 機器人頭上顯示一個燈泡提示按鈕，用來提示使用者有文法或口語上的錯誤。當使用者按下燈泡提示按鈕後，就會打開 Ionic Modal 並詳細說明這些文法與口語上的錯誤。

加上文法與口語提示狀態：

首先，我們需要在 StatusService 中使用 Signal 物件來管理文法與口語的狀態：

```
// 文法
private grammer = signal<boolean>(false);
// 口語
private colloquial = signal<boolean>(false);
// ReadOnly 的文法
public grammerState = this.grammer.asReadonly();
// ReadOnly 的口語
public colloquialState = this.colloquial.asReadonly();
public setGrammer(grammer: boolean) {
  this.grammer.update(() => grammer);
}
public setColloquial(colloquial: boolean) {
  this.colloquial.update(() => colloquial);
}
```

用 Ionic CLI 建立元件（Component）：

接下來，我們要建立一個燈泡按鈕元件，該元件將作為一個 Standalone Component：

```
ionic g c lightbulbbutton --standalone
```

依照狀態顯示和關閉按鈕：

在元件中，我們需要取得文法與口語提示的狀態，以判斷是否要顯示這個燈泡提示按鈕。我們可以透過「computed」方法，將兩個狀態合而為一：

```
grammerState = this.statusService.grammerState;
colloquialState = this.statusService.colloquialState;
hasGrammerorColloquial = computed(
  () => this.grammerState() || this.colloquialState()
);
```

使用 computed 合併後，在 HTML 樣板中我們只需要判斷一個 Signal 物件。這樣，只要文法和口語其中一個發生狀態改變，都會觸發變更並顯示按鈕：

```
<div class="flex flex-row justify-center items-center w-16 h-16">
  @if (hasGrammerorColloquial() ) {
  <div class="ball-animation border-2 border-white-300 bg-amber-400 z-10 rounded-full p-1 w-full h-full flex justify-center items-center">
    <ion-icon class="text-white text-4xl" name="bulb-outline"></ion-icon>
  </div>
  }
</div>
```

貼心小提醒

燈泡提示按鈕中的類別「ball-animation」是一個彈跳效果的動畫，因為篇幅的關係，這裡就不呈現完整的程式碼，有興趣的讀者們可以到 GitHub 上的專案中查看。

將燈泡提示按鈕元件加到主頁面中：

準備好燈泡提示按鈕元件後，就可以將它加到主頁中。我們將它擺放到 3D 機器人的頭頂上方，呈現出天靈蓋發光的感覺：

```
<div class="flex-none flex justify-center items-center pt-10">
  <!-- 燈泡提示按鈕 -->
  <app-lightbulbbutton></app-lightbulbbutton>
</div>
<div class="relative flex flex-col w-full h-full">
  <!-- 3D 機器人動畫 -->
  <app-robot3d class="flex-grow flex-shrink w-full"></app-robot3d>
</div>
```

重新調整 RxJS 管道中回傳的資料：

在 onVoiceRecordFinished 中的 RxJS 訂閱中，我們需要在語音服務的輸出結果中加上文法與口語的判斷，調整方式和前面章節中改變語音服務的方式一樣。而在訂閱中，就可以將文法與口語的狀態設定到 StatusService 中。接著，每次對話時，只要 AI 英語口説導師發現有文法與口語的錯誤，燈泡提示按鈕就會自動顯示嚕：

```
public onVoiceRecordFinished(audioRecording: AudioRecording) {
      ...
            map((blob: Blob) => ({
              audioFile: blob,
              style: aiConversationResponseObject.style,
              grammer: aiConversationResponseObject.grammar,
              colloquial: aiConversationResponseObject.colloquial,
```

```
                }))
            )
        )
    )
    .subscribe((response) => {
      this.audioFile = response.audioFile;
      this.statusService.setStyle(response.style);
      this.statusService.setGrammer(response.grammer);
      this.statusService.setColloquial(response.colloquial);
    });
}
```

圖 5-6

重設上一次對話中的文法和口語狀態

當使用者每次重新啟動應用程式或切換聊天室後，如果最新的對話中存在文法和口語錯誤，應該要正確顯示燈泡提示按鈕。為了確保能夠正確顯示燈泡提示按鈕，我們需要在應用程式啟動或切換聊天室時，與SQLite進行查詢，並更新文法和口語的Signal物件狀態。

定義文法和口語的物件模型：

```
export interface AILastGrammerAndColloquialModel {
  grammar: boolean;
  colloquial: boolean;
}
```

新增查詢文法和口語的最新狀態方法：

在SqlitedbService中，新增一個方法來查詢當前聊天室的最後一次對話中是否有文法與口語問題，並將結果轉換成定義好的AILastGrammerAndColloquialModel模型。另外，文法和口語的判斷布林值是儲存在AI英語口說導師角色之中，因此在SQLite的資料查詢條件中，需要使用「role="assistant"」來篩選出AI英語口說導師的資料：

```
public async getAILastGrammerAndColloquialAsync(): Promise<
AILastGrammerAndColloquialModel> {
  const defaultResult = {
    grammar: false,
    colloquial: false,
  };
  try {
    // 只讀取當前選中的聊天室的歷史訊息資料
    const userLastSentenceData = await this.db.query(
```

```
      'SELECT CHATHISTORY.grammar, CHATHISTORY.colloquial FROM CHATHISTORY JOIN CHATROOM ON CHATHISTORY.chatRoomId = CHATROOM.chatRoomId WHERE CHATROOM.isSelected = 1 AND CHATHISTORY.role = "assistant" ORDER BY CHATHISTORY.timestamp DESC LIMIT 1'
    );
    return userLastSentenceData.values
      ? {
          grammar:
            userLastSentenceData.values[0].grammar === 1 ? true : false,
          colloquial:
            userLastSentenceData.values[0].colloquial === 1 ? true : false,
        }
      : defaultResult;
  } catch (error) {
    console.error('Error loading user last sentence data:', error);
    return defaultResult;
  }
}
```

應用程式初始化時進行查詢和狀態更新：

為了在應用程式啟動時取得最新的文法和口語狀態，我們需要在適當的地方執行查詢和狀態更新。這個適當的地方可以是「根元件（AppComponent）」、「主頁面」或是「燈泡提示按鈕元件」，只要確保是在應用程式初始化時執行的事件或方法都可以。

在本書範例中，我們選擇在燈泡提示按鈕元件進行初始化時的 OnInit 鉤子事件中進行查詢和狀態更新：

```
async ngOnInit() {
  const gcPromptsData =
    await this.sqlitedbService.getAILastGrammerAndColloquialAsync();
  this.statusService.setGrammer(gcPromptsData.grammar);
  this.statusService.setColloquial(gcPromptsData.colloquial);
}
```

切換聊天室時進行查詢和狀態更新：

當切換聊天室時，我們需要在選擇聊天室選單元件中的「onChatRoomSelectAsync」方法中，加上查詢和狀態更新，請務必確保在切換聊天室後才執行：

```
// 選擇聊天室
public async onChatRoomSelectAsync(chatRoomId: string) {
  await this.sqlitedbService.selectChatRoomAsync(chatRoomId);
  const gcPromptsData =
    await this.sqlitedbService.getAILastGrammerAndColloquialAsync();
  this.statusService.setGrammer(gcPromptsData.grammar);
  this.statusService.setColloquial(gcPromptsData.colloquial);
  await this.menuCtrl.close();
}
```

為燈泡提示按鈕加上淡入淡出動畫：

在使用 @if 顯示或隱藏燈泡提示按鈕元件時，Angular 會將整個元素從 DOM 中新增或刪除，這樣會給使用者一種突然有東西冒出來的視覺效果。為了減少這種突如其來的感覺，我們可以使用 Angular Animation，讓元素在 DOM 中新增或刪除時能夠搭配動畫顯示在頁面中，以達到提升使用者體驗，也能讓整個視覺效果更加自然哦！

啟用 Angular Animation：

若要在 Angular 中使用動畫，我們需要匯入動畫模組。對於 Standalone Component，我們可以直接在 bootstrapApplication 的 providers 中加入「provideAnimations」或「provideAnimationsAsync」：

```
import { provideAnimationsAsync } from '@angular/platform-browser/animations/async';
import { provideAnimations } from '@angular/platform-browser/animations';
bootstrapApplication(AppComponent, {
  providers: [
    ...
    provideAnimationsAsync(), // 加入動畫的提供者(延遲載入 Lazy Loading 模式)
    provideAnimations(), // 加入動畫的提供者(立即讀取模式)
  ],
});
```

使用 provideAnimations：

如果使用 provideAnimations 的方式來匯入，Angular 應用程式會在打包時，就將所有動畫相關的模組和依賴都加入(如圖 5-7 所示)。因此，當應用程式啟動時，我們可以立即使用這些動畫和依賴。這種方式適用於以下情況：「應用程式相對簡單，對於初始讀取的時間要求不高」或是「動畫在應用程式啟動時就會用到的情況」。

```
AI_Conversation_APP_New  main ≡  20.12.2  16.896s  ionic build
> ng.cmd run app:build
✓ Browser application bundle generation complete.
✓ Copying assets complete.
✓ Index html generation complete.

Initial chunk files               | Names                        |  Raw size | Estimated transfer size
main.5521dea75a25d263.js          | main                         | 695.64 kB |               164.69 kB
polyfills.5cc5d8595aa58135.js     | polyfills                    |  33.51 kB |                10.80 kB
styles.474afb242b269f14.css       | styles                       |  28.34 kB |                 5.32 kB
runtime.bc3d69a91c9b4359.js       | runtime                      |   2.94 kB |                 1.41 kB

                                  | Initial total                | 760.44 kB |               182.23 kB

Lazy chunk files                  | Names                        |  Raw size | Estimated transfer size
547.12f96a1b1b9e97ef.js           | home-home-page               | 601.02 kB |               125.84 kB
612.81be8a82337bf64d.js           | web                          |  11.04 kB |                 1.23 kB
699.81aee107818f150b.js           | ios-transition-js            |  10.21 kB |                 2.62 kB
369.e5ad13022aeff08b.js           | home-home-page               |   5.88 kB |                 1.62 kB
402.c6a82b589993d5d7.js           | input-shims-js               |   4.92 kB |                 1.87 kB
180.8333632402dc7de0.js           | shadow-css-js                |   4.49 kB |                 1.91 kB
240.e0a435b239117215.js           | chathistory-chathistory-page |   4.02 kB |                 1.56 kB
338.12fcf3e57ead2a20.js           | index9-js                    |   1.61 kB |               756 bytes
179.9fa9a4cb4886d094.js           | md-transition-js             |   1.04 kB |               486 bytes
499.dee85932469231d0.js           | swipe-back-js                | 730 bytes |               455 bytes
302.6efbaceb2e4c1e78.js           | web                          | 608 bytes |               212 bytes
631.8711cd6f5501afff.js           | status-tap-js                | 530 bytes |               330 bytes
```

圖 5-7

使用 provideAnimationsAsync：

這個方法雖然命名為 Async，但實際上並不是非同步的意思，而是「延遲載入（Lazy Loading）」的意思。也就是說，當我們打包時，這些動畫相關的模組和依賴會變成延遲載入的模組，當有需要用到的時候才會下載。這種方式適用於以下情況：「當應用程式的規模較大且需要優化初始化的時間時」。

貼心小提醒

經過編譯後，angular-animations-browser 也會成為 Lazy chunk files 的一部分，檔案大小大約 64kb（壓縮則是大約 16kb），約為原本包大小的十分之一（如圖 5-8 所示）。

```
AI_Conversation_APP_New  main ≡ ~1  20.12.2  0.004s  ionic build
> ng.cmd run app:build
✓ Browser application bundle generation complete.
✓ Copying assets complete.
✓ Index html generation complete.

Initial chunk files            | Names                         |  Raw size | Estimated transfer size
main.fe2e592c2fea4357.js       | main                          | 633.49 kB |               148.78 kB
polyfills.5cc5d8595aa58135.js  | polyfills                     |  33.51 kB |                10.80 kB
styles.474afb242b269f14.css    | styles                        |  28.34 kB |                 5.32 kB
runtime.becd8be499001946.js    | runtime                       |   2.99 kB |                 1.44 kB

                               | Initial total                 | 698.33 kB |               166.34 kB

Lazy chunk files               | Names                         |  Raw size | Estimated transfer size
547.12f96a1b1b9e97ef.js        | home-home-page                | 601.02 kB |               125.84 kB
8.8f8503ac6b1b9fa2.js          | angular-animations-browser    |  63.04 kB |                16.65 kB
612.81be8a82337bf64d.js        | web                           |  11.04 kB |                 1.23 kB
699.81aee107818f150b.js        | ios-transition-js             |  10.21 kB |                 2.62 kB
369.e5ad13022aeff08b.js        | home-home-page                |   5.88 kB |                 1.62 kB
402.c6a82b589993d5d7.js        | input-shims-js                |   4.92 kB |                 1.87 kB
180.8333632402dc7de0.js        | shadow-css-js                 |   4.49 kB |                 1.91 kB
240.e0a435b239117215.js        | chathistory-chathistory-page  |   4.02 kB |                 1.56 kB
969.f4c794aed1f3cee6.js        | home-home-page                |   4.02 kB |                 1.05 kB
338.12fcf3e57ead2a20.js        | index9-js                     |   1.61 kB |               756 bytes
179.9fa9a4cb4886d094.js        | md-transition-js              |   1.04 kB |               486 bytes
499.dee85932469231d0.js        | swipe-back-js                 | 730 bytes |               455 bytes
302.6efbaceb2e4c1e78.js        | web                           | 608 bytes |               212 bytes
631.8711cd6f5501afff.js        | status-tap-js                 | 530 bytes |               330 bytes

Build at: 2024-07-12T13:19:49.155Z - Hash: 903e4d1ddf8a4475 - Time: 11436ms
```

圖 5-8

建立淡入淡出動畫：

新增動畫時，我們可以直接在 @Component 裝飾器的「animations」詮釋資料屬性（Metadata Property）中定義 Angular Animation。這裡使用透明度（opacity）的轉換，來實現淡入和淡出的動畫：

```
import { trigger, transition, style, animate } from '@angular/animations';
@Component({
  selector: 'app-gcpromptsbutton',
  ...
  standalone: true,
  animations: [
    trigger('fadeInOut', [
      transition(':enter', [
```

```
        style({ opacity: 0 }),
        animate('100ms', style({ opacity: 1 })),
      ]),
      transition(':leave', [animate('100ms', style({ opacity: 0 }))]),
    ]),
  ],
})
```

貼心小提醒

在定義元素新增和刪除的動畫時，Angular 官方文件有說明「:enter & :leave」跟「void => * & * => void」是相同的。但使用「:enter」和「:leave」能夠更直觀的表示我們所定義的動畫。因為當元素新增到 DOM 時，在此之前它還沒有在 DOM 中，如果使用「void => *」來描述這種狀態轉變就會不夠明確，而使用「:enter」就會比較直觀。

將淡入淡出動畫加到元素中：

在要使用動畫的元素中（這裡指的元素是燈泡提示按鈕），使用「@」加上我們定義的動畫名稱「fadeInOut」，這樣就完成動畫效果的新增囉：

```
<div class="flex flex-row justify-center items-center w-16 h-16">
  @if (hasGrammerorColloquial() ) {
  <div
    @fadeInOut
    class="ball-animation border-2 border-white-300 bg-amber-400 z-10 rounded-full p-1 w-full h-full flex justify-center items-center">
    <ion-icon class="text-white text-4xl" name="bulb-outline"></ion-icon>
```

```
    </div>
  }
</div>
```

加上 Ionic Modal

新增查詢最新的使用者對話方法：

在新增 Ionic Modal 之前，我們需要先取得使用者的最新對話，以進行後續的功能實現。首先，在 SqlitedbService 中，新增一個查詢方法，該方法的資料查詢條件要改成使用「role="user」來篩選出使用者的資料：

```
public async getUserLastSentenceAsync(): Promise<string> {
  try {
    // 只讀取當前選中的聊天室的歷史訊息資料
    const userLastSentenceData = await this.db.query(
      'SELECT CHATHISTORY.content FROM CHATHISTORY JOIN CHATROOM ON CHATHISTORY.chatRoomId = CHATROOM.chatRoomId WHERE CHATROOM.isSelected = 1 AND CHATHISTORY.role = "user" ORDER BY CHATHISTORY.timestamp DESC LIMIT 1'
    );
    return userLastSentenceData.values
      ? userLastSentenceData.values[0].content
      : '';
  } catch (error) {
    console.error('Error loading user last sentence data:', error);
    return '';
  }
}
```

在燈泡提示按鈕元件中加上 Sheet Modal：

我們在 HTML 樣板中使用 ion-modal 元件，並定義它為 Sheet Modal。而這個 Sheet Modal 被設定為只能開（1）和關（0）兩種高度。

另外，還需要在 HTML 樣板的 ion-modal 元件中，使用樣板引用變數（Template Reference Variables）宣告一個「modal」變數，這樣我們就可以在 HTML 樣板中的任何地方直接使用 ion-modal 元件來呼叫它的方法。例如，我們可以在 ion-button 元件的「click」事件中，直接使用 Ionic Modal 的「dismiss」方法來關閉這個 Sheet Modal：

```
<ion-modal
  #modal
  [initialBreakpoint]="1"
  [breakpoints]="[0, 1]"
  (ionModalWillPresent)="onIonModalWillPresent()"
>
  <ng-template>
    <ion-header>
      <ion-toolbar>
        <ion-title>口語和文法 詳細說明</ion-title>
        <ion-buttons slot="end">
          <ion-button (click)="modal.dismiss()">
            <ion-icon slot="icon-only" name="close-outline"></ion-icon>
          </ion-button>
        </ion-buttons>
      </ion-toolbar>
    </ion-header>
    <ion-content>
      <div class="flex flex-col p-4">
        <div class="mb-2">
```

```
          <span class="bg-rose-400 text-white font-bold rounded-2xl px-2 py-1"
            >句型：</span
          >
        </div>
        <div class="mb-6 underline pl-2 text-gray-600">
          {{ userLastSentence() }}
        </div>
        <div class="mb-2">
          <span class="bg-lime-500 text-white font-bold rounded-2xl px-2 py-1"
            >說明分析：</span
          >
        </div>
        <div class="pl-2 align-baseline">
          <p class="text-gray-800"></p>
        </div>
      </div>
    </ion-content>
  </ng-template>
</ion-modal>
```

實作 ionModalWillPresent：

在每次開啟 ionModal 之前，我們都需要取得使用者最新的對話，以方便後續功能的實現。這裡可以使用 Signal 物件來儲存使用者最新的對話，然後在 Ionic Modal 的「ionModalWillPresent」事件中進行資料的查詢並將最新的對話更新到 Signal 物件中：

```
userLastSentence = signal<string>('');
...
```

```
async onIonModalWillPresent() {
  const userLastSentenceData =
    await this.sqlitedbService.getUserLastSentenceAsync();
  this.userLastSentence.set(userLastSentenceData);
}
```

在燈泡提示按鈕事件開啟 Sheet Modal：

最後，在燈泡提示按鈕的 click 事件中，直接使用前面在 ion-modal 元件中宣告的樣板引用變數（Template Reference Variables）「modal」來執行 Ionic Modal 的「present」方法，這樣，當使用者按下燈泡提示按鈕後，就可以開啟這個 Sheet Modal。到這邊，就完成文法和口語的提示囉：

```
<div
  @fadeInOut
  class="ball-animation border-2 border-white-300 bg-amber-400
z-10 rounded-full p-1 w-full h-full flex justify-center
items-center"
  (click)="modal.present()"
>
  <ion-icon class="text-white text-4xl" name="bulb-outline">
</ion-icon>
</div>
```

圖 5-9

5-3 小節範例程式碼：

https://mochenism.pse.is/6fmhya

5-4 用 Chat Completion 完成文法和口語說明 - Chat API 實戰：Server-Sent Events

什麼是 Server-Sent Events？

在完成文法和口語提示功能後，接下來就可以利用 Chat API 來實現讓 AI 詳細說明使用者在文法和口語上的問題。還記得在第二章節中提到的，不管是 Chat API 還是 Assistants API 都有一個 stream 參數，當設定為 true 時就會開啟串流模式。串流模式會透過「Server-Sent Events」逐步傳送每次生成的文字結果，以實現類似逐字稿的功能。這個章節的一開始，我們先來瞭解什麼是 Server-Sent Events。

在我們平常使用標準 HTTP 通訊協定進行 API 請求時，例如：GET、POST、PUT 和 DELETE 這些方法，都是一個請求對應一個回應。然而，有些特殊情況下，這種模式反而不是那麼合適，例如：上傳超大型檔案時需要回饋上傳進度給客戶端，或像 ChatGPT 這類的 API 在回應上需要長時間的等待。

這些特殊情況大多能依靠 WebSocket 來解決。WebSocket 是透過 TCP 連線，並建立全雙工通訊方式，讓我們可以在客戶端和伺服器端進行即時的資料傳輸。WebSocket 是一種持久連線，連線時只需要進行一次交握，後續使用就不需要再重複開關連線。不過，WebSocket 在實作上會和 HTTP 不太一樣，而且多數時候在資料傳送完畢後就不需要繼續連線，因此 WebSocket 其實不適合在這些情況下使用。

而 Server-Sent Events 則是一種伺服器推播技術。由於它是建立在標準 HTTP 通訊協定中，因此在實作上，我們可以很簡單的透過標準 HTTP 通訊協定實現即時資料傳輸，非常適合用在上述這些情況。不過要注意，Server-

Sent Events 只能單向（伺服器→客戶端）傳送，而 WebSocket 則可以進行雙向溝通（伺服器⇄客戶端）。

像是 ChatGPT 這類的大型語言模型，在每次生成文字時，都會經過龐大的演算法進行計算和轉換。因此，在 API 請求的回應上，若想要得到完整的生成內容，就需要等待較長的時間。在這種情況下，就非常適合使用 Server-Sent Events 技術來逐步傳送結果，以減少等待的感覺。

貼心小提醒

不管是 Server-Sent Events 或是 WebSocket，主要的目的都是為了「即時」傳輸，因此在選擇上只需要針對適合的場景和工具即可。

在 Angular 中實現 Server-Sent Events

使用 HttpClient：

前面有提到 Server-Sent Events 是建立在標準 HTTP 通訊協定中。在 Angular 中，要使用 HTTP 就是透過 HttpClient，但 HttpClient 本身是設計用來處理傳統一次性的 HTTP 請求和回應，而 Server-Sent Events 則是一種持久的連線，因此沒有辦法使用 HttpClient 來實現 Server-Sent Events。

使用 EventSource Web APIs：

由於不能使用 Angular 的 HttpClient 來實現 Server-Sent Events，那麼我們就要回到傳統 JavaScript 中，找出能夠實現 Server-Sent Events 的方法。而那個方法就是透過 Web APIs 中的 EventSource。不過，EventSource 卻有一大堆限制，例如我們無法設定額外的 header 或 body 資料、限制只能發送 GET 的請求方法，無法自訂重新連線的策略等（如圖 5-10 所示）。因此，如果要用 EventSource 來實作 Chat API，基本上也是沒有辦法的。

```
/** [MDN Reference](https://developer.mozilla.org/docs/Web/API/EventSource) */
interface EventSource extends EventTarget {
    /** [MDN Reference](https://developer.mozilla.org/docs/Web/API/EventSource/error_event) */
    onerror: ((this: EventSource, ev: Event) => any) | null;
    /** [MDN Reference](https://developer.mozilla.org/docs/Web/API/EventSource/message_event) */
    onmessage: ((this: EventSource, ev: MessageEvent) => any) | null;
    /** [MDN Reference](https://developer.mozilla.org/docs/Web/API/EventSource/open_event) */
    onopen: ((this: EventSource, ev: Event) => any) | null;
    /**
     * Returns the state of this EventSource object's connection. It can have the values described below.
     *
     * [MDN Reference](https://developer.mozilla.org/docs/Web/API/EventSource/readyState)
     */
    readonly readyState: number;
    /**
     * Returns the URL providing the event stream.
     *
     * [MDN Reference](https://developer.mozilla.org/docs/Web/API/EventSource/url)
     */
    readonly url: string;
    /**
     * Returns true if the credentials mode for connection requests to the URL providing the event stream
     *
     * [MDN Reference](https://developer.mozilla.org/docs/Web/API/EventSource/withCredentials)
     */
    readonly withCredentials: boolean;
    /**
     * Aborts any instances of the fetch algorithm started for this EventSource object, and sets the read
     *
     * [MDN Reference](https://developer.mozilla.org/docs/Web/API/EventSource/close)
     */
    close(): void;
    readonly CONNECTING: 0;
    readonly OPEN: 1;
    readonly CLOSED: 2;
```

圖 5-10

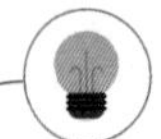

貼心小提醒

Chat API 必須設定 header 和 body 資料並且需要使用 POST 方法。

使用 Microsoft fetch-event-source：

既然 Angular HttpClient 和原生 Web APIs 中的 EventSource 都無法使用，剩下的解法就是自行寫程式實現 Server-Sent Events，或是到 GitHub 中尋找第三方套件來使用。在本書中是選擇直接到 GitHub 中尋找第三方套件，這裡找到的是微軟所提供的「fetch-event-source」套件，我們就用它來實作 Server-Sent Events。我們透過以下指令來安裝套件：

```
npm install @microsoft/fetch-event-source
```

這個套件是使用 TypeScript 進行開發的，底層則是使用 Web APIs 的 Fetch API 並進行額外功能的擴充。基本上，完全繼承了 Fetch API 的所有功能，因此使用上可以很快速地上手。以下是一個簡單的使用範例：

```
// 用於中斷請求的訊號
private ctrl = new AbortController();
// Microsoft fetch-event-source
fetchEventSource('<OPENAI API URL>', {
  method: 'POST', // 請求方法
  headers: {
    'Content-Type': 'application/json',
    Authorization: 'Bearer <API KEY>',
  }, // 設定 header
  body: JSON.stringify({ model: 'gpt-4o', stream: true }),
  signal: this.ctrl.signal,
  onopen(response) {
    // 連線開啟事件
  },
  onmessage(msg) {
    // 接收訊息事件
  },
  onclose() {
    // 連線關閉事件
  },
  onerror(err) {
      // 錯誤處理事件
  },
});
```

> **Microsoft 的 fetch-event-source 的 GitHub 位置：**
>
> https://github.com/Azure/fetch-event-source

建立 Chat API 方法

定義 Chat API 資料模型：

首先，在實現 Chat API 的串接方法之前，我們需要先定義 Chat API 的資料模型，方便後續的使用。我們可以直接使用第二章中介紹的請求和回應參數來定義模型：

```
export interface ChatRequestModel {
  model: string;
  messages: ChatRequestMessageModel[];
  temperature?: number;
  top_p?: number;
  stream: boolean;
}

export interface ChatRequestMessageModel {
  role: string;
  content: string;
}

export interface ChatCompletionChunkModel {
  id: string;
  choices: ChatCompletionChunkChoiceModel[];
  created: number;
  model: string;
  object: string;
  usage: {
```

```
    completion_tokens: number;
    prompt_tokens: number;
    total_tokens: number;
  };
}

export interface ChatCompletionChunkChoiceModel {
  delta: {
    content: string;
  };
  finish_reason: string | null;
}
```

用 RxJS 搭配 fecth-event-source：

接著，我們來使用 fetch-event-source 來串接 Chat API，Chat API 的模型選擇可以設定為「gpt-4o 或 gpt-4o-mini」，並開啟 stream 串流方法以啟動 Server-Sent Events 功能。此方法還提供「temperature」參數供外部自由調整生成內容的隨機性，預設值為 1。

然後這個方法會回傳一個可觀察的對象（Observable），並在 Callback 方法中執行微軟的 fetch-event-source。我們可以在 onmessage 事件中，將每次收到的新訊息值，透過「next」方法發送給觀察者，並在連線結束時的 onclose 事件中，呼叫「complete」以表示資料發送結束：

```
// 用於中斷請求的訊號
private ctrl = new AbortController();
...
public createChatCompletionsByStream(
  chatMessages: ChatRequestMessageModel[],
  temperature: number = 1
) {
```

```
  const requestBody: ChatRequestModel = {
    model: 'gpt-4o-mini',
    messages: chatMessages,
    temperature: temperature,
    stream: true,
  };
  return new Observable<string>((observer) => {
    fetchEventSource('https://api.openai.com/v1/chat/completions', {
      method: 'POST',
      headers: {
        'Content-Type': 'application/json',
        Authorization: `Bearer ${environment.openAIAPIKey}`,
      },
      body: JSON.stringify(requestBody),
      signal: this.ctrl.signal,
      onmessage(msg) {
        // 接收訊息事件
        // 如果訊息不是 [DONE] 則將訊息發送給觀察者
        if (msg.data !== '[DONE]') {
          const chatCompletionChunkObject: ChatCompletionChunkModel =
            JSON.parse(msg.data);
          if (chatCompletionChunkObject.choices[0].finish_reason !== 'stop') {
            observer.next(chatCompletionChunkObject.choices[0].delta.content);
          }
        }
      },
      onclose() {
        // 連線關閉事件
        console.log('%c Open AI API Close', 'color: red');
```

```
        observer.complete();
      },
      onerror(err) {
        // 錯誤處理事件
        observer.error(new Error(err));
      },
    });
  });
}

public abortChatCompletionsEventSource() {
  this.ctrl.abort();
}
```

Chat API 透過 Server-Sent Events 發送訊息結束後，我們會在 onmessage 事件中先收到一個空的「delta」物件，並且 chatCompletionChunkObject.choices[0].finish_reason 的值會是「stop」，在這之後才會收到「[DONE]」的結束訊息 (如圖 5-11 所示)。

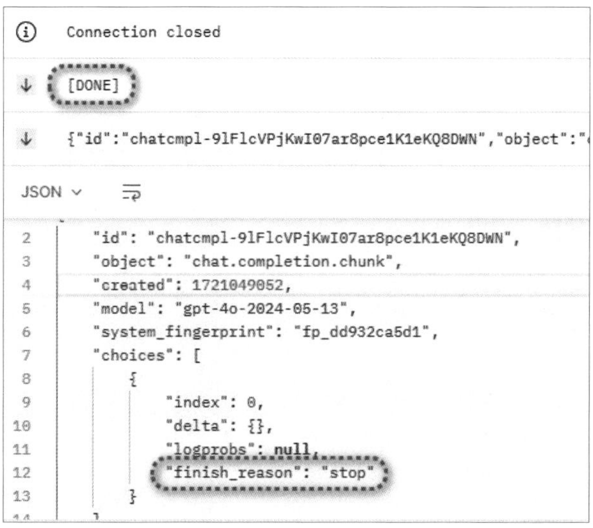

圖 5-11

在燈泡提示按鈕元件中串接 Chat API

準備提示：

接下來，我們需要建立可用來解決文法和口語問題的提示，好讓 Chat API 能夠更精準的說明文法和口語的問題。這裡我將提示分成三段，分別為「主要職責提示」、「說明文法用的提示」和「說明口語用的提示」。分成三段主要是方便我們依照實際情況從程式端動態調整這些提示：

```
// 主要職責提示
You are now a professional English AI tutor.
Your main responsibility is to explain and clarify grammatical or colloquial issues and errors in English sentences.
Please use Traditional Chinese (Taiwan) in all your responses.
Replace any newline characters (\n) with HTML <br>.

// 說明文法用的提示
Identify any grammatical errors or issues in the following sentence, and provide a detailed explanation of the errors along with suggestions for improvement.
Use the following format: 錯誤說明：<Explanation of the error in the sentence><br><br> 改正建議：<Suggestion for correcting the sentence><br>

// 說明口語用的提示
Identify any colloquial issues in the following sentence, explain the appropriate context for the original sentence, and provide a more colloquial example.
Use the following format: 原始句子用法：<Explanation of why the original sentence is not suitable for colloquial use><br><br> 更口語的建議：<More colloquial example><br>
```

組合系統提示和使用者訊息：

因為將提示分成了三段，所以我們可以很彈性的依照實際的情況（判斷是文法有問題還是口語有問題，或是兩者都有問題），來組合出最終要發送的完整提示：

```
private getFullChatMessages(): ChatRequestMessageModel[] {
  let messages: ChatRequestMessageModel[] = [
    {
      role: 'system',
      content:
        '1. You are now a professional English AI tutor. 2. Your main responsibility is to explain and clarify grammatical or colloquial issues and errors in English sentences. 3. Please use Traditional Chinese (Taiwan) in all your responses. 4. Replace any newline characters (\n) with HTML <br>.',
    },
  ];
  if (this.grammerState()) {
    messages.push({
      role: 'system',
      content:
        'Identify any grammatical errors or issues in the following sentence, and provide a detailed explanation of the errors along with suggestions for improvement. Use the following format:錯誤說明：<Explanation of the error in the sentence><br><br>改正建議：<Suggestion for correcting the sentence><br>',
    });

  if (this.colloquialState()) {
    messages.push({
      role: 'system',
      content:
```

```
        'Identify any colloquial issues in the following sentence, explain the appropriate context for the original sentence, and provide a more colloquial example. Use the following format: 原始句子用法：<Explanation of why the original sentence is not suitable for colloquial use><br><br>更口語的建議：<More colloquial example><br>',
    });
  }
  messages.push({
    role: 'user',
    content: this.userLastSentence(),
  });
  return messages;
}
```

在 onIonModalDidPresent 事件中串接 Chat API

接著，我們需要建立兩個 Signal 物件：「aiGeneratedResponse」和「isGPTGenerating」，分別用於儲存 Chat API 的結果和判斷 API 讀取狀態。然後在 Ionic Modal 開啟後的事件 onIonModalDidPresent 中，執行 createChatCompletionsByStream 方法，並在訂閱中收到值後，使用「update」方法更新 Signal 物件。

另外，使用者有可能在 Chat API 生成的過程中就將 Ionic Modal 關閉。為了防止關閉後 fetch-event-source 繼續接收資料，我們可以在 onIonModalWillDismiss 方法中，執行中斷方法以停止 fetch-event-source：

```
aiGeneratedResponse = signal<string>('');
isGPTGenerating = signal<boolean>(false);
...
async onIonModalWillPresent() {
  ...
```

```
  // 清除上次的回應
  this.aiGeneratedResponse.set('');
}
...
onIonModalDidPresent() {
  this.isGPTGenerating.set(true);
  this.openaiApiService
    .createChatCompletionsByStream(this.getFullChatMessages
(), 0.7)
    .pipe(finalize(() => this.isGPTGenerating.set(false)))
    .subscribe((chatChunkResultString) => {
      this.aiGeneratedResponse.update((lastValue) => {
        return lastValue + chatChunkResultString;
      });
    });
}

onIonModalWillDismiss() {
  this.openaiApiService.abortChatCompletionsEventSource();
}
```

貼心小提醒

讀者們可以自由調整「temperature」的值，但建議不要超過 1，這樣每次的回覆內容才不會過於隨機哦！

在 Ionic Modal 中顯示 Chat API 生成的結果

在 Angular 中注入帶有 HTML 結果的資料內容：

最後，我們要在 Ionic Modal 中顯示 Chat API 回傳的結果。而在 Angular 中綁定資料有兩種方式，第一種是：「內嵌繫結（Interpolation）」。這種方式在本書中的範例經常使用，是最基本的資料顯示方式，使用方式為：

```
<p class="text-gray-800">{{ aiGeneratedResponse() }}</p>
```

由於我們在 Chat API 提示中有特別註明生成的結果中，換行符號「\n」要改為使用「
」標籤，但當使用內嵌繫結時，
 標籤不會被當作是 HTML，而是會被當作純文字，導致原本預計換行的地方沒有真的換行。這其實算是 Angular 的一種安全防禦機制，主要用來避免 XXS（Cross-Site Scripting）攻擊。

若要在 Angular 中讓包含
 標籤或其他 HTML 的內容能夠被正確轉譯為 HTML，可以使用 Angular 的「innerHTML」屬性。因此，我們可以使用第二種方式：「屬性繫結（Property Binding）」來綁定 innerHTML，這樣就可以正確判斷
 標籤，達到換行的效果了：

```
<p class="text-gray-800" [innerHTML]="aiGeneratedResponse()">
</p>
```

貼心小提醒

當我們使用 Angular 的 innerHTML 屬性時，功能上和 Web APIs 中的 innerHTML 屬性稍微不太一樣。在 Angular 的 innerHTML 屬性中，自帶安全防護機制，會執行檢查並將不安全的程式碼清除，只保留安全的部分，以防止 XXS（Cross-Site Scripting）攻擊。

另外，Angular 預設不信任所有的輸入值（Angular treats all values as untrusted by default）。所以，不只有 innerHTML 屬性有檢查和清除的功能，其他屬性，例如「style」和「href」等，也都會有哦！

> **詳細的 Angular 安全機制可以參考官方的說明文件：**
>
> https://angular.dev/best-practices/security

加上讀取動畫：

最後我們為讀取的過程加上一些簡單的動畫，這樣就全部完成文法和口語說明囉：

```
<div class="pl-2 align-baseline">
  <p class="text-gray-800" [innerHTML]="aiGeneratedResponse()"
></p>
  @if (isGPTGenerating()) {
  <span class="dot text-xl font-bold text-purple-400" style=
"--i: 1">
    .</span
  >
  <span class="dot text-xl font-bold text-orange-400" style=
"--i: 2">
    .</span
  >
  <span class="dot text-xl font-bold text-blue-400" style="
--i: 3">
    .</span
  >
  <span class="dot text-xl font-bold text-amber-400" style=
"--i: 4">
    .</span
  >
  }
</div>
```

貼心小提醒

類別「dot」是一個 CSS 動畫，因為篇幅的關係，這裡就不呈現完整的程式碼，有興趣的讀者們可以到 GitHub 上的專案中查看。

⓫ 圖 5-12

5-4 小節範例程式碼：

https://mochenism.pse.is/6fmhyy

5-5 替換應用程式的圖示和啟動畫面 - Capacitor Splash Screen & Assets 實戰

什麼是啟動畫面？

啟動畫面（Splash Screen）是在啟動應用程式時顯示的一個全螢幕圖片或動畫，它會短暫顯示。主要目的是在應用程式進行初始化或讀取資料時，給使用者一個視覺上的過渡，以避免使用者在這段時間看到空白或未完全讀取完成的介面。

在 Ionic 中控制啟動畫面

在 Ionic 中，啟動畫面是由 Capacitor 控制的，預設情況下會在 500 毫秒後自動關閉。但由於我們的應用程式在初始化時，會執行 SQLite 的初始化動作、檢查是否有初始資料等一系列需要等待的操作，導致啟動畫面關閉後應用程式還未完全準備好，因此使用者會看到所謂的空白介面。

安裝 Capacitor Splash Screen 套件：

為了解決這個問題，Capacitor 官方提供了 Splash Screen 套件，讓開發者能夠從程式中自由控制啟動畫面關閉的時間點。首先，使用以下指令安裝套件：

```
npm install @capacitor/splash-screen
ionic cap sync
```

> **Capacitor Splash Screen 套件介紹：**
>
> https://capacitorjs.com/docs/apis/splash-screen

關閉啟動畫面預設的自動隱藏功能：

接下來，我們來到capacitor.config.ts的檔案中，先將啟動畫面預設的自動隱藏功能關閉。我們在「plugins」中加上「SplashScreen」，並將「launchAutoHide」設定為「false」：

```
const config: CapacitorConfig = {
  appId: 'app.momochenisme.aiconversationapp',
  appName: 'AI 英語口說導師',
  webDir: 'www',
  plugins: {
    SplashScreen: {
      launchAutoHide: false, // 關閉自動隱藏
    },
  }
};
```

在主頁面中手動關閉啟動畫面：

當我們關閉自動隱藏功能後，就必須自行手動關閉，否則啟動畫面會一直顯示，看起來就好像應用程式卡死一樣。關閉啟動畫面的時間點可以依照實際情況自行調整。在本書中，我們選擇在主頁面中的「AfterViewInit」生命週期鉤子事件中關閉，這樣可以確保SQLite和畫面都準備完成後才關閉啟動畫面：

```
import { SplashScreen } from '@capacitor/splash-screen';
...
async ngAfterViewInit() {
  await SplashScreen.hide();
}
```

替換圖示和啟動畫面

在 Ionic 的專案中，預設的應用程式圖示和啟動畫面，全部都是 Ionic 的官方 Logo。若要上架到商店中，通常會將圖示和啟動畫面替換成符合整個應用程式的形象、品牌或功能的圖示和啟動畫面。在現代行動應用程式中，圖示和啟動畫面不僅代表品牌的形象，也是使用者首次打開應用程式時的第一印象哦！

準備適合各種裝置尺寸的圖示和啟動畫面：

在現代的行動裝置環境中，各種不同尺寸的螢幕層出不窮，這使得設計師和開發者面臨了如何讓應用程式的圖示和啟動畫面能夠在各種裝置上完美呈現的挑戰。為了確保應用程式能在不同裝置上呈現一致的效果，我們需要為每種裝置準備多種不同大小的圖示和啟動畫面。然而，這項工作對於獨立開發者來說相對比較困難。在這樣的情況下，獨立開發者就可以考慮使用一些輔助工具，例如接下來我們要使用的「Capacitor Assets 套件」，來幫助我們自動產生出適合各種大小裝置的圖示和啟動畫面。

安裝 Capacitor Assets 套件：

此套件主要在開發階段中使用，因此安裝套件時，可以在指令中加上「--save-dev」參數進行安裝：

```
npm install --save-dev @capacitor/assets
```

> **Capacitor Assets 套件介紹：**
>
> https://capacitorjs.com/docs/guides/splash-screens-and-icons

簡易模式：

首先，我們需要在專案目錄下建立一個「assets」資料夾。在簡易模式下，我們只需要準備一張圖檔，檔案的命名可以使用「logo.png」或「icon.png」。另外，我們還可以設定用於深色主題的圖檔（非必須的），檔案的命名則需要加上「-dark」，例如：「logo-dark.png」。

圖 5-13

接著，我們可以使用以下指令，來自動產生出適合多種設備大小的圖檔：

```
npx @capacitor/assets generate --iconBackgroundColor '#f1f1f1'
--iconBackgroundColorDark '#f1f1f1' --splashBackgroundColor
'#f1f1f1' --splashBackgroundColorDark '#f1f1f1' --logoSplashScale
0.7 --ios --android
```

以下是這幾個參數的說明：

參數	功能描述
iconBackgroundColor	設定淺色模式下圖示的背景顏色，預設是 #ffffff。
iconBackgroundColorDark	設定深色模式下圖示的背景顏色，預設是 #111111。
splashBackgroundColor	設定淺色模式下啟動畫面的背景顏色，預設是 #ffffff。
splashBackgroundColorDark	設定深色模式下啟動畫面的背景顏色，預設是 #111111。
logoSplashScale	設定啟動畫面的縮放比例，預設是 0.2。
ios	產生指定設備（iOS）用的圖示和啟動畫面。
android	產生指定設備（Android）用的圖示和啟動畫面。

自訂模式：

雖然在簡易模式下，我們只需要準備一張圖檔，就可以產生出符合多種大小裝置的圖示和啟動畫面，但如果圖示和啟動畫面不使用同一張圖的情況下，我們就必須使用自訂模式。

在自訂模式模式下，需要準備的檔案就相對比較複雜。我們需要分別準備「圖示」和「啟動畫面的圖檔」，另外還需要「foreground（前景圖）」和「background（背景圖）」的圖檔。

圖 5-14

貼心小提醒

Foreground 是去背後只有圖示的圖檔，而 background 是一張不透明的純色圖檔，主要用在 Android 中的自動調整圖示（Adaptive Icon）。

接著，我們可以使用相同指令，但由於自訂模式下的圖檔準備比較完整，因此我們只需要指定產生的設備，即可自動產生出適合多種設備大小的圖檔：

```
npx @capacitor/assets generate --ios -android
```

最後，不管使用的是簡易模式或是自訂模式，只要編譯完 Android 或 iOS 專案後，就可以成功看到替換後的圖示和啟動畫面囉！

圖 5-15

圖 5-16

貼心小提醒

到這裡，我們的 AI 英語口說導師功能已經全部完成了！感謝各位讀者的耐心觀看！然而，我們辛苦完成的應用程式，如果不將它上架到商店中，豈不是太可惜了嗎？因此，在下一個章節中，我們將會把 AI 英語口說導師上架到商店，並一步一步帶領讀者們學習應用程式上架的各個步驟。Let's Go！

5-5 小節範例程式碼：

https://mochenism.pse.is/6fmhze

CHAPTER

6

將 AI 英語口說導師上架到 Google Play 和 App Store 商店中

>ChatGPT × Ionic × Angular <

6-1 Google Play - Android 上架流程

建立 Google Play Console 開發人員帳戶

首先，將 Android 應用程式上架之前，我們需要建立 Google Play Console 的開發人員帳戶。註冊時，需要選擇帳戶的類型，我們是獨立開發者，因此直接選擇「自己（個人）」。

圖 6-1

貼心小提醒

若選擇機構（企業）的開發者帳戶類型，在後續的一些驗證和應用程式發佈的規定會和自己（個人）的開發者帳戶不太一樣哦！

第一次建立開發人員帳戶時，Google 會提醒我們需要準備的資料，包括：「個人資訊」、「聯絡方式」和最重要的「25 美元（換算後大約新臺幣 816 元）的註冊費用」。

圖 6-2

貼心小提醒

注意！Google Play Console 的註冊費用只有「第一次」在建立開發人員帳戶時，才需要支付。

圖 6-3

付款完成後，我們就可以進入 Google Play Console 的管理頁面。第一次進入時會在首頁中提醒我們進行帳戶驗證，驗證後才可以發佈應用程式。由於我們的帳戶類型為「自己（個人）」，因此要驗證的項目有：「身份驗證（可以使用身份證、駕照、護照等有照片的證件）」和「實體的 Android 行動裝置（只要是 Android 系統的手機和平板都可以，但不能是模擬器）」。進行身份驗證時需要等待一些時間，等待驗證通過後就可以開始使用囉！

貼心小提醒

由於筆者是使用 iOS 系統，而且本身也沒有任何的實體 Android 行動裝置，所以才會使用模擬器來驗證看看。經過測試後確認無法用模擬器驗證，所以如果沒有實體 Android 行動裝置的讀者們，就和筆者一樣，拜託同事或親朋好友幫忙囉！

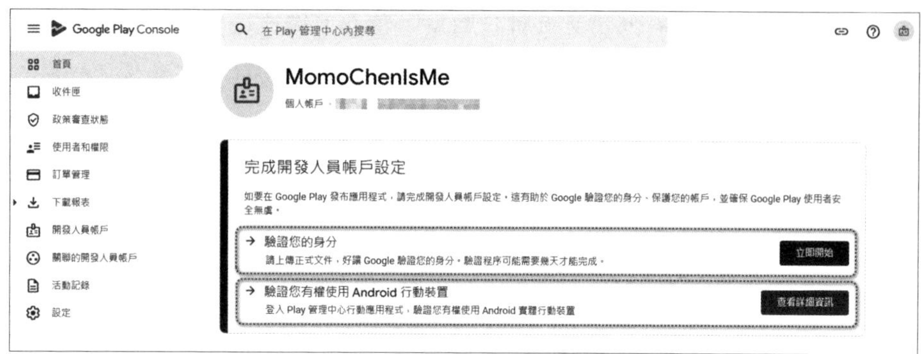

圖 6-4

簽署和打包 AAB/APK

為了讓應用程式可以上架到 Google Play，所有的應用程式都必須經過簽署和打包，這些動作我們需要透過 Android Studio 來進行。首先，開啟 Android Studio 後，在選單中找到「Build」→「Generate Signed App Bundle or APK」。在這個視窗中，我們可以選擇打包成「AAB（Android App Bundle）」或「APK」。由於我們需要上傳應用程式到 Google Play Console 中做上架的動作，因此要選擇「AAB（Android App Bundle）」。

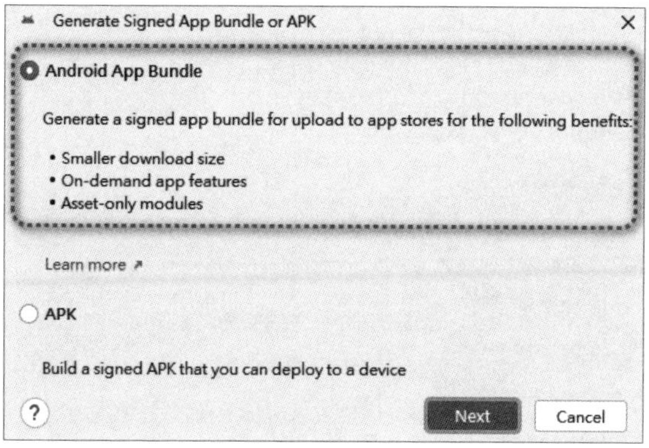

Generate Signed App Bundle or APK
Android App Bundle
Generate a signed app bundle for upload to app stores for the following benefits:
• Smaller download size
• On-demand app features
• Asset-only modules
Learn more ↗
APK
Build a signed APK that you can deploy to a device
Next
Cancel

圖 6-5

進行打包時，需要有憑證才能進行簽署。這個憑證可以證明應用程式的來源，確保在上架商店時的安全性。如果沒有憑證，可以使用下方的「Create new」來建立。

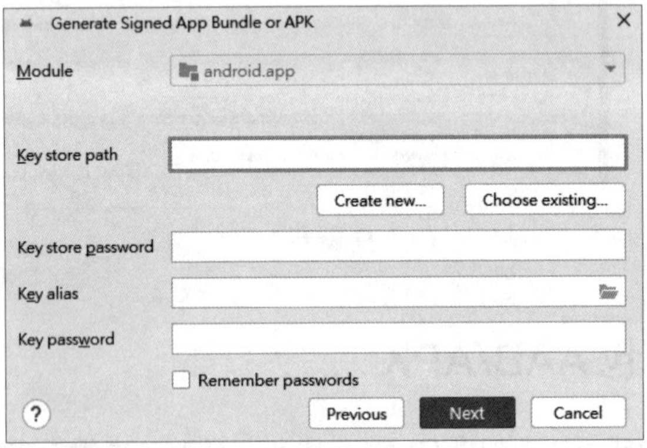

圖 6-6

建立憑證時，我們可以選擇憑證的存放路徑，並輸入一些基本資訊，例如：「憑證密碼」、「名字」、「組織」、「城市」和「國家地區代碼」等資訊。輸入完成後，按下「OK」就完成憑證的建立。

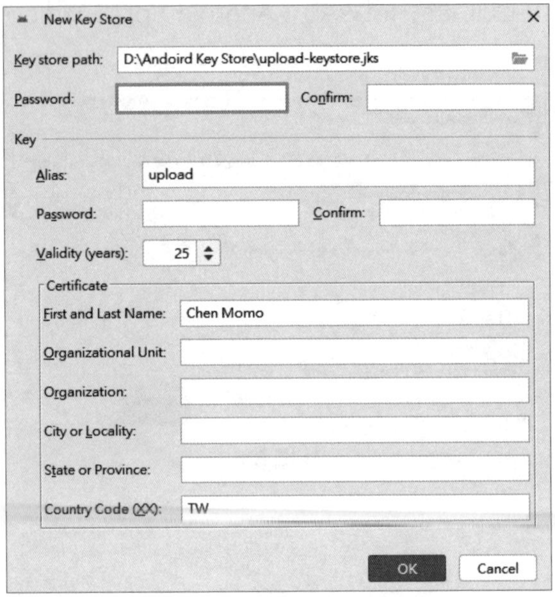

圖 6-7

貼心小提醒

建立出來的憑證請務必妥善保存，若上架後，此憑證遺失的話，就再也不能更新原有的應用程式。唯一的解決方式就是換一個套件名稱和金鑰，並重新發佈新的應用程式，但重新發佈也表示之前累積的評價和下載量等等的努力都白費囉！

建立完或選擇完憑證後，就可以進行下一步「選擇發佈的版本」。通常要上架應用程式都會使用「Release」版本進行發佈。

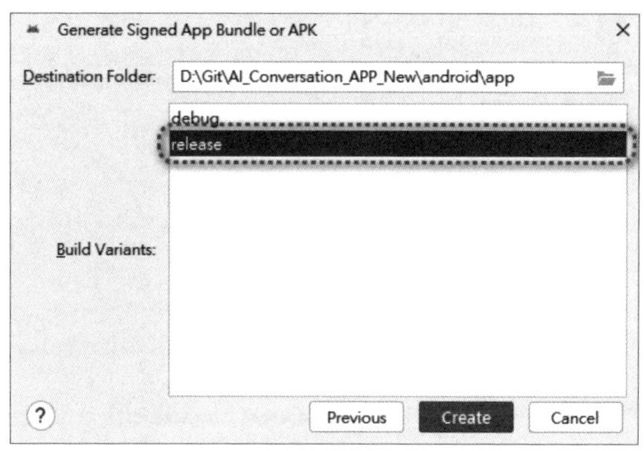

圖 6-8

等待編譯和打包後，就可以在 Android 專案中的資料夾找到打包後的 AAB（Android App Bundle）。請記得這個檔案名稱和路徑的位置，等等上架時會使用到。

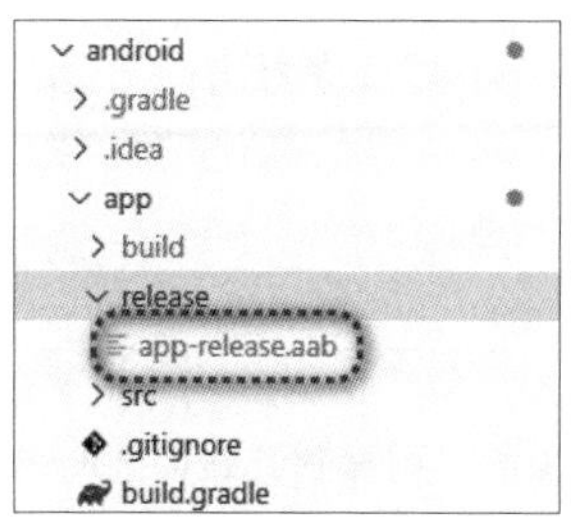

圖 6-9

在 Google Play Console 建立應用程式

接下來，我們需要在 Google Play Console 中建立新的應用程式。建立時需要為該應用程式輸入一些基本資料。

建立應用程式

應用程式詳細資料

應用程式名稱　AI英語口說導師

這是您的應用程式顯示在 Google Play 上的名稱　8/30

預設語言　繁體中文 – zh-TW

應用程式或遊戲　您日後可以前往商店的設定進行變更

應用程式

遊戲

是否收費　您日後可以前往「付費應用程式」頁面編輯這項設定

免費

付費

在正式發布應用程式前，您都可以自由編輯這項設定；但應用程式一經發布，就無法再從免費變更為付費。

圖 6-10

建立新的應用程式後，我們可以進入該應用程式中，我們會在「資訊主頁」中看到一些步驟的提示，基本上都是一些隱私權設定、內容分級等等和應用程式有關的設定，我們只需要依序完成系統指定的步驟，就可以完成應用程式的建立囉！

貼心小提醒

由於這些設定很多而且也很簡單，讀者們只需要依照實際開發出的應用程式和系統提示進行對應的設定，基本上都不會有太大的問題，因此這裡就不再針對這些設定的步驟多做說明。

圖 6-11

新的開發人員在應用程式上架前的測試規定

當我們完成應用程式設定後，可能會發現還不能夠發佈正式版本和上架。這是因為 Google 在 2023 年 11 月 13 日之後修改了一些規則，所有在這之後建立的新開發人員帳戶都必須遵照 Google 要求的「特定測試規定」才能夠將應用程式上架，這些測試規定包含「內部測試」和「封閉測試」。

內部測試：

首先是內部測試，它比較簡單一點，我們只需要為內部測試「建立一個新的版本」。內部測試沒有硬性要求要幾個測試人員以及測試的天數。我們只要上傳前面打包好的「AAB（Android App Bundle）」檔案，並設定版本的詳細資訊後，就可以發佈內部測試版本。這樣 Google 就會認定你完成內部測試的版本發佈。

建立內部測試版本

內部測試版本會提供給最多 100 位指定測試人員

1 建立新版本 — 2 預覽並確認　　捨棄草稿版本

應用程式完整性

Google Play 簽署版本

Google Play 設有完整性和簽署服務，有助於確保使用者在應用程式和遊戲中獲得您希望提供的體驗

取得完整防護　變更簽署金鑰

應用程式套件

將應用程式套件拖曳到這裡即可上傳

上傳　從檔案庫新增

圖 6-12

版本詳細資訊

版本名稱 *

0/50

這個名稱可讓您識別此版本，不會在 Google Play 向使用者顯示。系統會根據這個版本中的第一個應用程式套件或 APK 提供建議名稱，但您仍可編輯該名稱。

版本資訊

從上一個版本複製

<zh-TW>
在此輸入或貼上 zh-TW 的版本資訊
</zh-TW>

已提供 0 種語言的版本資訊

協助使用者瞭解版本內容。請在語言標記內輸入各語言的版本資訊。

圖 6-13

封閉測試：

再來是封閉測試，一樣需要先「建立版本」。步驟和建立內部測試時一樣，但封閉測試的規定較為嚴苛，當我們開始進行封閉測試時「需要至少 20 名測試人員」並「進行為期 14 天的不間斷測試」。因此，建立封閉測試版本時還需要額外設定這 20 名測試人員的 Gmail 帳戶。

圖 6-14

另外，當我們建立完封閉測試的版本後，在進行版本發佈前還必須先通過 Google 的「審核」。審核的時間大約會在七天以內，筆者大概是等了四天左右（包含假日）。

圖 6-15

等待封閉測試的發佈驗證通過後，我們就可以使用網址的方式，來邀請我們設定的這 20 名測試人員，請他們「主動」加入測試團隊中。

圖 6-16

被邀請的測試人員需要使用我們在封閉測試時設定的 Gmail 進行登入並選擇「BECOME A TESTER」，這樣就算完成加入，加入後的測試人員就可以使用頁面中的連結來下載供測試的應用程式並進行安裝和測試。

圖 6-17

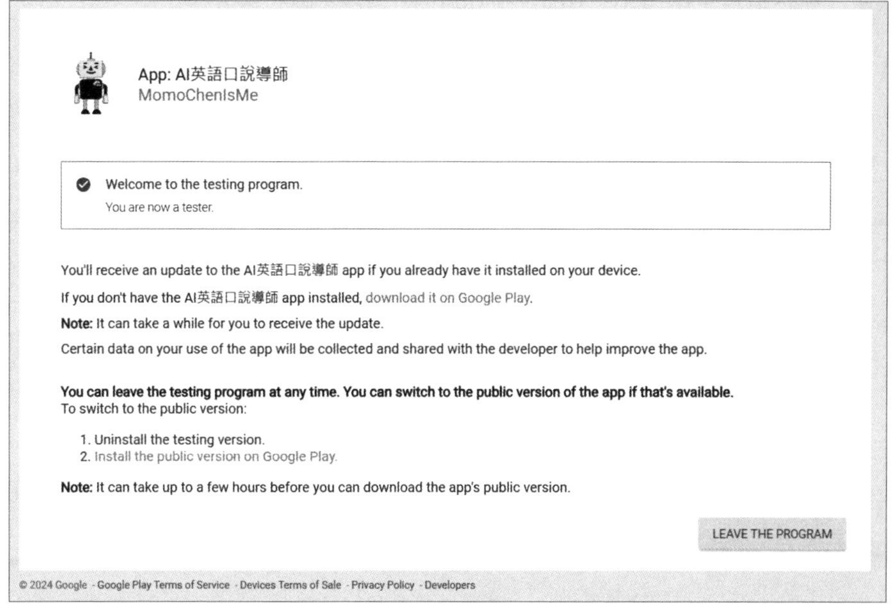

圖 6-18

當所有的測試人員都加入測試團隊後，我們就可以在「資訊主頁」中看到系統開始計算為期 14 天的測試。

圖 6-19

當完成為期 14 天的封閉測試之後，就可以開始申請正式版的權限，我們可以在「資訊主頁」中看到「申請發佈正式版」的按鈕。

圖 6-20

申請正式版權限時，需要回答一些關於「封閉測試」、「應用程式」和「正式版完備性」的問題，這些問題我們就如實回答即可。

申請正式版權限

如要申請正式版權限，請回答以下有關封閉測試、應用程式和正式版完備性的問題

❶ 關於封閉測試 — ❷ 關於您的應用程式 — ❸ 正式版完備性

關於封閉測試

您是以何種方式招募使用者參與封閉測試？舉例來說，您是詢問親朋好友，還是付費聘用測試服務供應商？

請說明您招募使用者參與封閉測試的方式　0/300

您覺得招募應用程式測試人員的難易度為何？

○ 非常困難

○ 困難

○ 普通

○ 容易

為什麼提出這個問題？

關於封閉測試和正式版完備性

提供這項資訊可讓我們確保應用程式在發布至 Google Play 前已完成測試。如此一來，就能保護使用者不受劣質應用程式侵擾、防範惡意軟體散布，並減少詐欺行為。

關於您的應用程式

提供這項資訊可讓我們進一步瞭解您的應用程式。您的回答不會顯示在 Google Play，也不會影響能在 Play 管理中心使用的功能與服務、應用程式的呈現方式，或是 Google Play 開發人員計畫的參加資格。

正式版完備性

提供這項資訊可讓我們瞭解您的應用程式是否已準備好發布正式版。

建議您先充分測試應用程式再發布至 Google Play，並定期測試日後的應用程式更新。

進一步瞭解如何透過 Play 管理中心執行測試

⋒ 圖 6-21

回答完所有問題後，系統就會進入等待審查的程序。整個審查過程大約會在 7 天內完成。

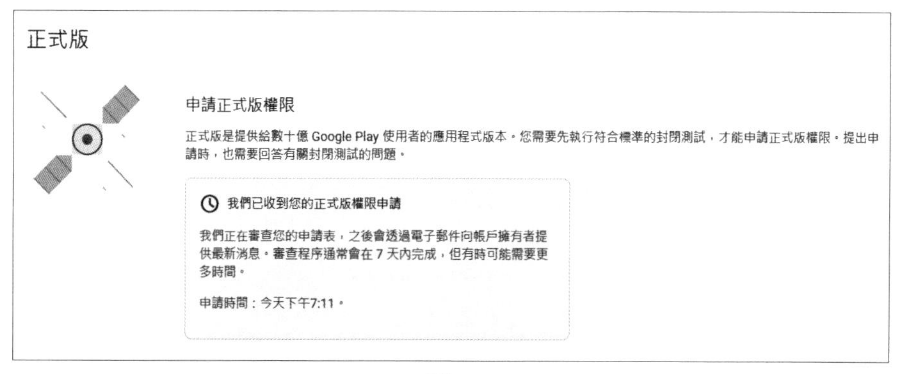

正式版
申請正式版權限
正式版是提供給數十億 Google Play 使用者的應用程式版本。您需要先執行符合標準的封閉測試，才能申請正式版權限。提出申請時，也需要回答有關封閉測試的問題。
我們已收到您的正式版權限申請
我們正在審查您的申請表，之後會透過電子郵件向帳戶擁有者提供最新消息。審查程序通常會在 7 天內完成，但有時可能需要更多時間。
申請時間：今天下午7:11。

⋒ 圖 6-22

發佈正式版

通過審核後，我們就算是取得了發佈正式版的權限，在資訊主頁中也會看到系統提示我們可以進行正式版的發佈。接著，就依序完成系統指定的步驟即可。

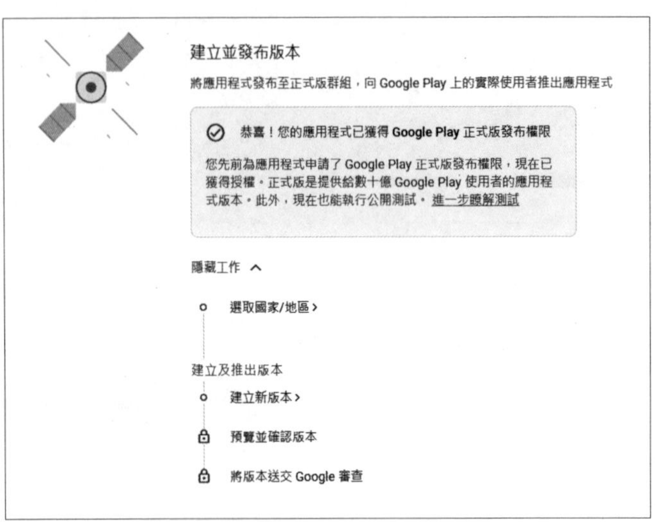

圖 6-23

在建立正式版時的所有步驟與內部測試和封閉測試時的設定方式也都完全相同哦！

建立正式版本

正式版會提供給位於指定國家/地區的使用者

將版本發布到公開測試群組後，您就無法再變更所選的應用程式簽署金鑰

1 建立新版本 2 預覽並確認 捨棄草稿版本

應用程式完整性

Google Play 簽署版本

Google Play 設有完整性和簽署服務，有助於確保使用者在應用程式和遊戲中獲得您希望提供的體驗

取得完整防護 變更簽署金鑰

應用程式套件

將應用程式套件拖曳到這裡即可上傳

上傳 從檔案庫新增

圖 6-24

不過在正式版中選擇應用程式套件時，我們可以直接選擇之前在封閉測試中所上傳的「AAB（Android App Bundle）」檔案列表中的最新版本來使用，就不需要再額外編譯一個新的版本上傳囉！

從程式庫新增應用程式套件

檔案類型	版本代碼	版本名稱	API 等級	已上傳
App bundle	5	1.0.6	22 以上	2024年8月13日
App bundle	4	1.0.5	22 以上	2024年8月6日
App bundle	3	1.0.3	22 以上	2024年7月24日
App bundle	2	1.0.1	22 以上	2024年7月24日
App bundle	1	1.0	22 以上	2024年7月20日

顯示列數： 10 第 1 到 5 列 (共 5 列)

選取要加入版本中的應用程式套件 取消 加入版本

圖 6-25

在完成所有步驟後，將正式版所新增的變更送審，並等待審核通過後，就可以發佈這些變更。

已完成發布準備的變更 移除變更 發布 11 項變更 隱藏

已變更項目	說明
正式版	
6 (1.0.7)	開始全面推出

圖 6-26

在發佈完成後，我們就可以在資訊主頁上看到自己的應用程式連結，到這裡就算成功將 AI 英語口說導師上架到 Google Play 囉！

圖 6-27

6-2 App Store - iOS 上架流程

建立 Apple Developer Program 開發人員帳戶

首先，我們需要建立 Apple Developer Program 的開發人員帳戶。註冊時，一樣需要選擇帳戶的類型。這裡和 Google Play Console 一樣，獨立開發者就選擇「Individual/Sole Proprietor（個人）」。接下來，和 Google Play Console 不同的是，Apple Developer Program 在建立帳戶時就要先付費，費用是「99 美金（新台幣則是 3400 元）」，此費用是依「每年」來計算。

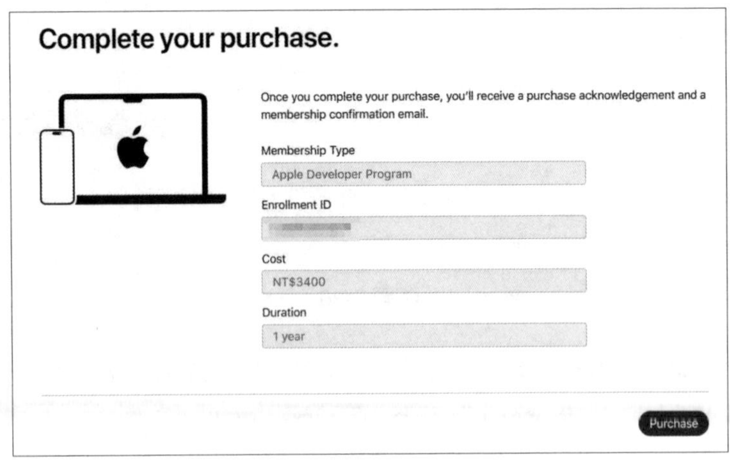

圖 6-28

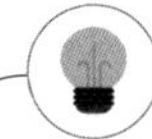

貼心小提醒

若開發人員帳戶到期不進行續約，應用程式就會無法繼續在 App Store 上供使用者下載。

付費完畢後，就可以進入 Apple Developer Program 的「Account」管理頁面，但目前在我們在 Account 頁面中還無法看到任何的開發者功能，這是因為付費完後還需要等待 Apple 官方的審核。

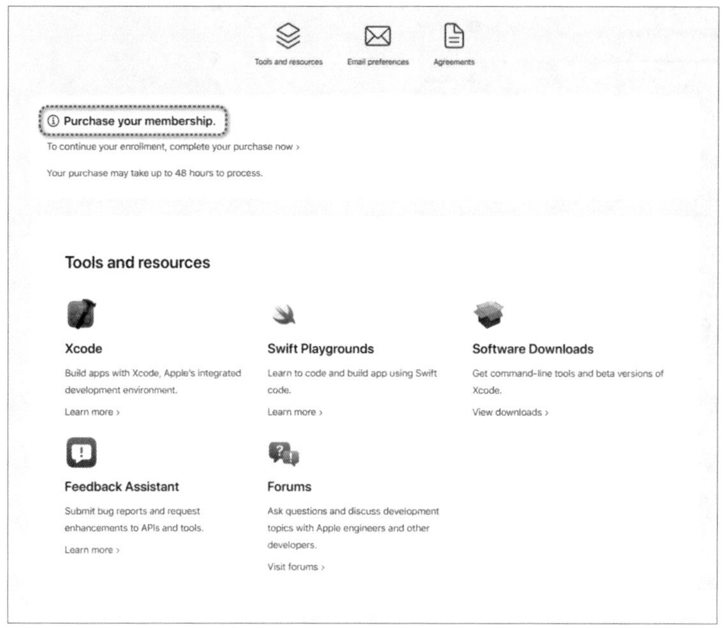

圖 6-29

等待官方審核的時間大約需要兩天左右。當通過審核後，就可以在 Account 頁面中看到完整的開發者功能。

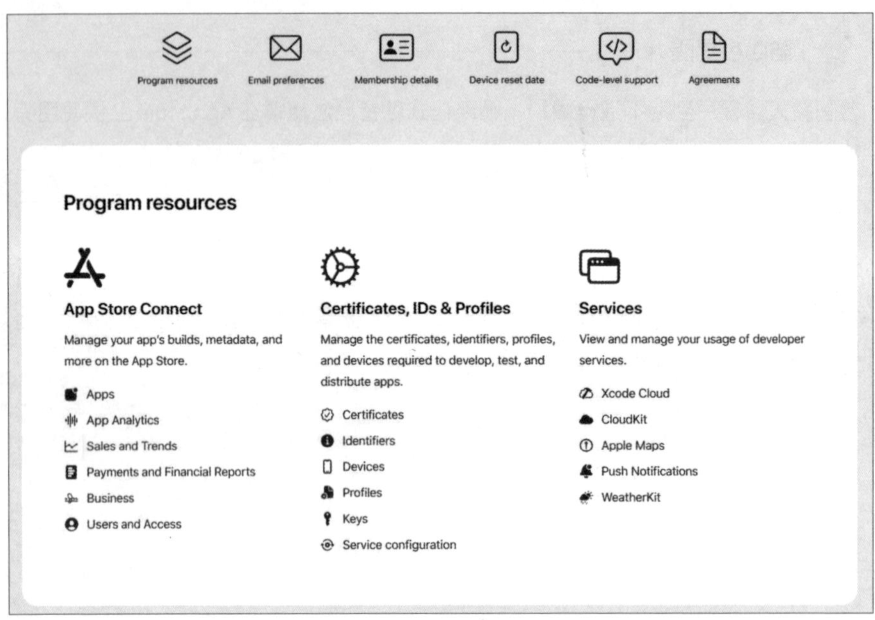

圖 6-30

Identifiers - 建立 App ID 應用程式識別碼

第一步，我們要先打開 Apple Developer Program「Account」頁面中的「Certificates」功能。首先要設定的是 AI 英語口說導師的「應用程式唯一識別碼」。我們在左邊的頁籤中選擇「Identifiers」並按下加號按鈕。

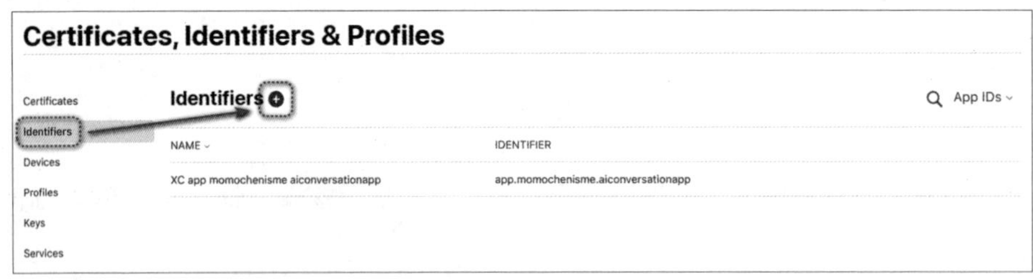

圖 6-31

在 Identifiers 的設定中，我們可以選擇註冊多種不同來源的唯一識別碼。對於 iOS 應用程式來說，我們要選擇註冊「App IDs」。

Certificates, Identifiers & Profiles
‹ All Identifiers
Register a new identifier
Continue
App IDs
Register an App ID to enable your app, app extensions, or App Clip to access available services and identify your app in a provisioning profile. You can enable app services when you create an App ID or modify these settings later.
Services IDs
For each website that uses Sign in with Apple, register a services identifier (Services ID), configure your domain and return URL, and create an associated private key.
Pass Type IDs
Register a pass type identifier (Pass Type ID) for each kind of pass you create (i.e. gift cards). Registering your Pass Type IDs lets you generate Apple-issued certificates which are used to digitally sign and send updates to your passes, and allow your passes to be recognized by Wallet.

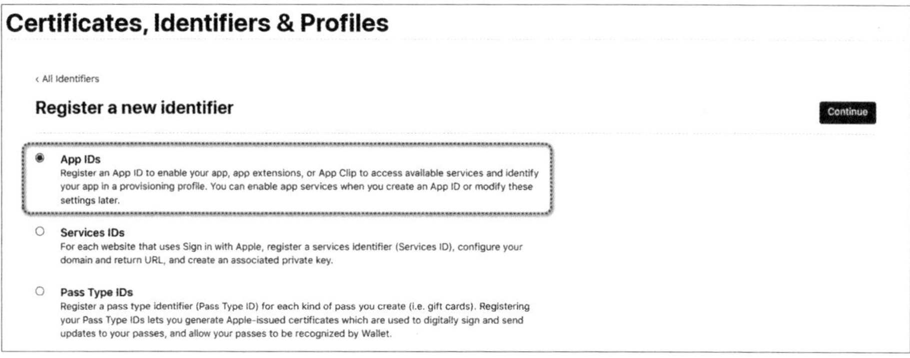

圖 6-32

這裡我們要選擇應用程式的類型。因為我們是一般的應用程式，所以選擇「App」即可。

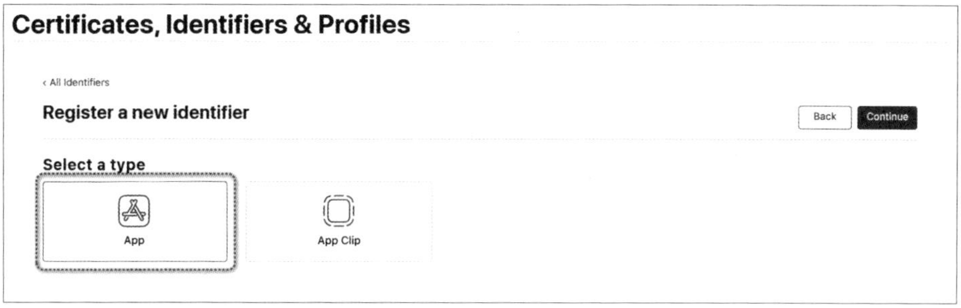

Certificates, Identifiers & Profiles
‹ All Identifiers
Register a new identifier
Back
Continue
Select a type
App
App Clip

圖 6-33

在註冊 App ID 中，我們需要在 Bundle ID 欄位中輸入我們在第一章 Ionic 專案內 capacitor.config.ts 檔案中所設定的「appId」。

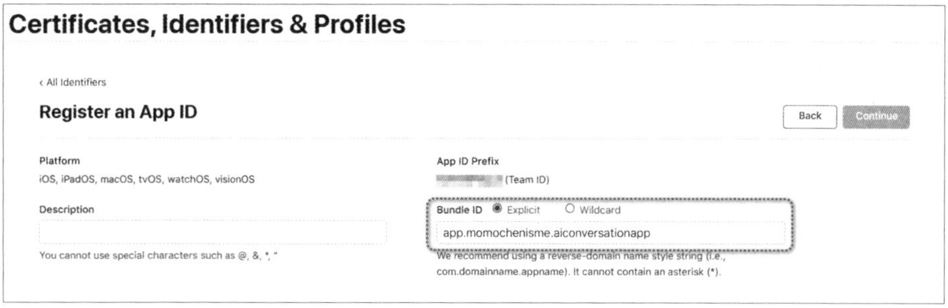

Certificates, Identifiers & Profiles
‹ All Identifiers
Register an App ID
Back
Continue
Platform
iOS, iPadOS, macOS, tvOS, watchOS, visionOS
Description
You cannot use special characters such as @, &, *, "
App ID Prefix
(Team ID)
Bundle ID
Explicit
Wildcard
app.momochenisme.aiconversationapp
We recommend using a reverse-domain name style string (i.e., com.domainname.appname). It cannot contain an asterisk (*).

圖 6-34

在註冊頁面的下方，我們還需要將應用程式使用到的功能一一勾選，如果沒有用到就可以忽略它。完成這些步驟後，就算完成建立 App ID 應用程式識別碼。

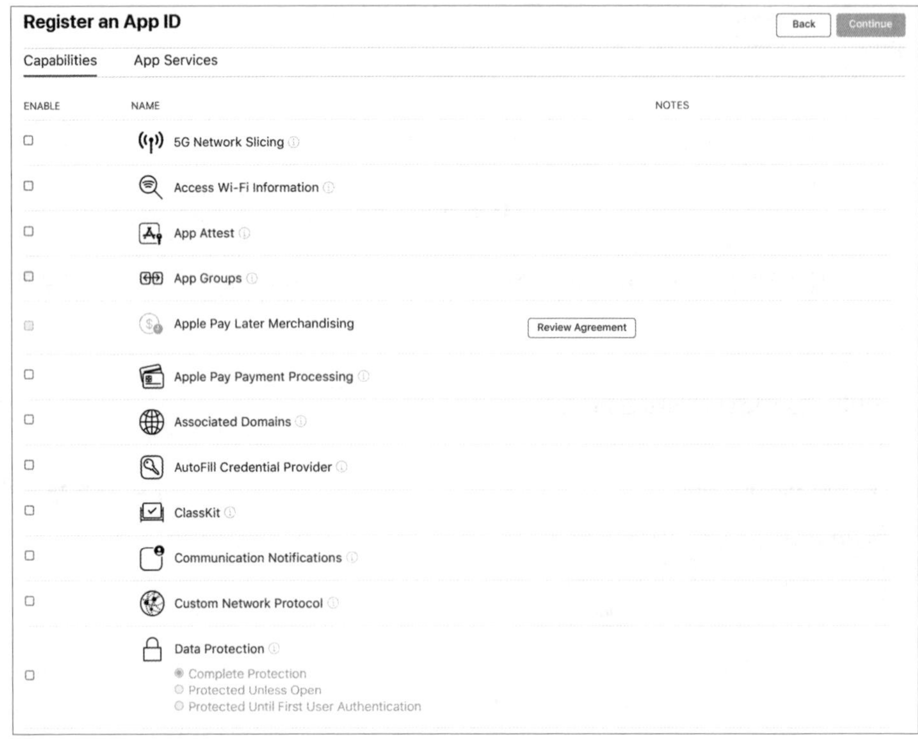

圖 6-35

Certificates - 建立 iOS Distribution 發佈憑證

和 Google Play 一樣，為了讓應用程式上架，所有應用程式都必須經過簽署。在簽署 iOS 應用程式前，我們需要準備 iOS Distribution 發佈憑證。但在建立 iOS Distribution 發佈憑證之前，我們還需要先取得「憑證簽署要求（Certificate Signing Request）」，這個步驟需要透過 Mac 上的「鑰匙圈存取」來完成。

首先，我們從鑰匙圈存取的選單中找到「憑證輔助程式」→「打開」→「從現有的 CA 要求憑證」。

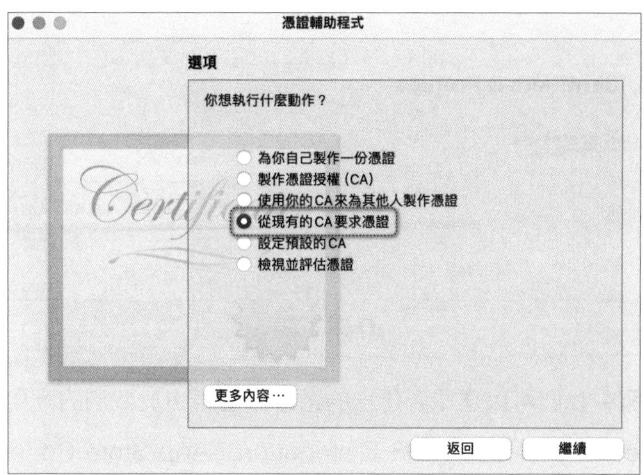

圖 6-36

接著我們需要輸入憑證的基本資訊，在使用者電子郵件中請輸入 Apple ID 的電子郵件並在一般名稱中輸入本名，然後請選擇將此憑證「儲存到硬碟」之中。這樣就完成憑證簽署要求（Certificate Signing Request）的建立。

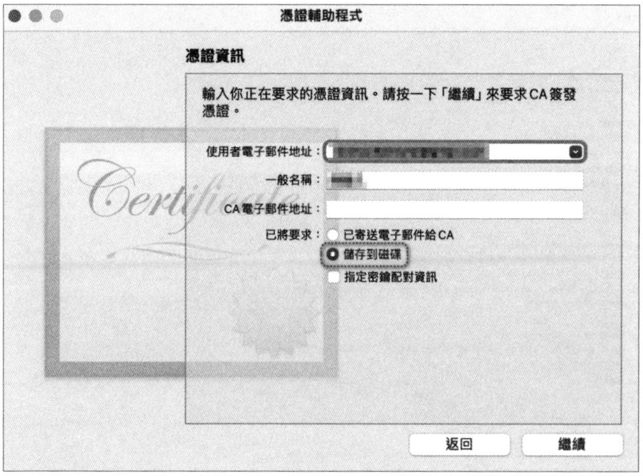

圖 6-37

有了憑證簽署要求（Certificate Signing Request）後，就可以來建立 iOS Distribution 發佈憑證。接下來，我們在左邊頁籤中選擇「Certificates」並按下加號按鈕。

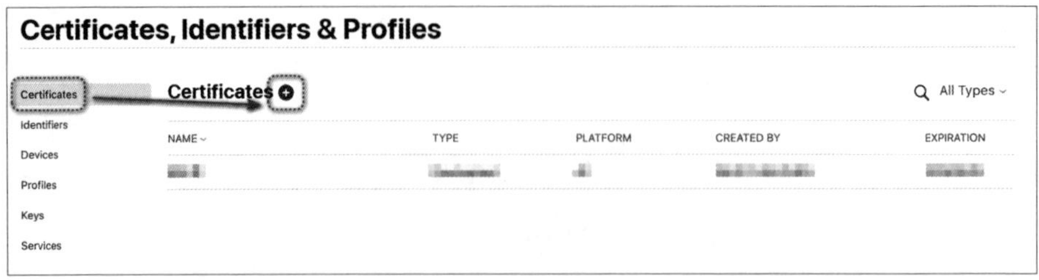

圖 6-38

在這個頁面中我們可以選擇要建立的憑證類型。由於我們的應用程式要上架到 App Store，因此要選擇「iOS Distribution（App Store Connect and Ad Hoc）」。

Certificates, Identifiers & Profiles

‹ All Certificates

Create a New Certificate

Continue

Software

Apple Development
Sign development versions of your iOS, iPadOS, macOS, tvOS, watchOS, and visionOS apps.

Apple Distribution
Sign your iOS, iPadOS, macOS, tvOS, watchOS, and visionOS apps for release testing using Ad Hoc distribution or for submission to App Store Connect.

iOS App Development
Sign development versions of your iOS app.

iOS Distribution (App Store Connect and Ad Hoc)
Sign your iOS, iPadOS, watchOS, and visionOS apps for submission to App Store Connect or for Ad Hoc distribution.

Mac Development
Sign development versions of your Mac app.

Mac App Distribution
This certificate is used to code sign your app and configure a Distribution Provisioning Profile for submission to the Mac App Store Connect.

Mac Installer Distribution
This certificate is used to sign your app's Installer Package for submission to the Mac App Store Connect.

Developer ID Installer
This certificate is used to sign your app's Installer Package for distribution outside of the Mac App Store Connect.

Developer ID Application
This certificate is used to code sign your app for distribution outside of the Mac App Store Connect.

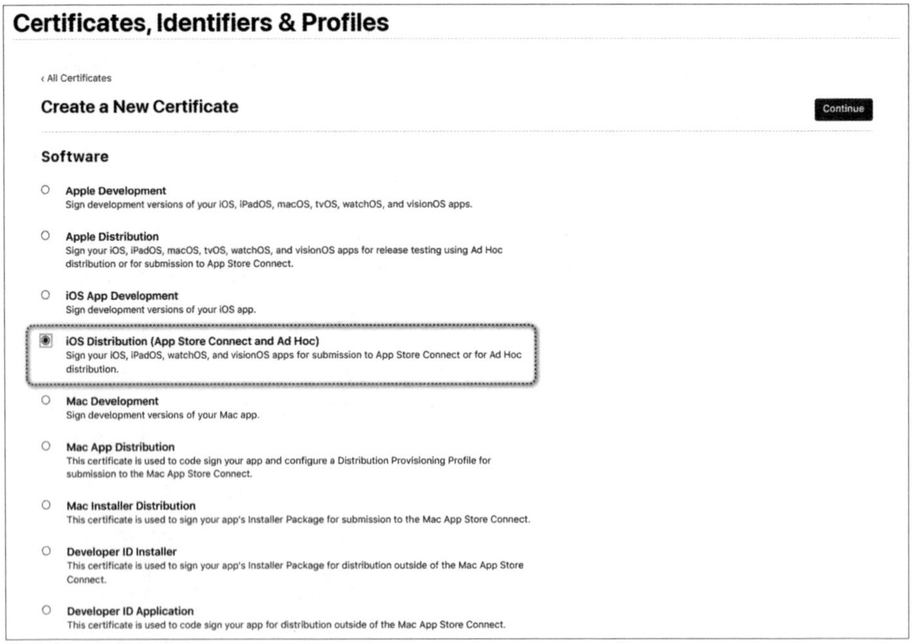

圖 6-39

接著，在「Choose File」的地方，將剛才在 Mac 上建立的憑證簽署要求（Certificate Signing Request）上傳，就完成 iOS Distribution 發佈憑證的建立。

Certificates, Identifiers & Profiles

‹ All Certificates

Create a New Certificate

Back Continue

Upload a Certificate Signing Request
To manually generate a Certificate, you need a Certificate Signing Request (CSR) file from your Mac. Learn more ›

Choose File

▲ 圖 6-40

Profiles - 建立 iOS Provisioning Profile 佈建設定檔

最後，我們需要設定 iOS Provisioning Profile 佈建設定檔。這個佈建設定檔是用來管理 App ID 和 Certificates 之間的關聯，方便我們日後做管理和使用。

首先，我們在左邊頁籤中選擇「Profiles」並按下加號按鈕。

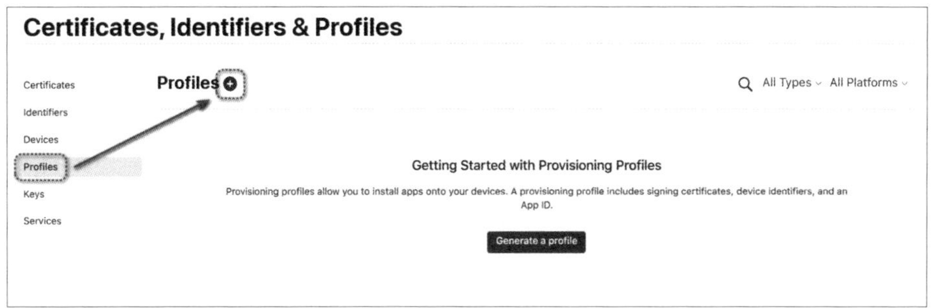

▲ 圖 6-41

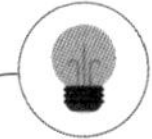

貼心小提醒

佈建設定檔的好處是我們可以手動管理它，並針對不同的情況做多種的佈建設定檔組合。

這個 iOS Provisioning Profile 佈建設定檔是用來上架到 App Store 用的，因此我們要選擇「App Store Connect」。

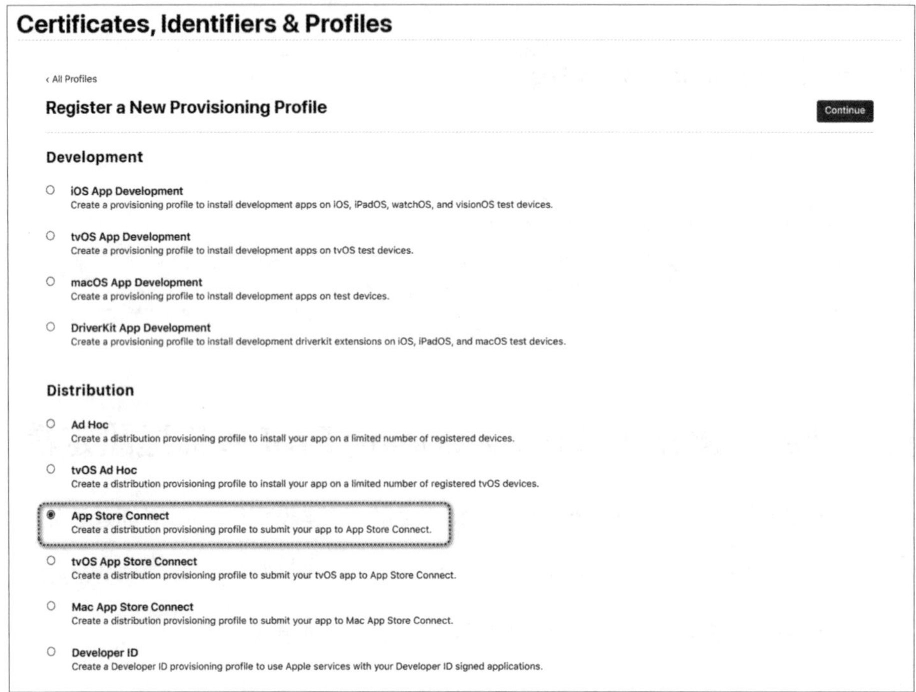

圖 6-42

在接下來的這個頁面，我們可以在下拉選單中，挑選我們在 Identifiers 所建立的「App ID 應用程式識別碼」。

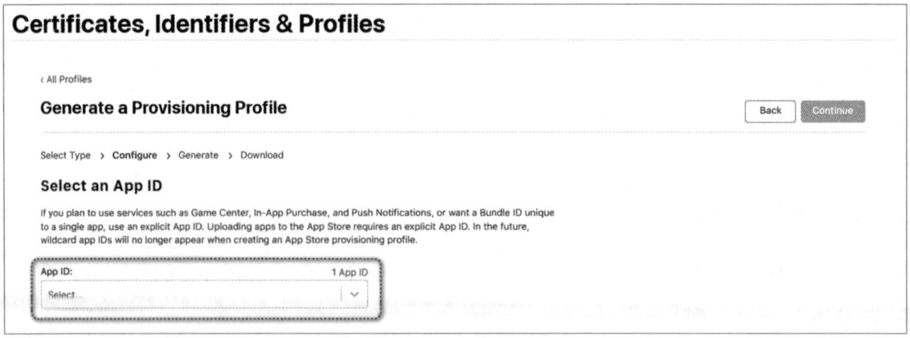

Certificates, Identifiers & Profiles

‹ All Profiles

Generate a Provisioning Profile

Back Continue

Select Type › Configure › Generate › Download

Select an App ID

If you plan to use services such as Game Center, In-App Purchase, and Push Notifications, or want a Bundle ID unique to a single app, use an explicit App ID. Uploading apps to the App Store requires an explicit App ID. In the future, wildcard app IDs will no longer appear when creating an App Store provisioning profile.

App ID: 1 App ID

Select...

圖 6-43

然後選擇用來簽署 App ID 應用程式識別碼的「iOS Distribution 發佈憑證」。

Certificates, Identifiers & Profiles

‹ All Profiles

Generate a Provisioning Profile

Back Continue

Select Type › Configure › Generate › Download

Select Certificates

Select the certificates you wish to include in this provisioning profile. To use this profile to install an app, the certificate the app was signed with must be included.

(iOS Distribution) Jul 22, 2025

圖 6-44

接下來，我們可以為這個 iOS Provisioning Profile 佈建設定檔設定一個名稱，這邊就直接使用「AI 英語口說導師」作為該佈建設定檔的名稱即可。

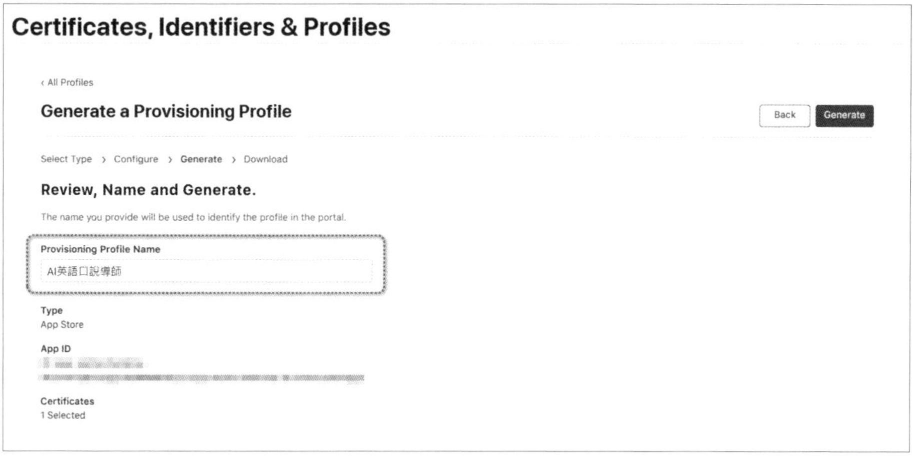

Certificates, Identifiers & Profiles

‹ All Profiles

Generate a Provisioning Profile

Back Generate

Select Type › Configure › Generate › Download

Review, Name and Generate.

The name you provide will be used to identify the profile in the portal.

Provisioning Profile Name

AI英語口說導師

Type

App Store

App ID

Certificates

1 Selected

圖 6-45

最後，在完成的頁面中會在右上角看到「Download」的按鈕。我們可以在 Mac 電腦中下載它，按兩下後它就會自動註冊到 Xcode 中，這樣就算完成建立 iOS Provisioning Profile 佈建設定檔。

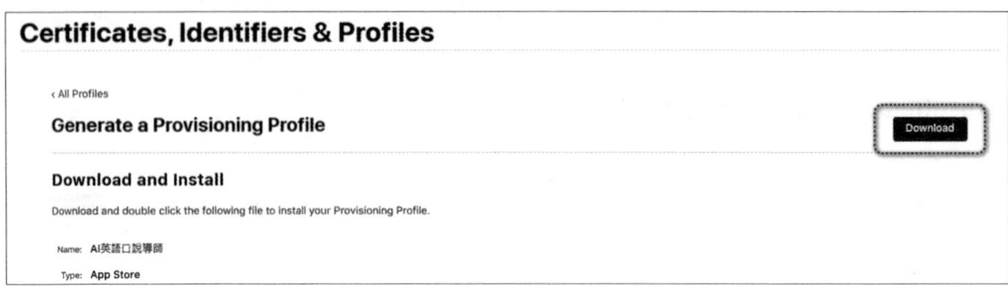

圖 6-46

貼心小提醒

以上的所有設定，不管是「Identifier」、「Certificate」或「Profiles」都可以從Xcode上建立和操作哦！

簽署和打包 iOS Archive

完成前面的設定後，接下來就可以在Xcode上進行簽署和打包。首先，我們在Xcode專案檔中的「TARGETS」→「App」→「Signing & Capabilities」中找到剛才安裝的iOS Provisioning Profile佈建設定檔。若找不到挑選的頁面，通常是因為「Automatically manage signing」已被勾選，把它取消掉應該就看得到。

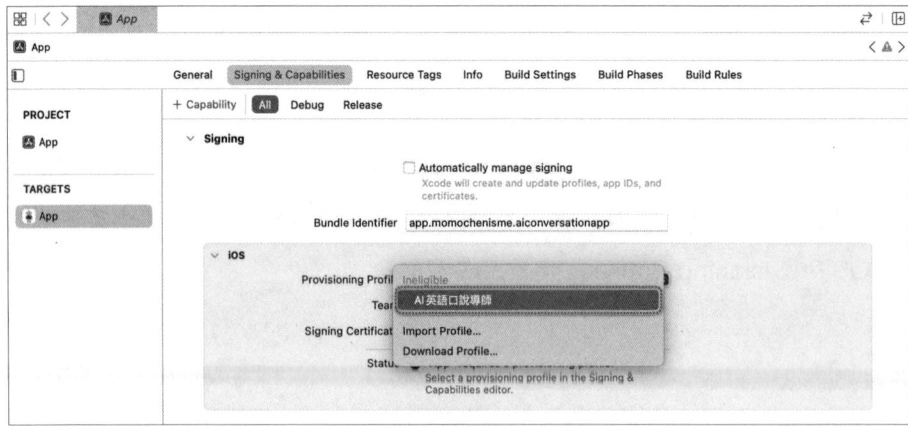

圖 6-47

設定好之後就可以進行打包。我們在 Xcode 選單中找到「Product」→「Archive」。

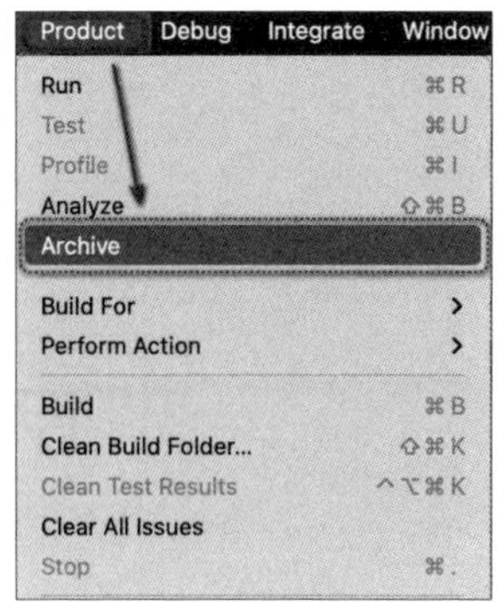

圖 6-48

在 Archive 的視窗中，我們要選擇「App Store Connect」進行應用程式的發佈。

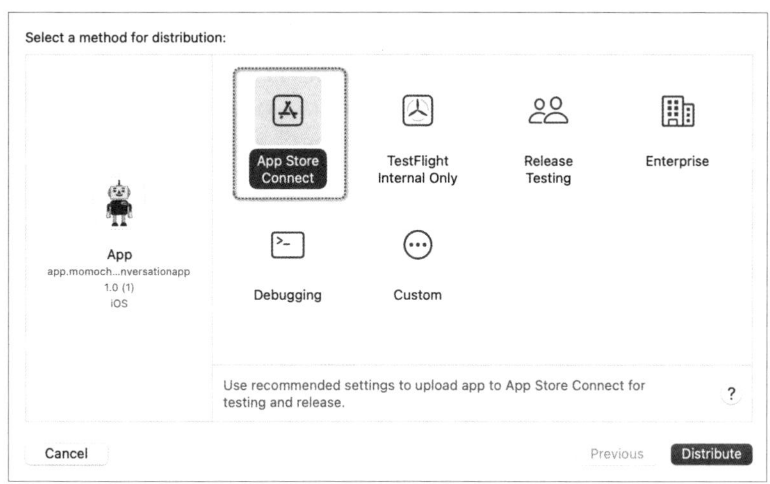

圖 6-49

經過一段時間編譯和打包後，便會在 Archive 的視窗中看到最新打包好的應用程式以及它的日期與版本。但是先不要急著關閉 Archive 視窗，等等我們還需要透過它來上傳應用程式。

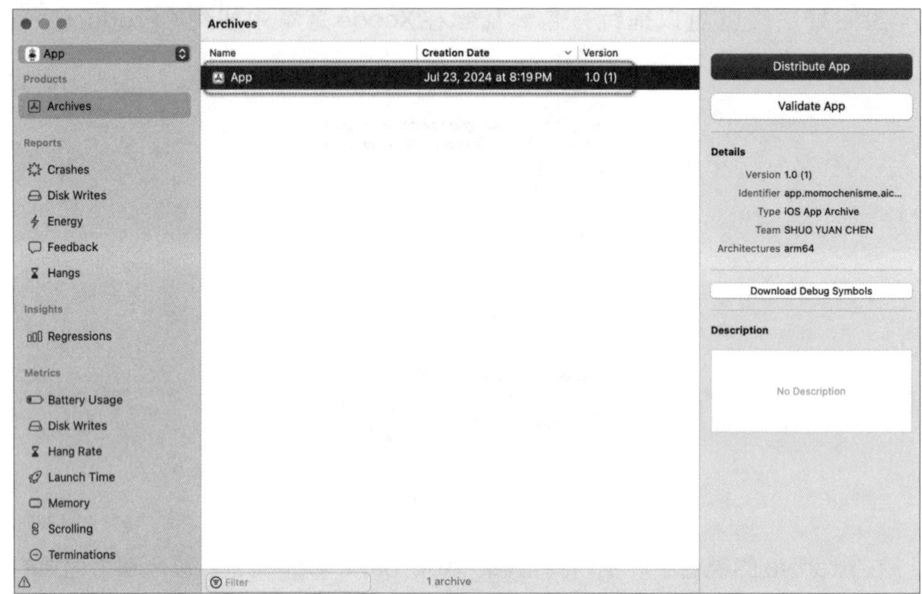

圖 6-50

在 App Store Connect 建立應用程式

接下來，我們需要使用到 App Store Connect。我們可以從 Apple Developer Program 的「Account」頁面中找到它。進入 App Store Connect 頁面後，選取「App」以進入應用程式管理頁面。

圖 6-51

在第一次建立時，可以直接從下方「新增 App」的按鈕或是按下上方的加號按鈕來建立應用程式。

圖 6-52

接著，我們要設定該應用程式的一些基本資訊。在套件識別碼的下拉選單中，則可以挑選到我們的 App ID 應用程式識別碼。

圖 6-53

建立完成後，就會進入應用程式的管理頁面。接下來，我們需要依序設定上架時的一些基本資訊，例如：「iOS 預覽和截圖與商店資訊」、「上傳打包的應用程式」、「App 審查資訊」、「App 資訊」、「App 隱私權」、「定價與供應狀況」等。

圖 6-54

設定 iOS 預覽和截圖和商店資訊：

我們可以在這裡上傳應用程式的預覽或截圖，這些圖片最終會顯示在 App Store 的商店中。需要注意的是，iPhone 中的「5.5」和「6.5」尺寸，以及 iPad 中的「10.5」和「12.9」尺寸都是必填的（必須要有圖片的意思）。

另外，在下方我們還可以設定行銷宣傳文字，這些文字最終會顯示在 App Store 中的「描述」之中。

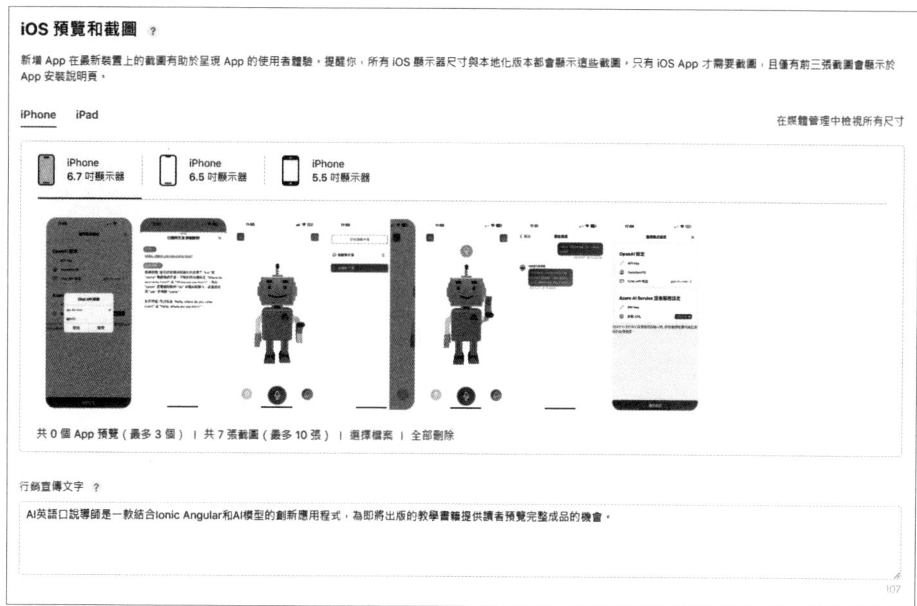

圖 6-55

貼心小提醒

筆者因為沒有對應 5.5 尺寸的實體裝置（經過查詢，現在 5.5 尺寸的裝置基本上只剩下 iPhone 8 Plus，現在市面上的 iPhone 螢幕尺寸全部都超過 5.5 尺寸，不然就是小於它的 iPhone SE 則是 4.7 尺寸，因此未來也可能會不再需要 5.5 尺寸的螢幕截圖也說不定），因此最後是透過模擬器的 iPhone 8 Plus 來進行截圖。另外，iPad 也是透過相同的方式來取得截圖。

上傳打包的應用程式：

接下來，我們要回到剛才在 Xcode 中所開啟的 Archive 視窗，使用「Distribute App」的按鈕來上傳所選中的應用程式。經過一段時間的等待後，就可以完成上傳了。

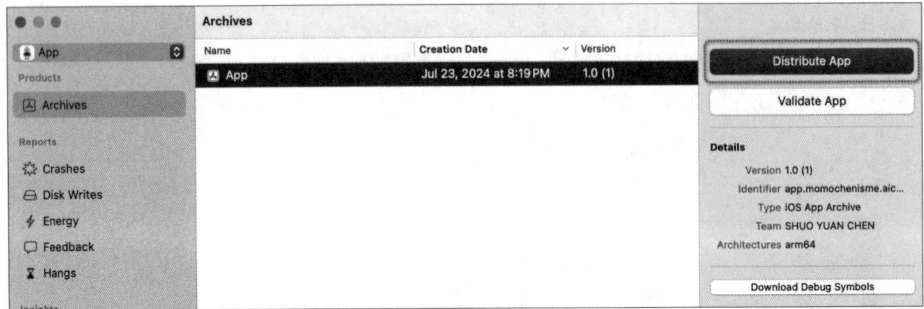

圖 6-56

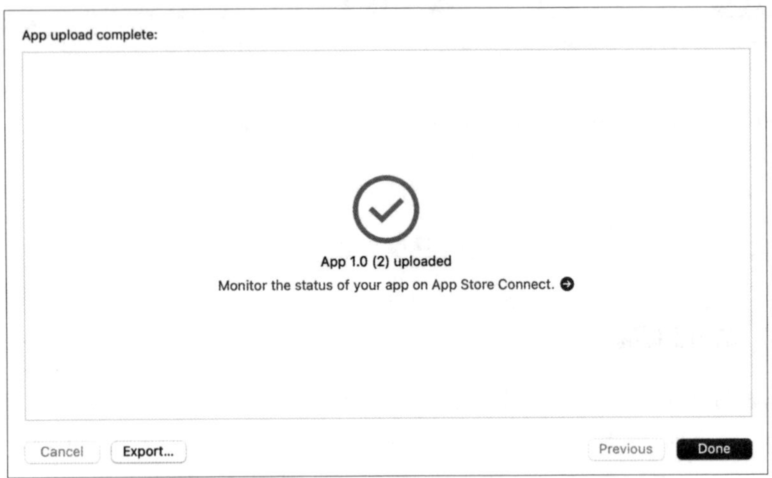

圖 6-57

然後我們回到 App Store Connect 的頁面，在建置版本的地方選擇「新增建置版本」。

建置版本

若你的 App 使用加密，則需上傳出口合規文件。你可以在提交 App 以供審核前，於「App 加密文件」區段提交此文件，或是於下方上傳你的 App。

請使用其中一項工具上傳建置版本。查看上傳工具

新增建置版本

圖 6-58

打開後，我們可以在這個頁面中，找到最新上傳的應用程式和對應的版本。

圖 6-59

選擇建置版本後，系統會提醒我們要設定「出口合規資訊」。由於我們的 App 並未使用任何的加密演算法，因此這裡我們直接選擇「未使用上方提及的任一種演算法」。

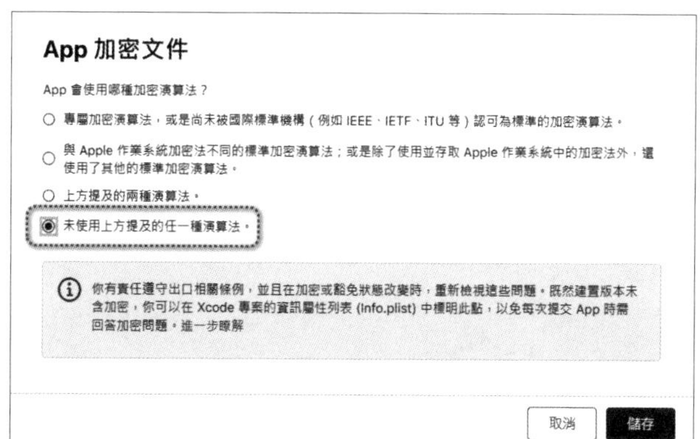

圖 6-60

貼心小提醒

如果不希望每次上傳都要設定一次出口合規資訊，可以在 Info.plist 中加上「App Uses Non-Exempt Encryption」並設定為「NO」。

App 審查資訊：

在 App 審查資訊中，我們可以提供 Apple 的審核人員測試應用程式時的一些必要資訊，例如本書中的應用程式會需要用到的「OpenAI API Key」和「Azure AI Services 語音服務的 API Key」等資訊。可以的話，就儘可能提供完整的測試資訊，這樣可以增加應用程式審核通過的機會哦！

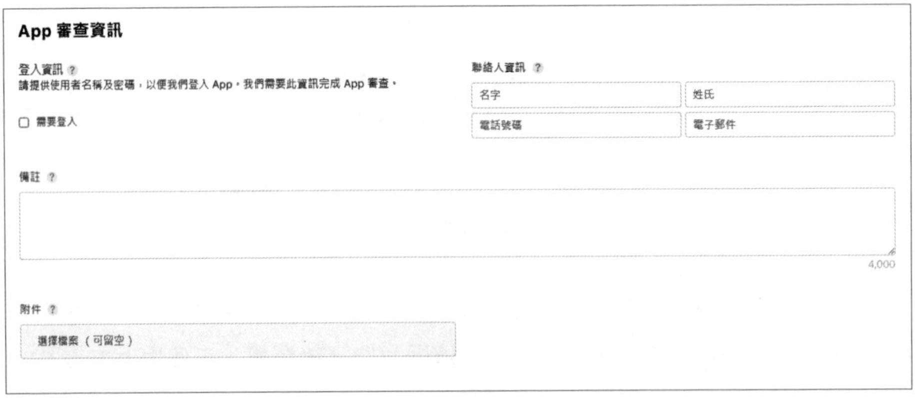

App 審查資訊

登入資訊 ?
請提供使用者名稱及密碼，以便我們登入 App。我們需要此資訊完成 App 審查。

☐ 需要登入

聯絡人資訊 ?

名字	姓氏
電話號碼	電子郵件

備註 ?

4,000

附件 ?

選擇檔案（可留空）

圖 6-61

App 資訊：

在 App 資訊中，我們需要設定「內容版權」、「年齡分級」、「許可協議」和「應用程式類別」。這些設定也是很簡單，我們只需要依照實際開發出的應用程式進行對應的設定即可。

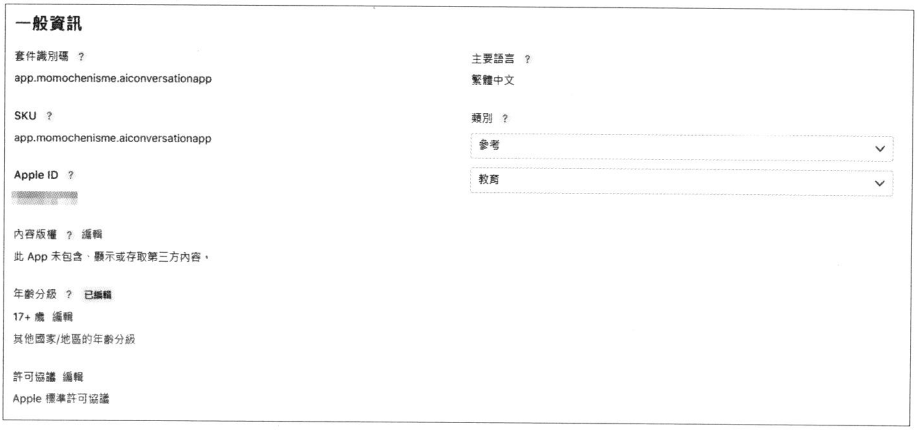

一般資訊

套件識別碼 ?
app.momochenisme.aiconversationapp

SKU ?
app.momochenisme.aiconversationapp

Apple ID ?

內容版權 ? 編輯
此 App 未包含、顯示或存取第三方內容。

年齡分級 ? 已編輯
17+ 歲 編輯
其他國家/地區的年齡分級

許可協議 編輯
Apple 標準許可協議

主要語言 ?
繁體中文

類別 ?
參考
教育

圖 6-62

App 隱私權：

在 App 隱私權中，我們需要為應用程式設定相關的隱私權政策，以符合相關的隱私法律和規範。

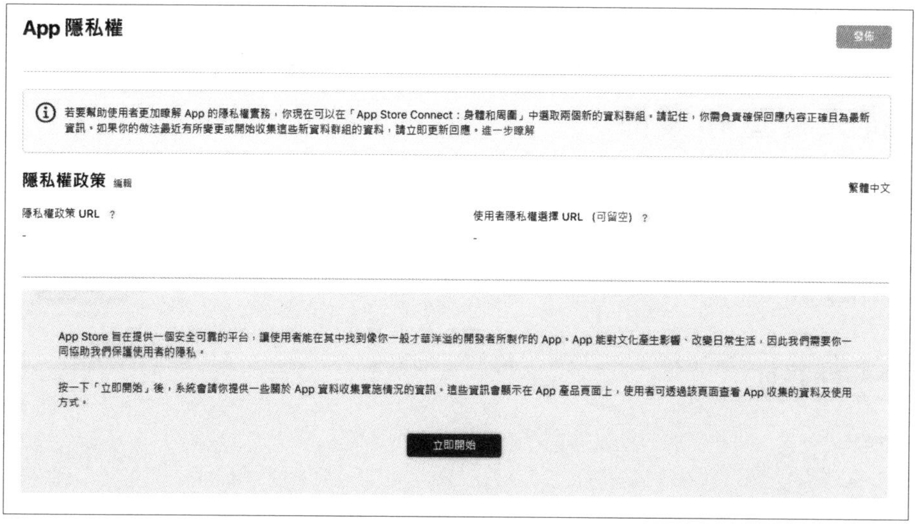

App 隱私權

若要幫助使用者更加瞭解 App 的隱私權實務，你現在可以在「App Store Connect：身體和周圍」中選取兩個新的資料群組。請記住，你需負責確保回應內容正確且為最新資訊。如果你的做法最近有所變更或開始收集這些新資料群組的資料，請立即更新回應。進一步瞭解

隱私權政策 編輯

繁體中文

隱私權政策 URL ?
-

使用者隱私權選擇 URL （可留空） ?
-

App Store 旨在提供一個安全可靠的平台，讓使用者能在其中找到像你一般才華洋溢的開發者所製作的 App。App 能對文化產生影響、改變日常生活，因此我們需要你一同協助我們保護使用者的隱私。

按一下「立即開始」後，系統會請你提供一些關於 App 資料收集實施情況的資訊。這些資訊會顯示在 App 產品頁面上，使用者可透過該頁面查看 App 收集的資料及使用方式。

立即開始

圖 6-63

定價與供應狀況：

最後是定價與供應狀況，在這裡我們可以設定應用程式販售的價格和上架的地區。

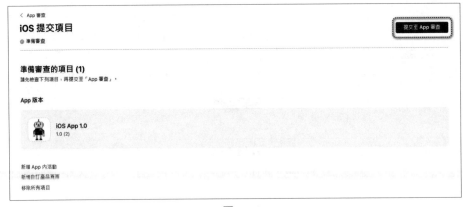

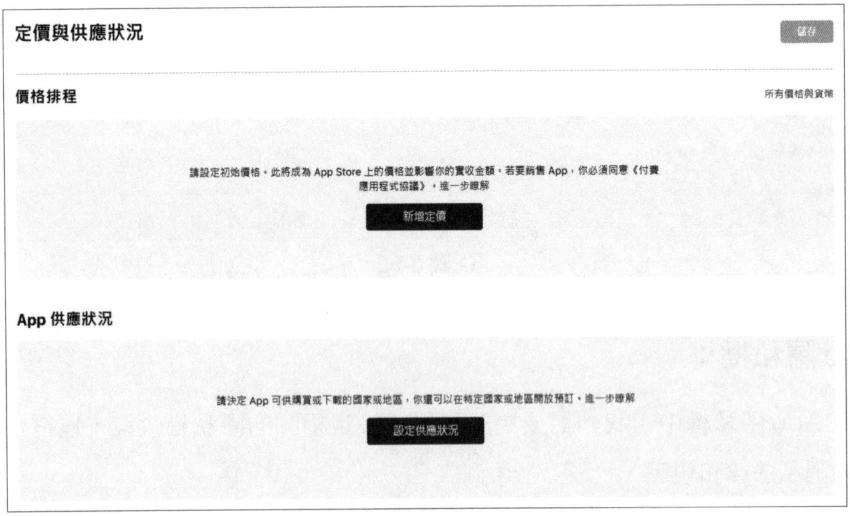

定價與供應狀況
儲存
價格排程
所有價格與貨幣
請設定初始價格。此將成為 App Store 上的價格並影響你的實收金額。若要銷售 App，你必須同意《付費應用程式協議》，進一步瞭解
新增定價
App 供應狀況
請決定 App 可供購買或下載的國家或地區，你還可以在特定國家或地區開放預訂。進一步瞭解
設定供應狀況

圖 6-64

提交審查和發佈

當我們完成前面所有的應用程式設定後，就可以準備提交給Apple進行審查。

App 審查
iOS 提交項目
提交至 App 審查
準備審查
準備審查的項目 (1)
請先檢查下列項目，再提交至「App 審查」。
App 版本
iOS App 1.0
1.0 (2)
新增 App 內活動
新增自訂產品頁面
移除所有項目

圖 6-65

筆者在進行審查的過程中，Apple 很嚴格的幫我逐一檢查所有的項目，好讓應用程式能夠符合上架的規定，期間大約花了四天左右的時間在修修改改。最後，終於順利通過審查並成功將 AI 英語口說導師上架到 App Store 之中！

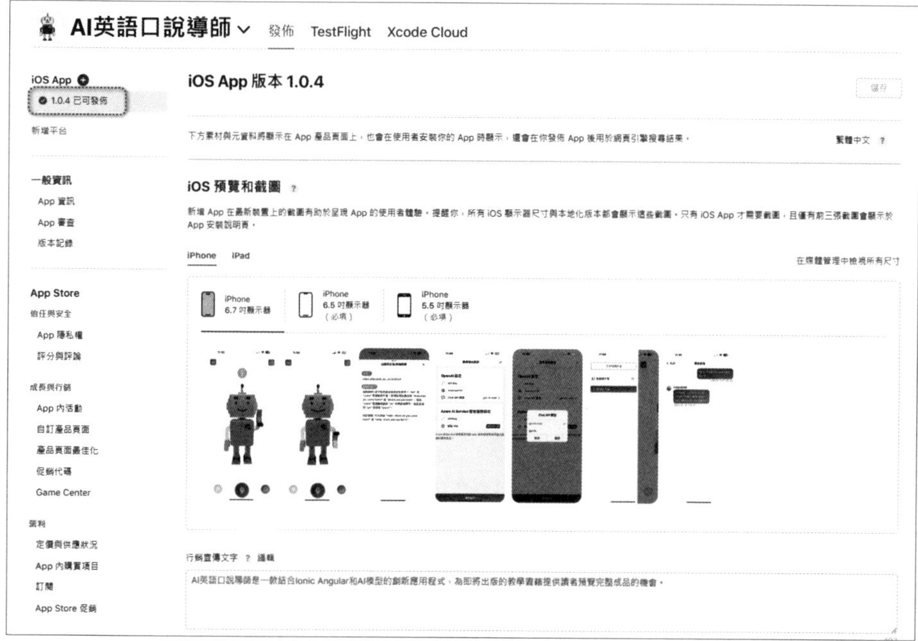

圖 6-66

MEMO